先进无人机系统制导与控制

魏瑞轩 王树磊 著

国防工业出版社

·北京·

内 容 简 介

全书共分 9 章，首先概要介绍了飞行器制导、导航与控制的概念、任务和实现方式，提出了无人机系统的"机—站—人—链"闭环信息结构，阐述了攻击无人机、临近空间无人机和空天无人机等典型无人机系统的制导控制特点，以及无人机的制导方式与导引控制原理；然后讲解了无人机飞行运动建模原理，以实际无人机为用例，按照"控制原理→控制律设计→增益参数确定"的方式阐述了用例无人机各通道控制律的设计方法，并按照系统组成介绍了无人机制导控制系统的实现；最后概要阐释了无人机编队飞行和协同搜索跟踪的制导控制原理。

本书结构严谨，注重系统性和前瞻性，突出理论与应用的结合。既可作为高等院校自动化类、航空航天类、兵器类等相关专业的本科和研究生教材，也可作为相关领域科研和使用人员的参考用书。

图书在版编目（CIP）数据

先进无人机系统制导与控制 / 魏瑞轩，王树磊著. —北京：国防工业出版社，2022.1 重印
ISBN 978-7-118-11194-1

Ⅰ. ①先… Ⅱ. ①魏… ②王… Ⅲ. ①无人驾驶飞机—制导系统 Ⅳ. ①V279

中国版本图书馆 CIP 数据核字（2017）第 040068 号

※

国防工业出版社出版发行
（北京市海淀区紫竹院南路 23 号　邮政编码 100048）
北京虎彩文化传播有限公司印刷
新华书店经售

*

开本 787×1092　1/16　印张 11½　字数 260 千字
2022 年 1 月第 1 版第 2 次印刷　印数 2001—2600 册　定价 69.00 元

（本书如有印装错误，我社负责调换）

国防书店：（010）88540777　　发行邮购：（010）88540776
发行传真：（010）88540755　　发行业务：（010）88540717

前　言

　　进入 21 世纪以来，在军事和民用需求的牵引下，世界无人机的发展正呈现井喷之势。同时，也极大地推动了飞行器自主飞行技术的发展。制导、导航与控制是支撑飞行器自主飞行的核心技术，也是保证飞行器安全高效完成任务的关键技术。无人机作为一种新型的飞行器，具有鲜明的"机上无人，人在回路"的系统特点。同时，随着无人作战飞机、临近空间无人机、空天无人机和各种先进的民用无人机的快速发展，无人机的应用更加强调智能和协同。无人机系统的这些新特性，正在极大地丰富、拓展着飞行器制导控制理论与技术的内涵和外延。

　　笔者在多年的关于飞行控制的教学科研过程中，深切地感到传统的以飞行器平台为中心的飞控理论不能很好地适应无人机系统控制工程的需要。就平台的飞行控制问题来说，固定翼无人机的飞行控制与传统的固定翼飞机的飞行控制没有本质区别，飞行控制的理论体系和技术实现已经很成熟，国内外已有很多非常好的关于飞行控制理论的教材专著，笔者也是这些著作的学习者和受益者。但无人机是一个系统，而且是突出强调自主化、智能化的系统，其飞行和完成任务的过程是"机—站—人—链"一体化融合的过程。因此，对无人机系统更需要以系统为中心的制导控制。如果仅是学习和掌握传统的飞行控制知识，则难以建立起对无人机系统制导控制问题的整体认识，不利于从系统控制的角度优化和提升无人机的任务能力和使用效能。为此，我们尝试从系统角度探讨无人机的制导控制问题，历时五载有余，终成此书，希望得到领域前辈和同行们的指正。

　　本书的初衷不在于讨论传统的飞行器平台的控制问题，而是尝试从系统的角度，讨论无人机系统制导控制的特殊性，分析无人机控制问题的总体架构，阐述无人机制导控制系统的设计方法。本书的主要特色体现在三个方面：

　　一是提出无人机系统的"机—站—人—链"控制结构，讨论了无人机系统制导控制面临的新问题。"机上无人、人在回路"是无人机运行结构的特殊性，"协同作战、智能飞行"是无人机作战使用的特殊性。正是这些特殊性形成了无人机系统基于"机—站—人—链"闭环信息结构的制导控制机理，以及面向任务特性的新型制导控制技术。

　　二是从制导控制的角度，将庞大的无人机家族分为三大类，即攻击无人机、自主起降无人机和空天无人机。分别阐述了这些无人机的制导控制特点和基本原理，重点突出了以临近空间无人机为代表的先进无人机和以空天无人机为代表的未来空天无人飞行器的制导控制问题的讨论。

　　三是按照面向实践、突出理论和实践结合的思路，引入实例无人机展开控制律的设计分析。我们以一个航模无人机作为全书的试验用例，在建模和控制律的设计分析中均贯穿使用该实例无人机，并按照"控制原理→控制律设计→增益参数确定"的模式来组织相关内容，使读者能够完整、具体地掌握无人机控制律的设计原理、方法和过程。

考虑到本书的篇幅和制导控制的特殊性，本书主要讨论无人机系统的制导控制问题。对涉及的导航要素进行基本说明，以保证 GNC 系统的完整性，但不对具体的导航技术原理做展开阐述。按照这一思路，分 9 章展开本书内容。第 1 章概要介绍飞行器制导、导航与控制的概念、任务和实现方式，以及传统典型飞行器的制导控制特点和无人机制导控制面临的新问题。第 2 章重点讨论无人机系统的制导控制特点，提出无人机系统的"机—站—人—链"闭环信息结构，详细阐述三类典型无人机系统的制导控制特点。第 3 章建立无人机的飞行运动模型，为后续制导律和控制律的设计分析提供模型基础，并结合一个实际的航模无人机建立本书的用例无人机模型，作为后续控制律设计分析的对象。第 4 章重点阐述无人机的制导方式与导引控制原理，包括无人飞行器的各种制导方式，航线飞行、寻的制导、遥控制导的导引控制原理和空天无人飞行器的制导控制原理。第 5 章和第 6 章分别讨论无人机纵向和横侧向运动的稳定与控制，内容组织突出实践应用，以实际的用例无人机作为控制对象，按照"控制原理→控制律设计→增益参数确定"的模式组织内容，使读者能够更具体地理解各个控制通道控制律的设计方法。第 7 章介绍无人机制导控制系统的实现，重点从制导控制计算机、机载敏感装置和执行机构三个方面介绍实现制导控制系统所需要的设备和部件的工作特性。第 8 章讨论无人机编队飞行的制导控制问题，阐述了无人机编队的控制结构、编队保持控制方法和编队防碰撞控制方法。第 9 章探讨无人机协同搜索跟踪的制导控制问题，从协同搜索问题建模、分布式协同搜索的制导控制、双机协同跟踪的制导控制等方面，简要介绍了面向无人机协同运用的制导控制的基本原理。

对于书中的 Matlab 仿真插图，为了保持仿真的"原汁原味"，并尊重读者的阅读习惯，对图中的符号和英文表达未做修改处理。

在本书撰写过程中，茹常剑、许卓凡、吕明海、张启瑞、周凯、何仁珂、倪天、李兴超等研究生帮助整理了部分素材，史东梅女士帮助校对了书稿文字，在此，对他们的深厚付出和支持表示深深感谢！

本书可作为高等院校的教学用书，也可供相关专业技术人员参考。无人机系统的制导控制涉及许多需要深入研究的新问题，本书尝试在这方面进行一些有益的探索，目前还较粗浅。由于我们水平所限，书中难免有错误和不当之处，敬请专家和读者指正。

魏瑞轩

二〇一六年十月于西安

目　　录

第1章　制导导航与控制概述 1
　1.1　飞行器的制导导航与控制 1
　1.2　GNC的任务和方式 2
　　　1.2.1　导航的任务和方式 2
　　　1.2.2　制导的任务和方式 4
　　　1.2.3　控制的任务和方式 5
　1.3　典型飞行器的制导控制 6
　　　1.3.1　导弹的制导控制 6
　　　1.3.2　有人飞机的制导控制 7
　　　1.3.3　航天器的制导控制 8
　　　1.3.4　航天飞机的制导控制 9
　1.4　无人机制导控制的新问题 10
　1.5　本书内容安排 11

第2章　无人机系统的制导控制特点 13
　2.1　无人机系统概况 13
　　　2.1.1　理解无人机系统 13
　　　2.1.2　无人机系统的组成 14
　2.2　无人机系统的"机—站—人—链"控制结构 16
　　　2.2.1　无人机系统的闭环信息结构 16
　　　2.2.2　无人机平台的制导控制回路 17
　　　2.2.3　无人机系统的操控方式 18
　2.3　攻击无人机的制导控制 19
　　　2.3.1　攻击无人机的制导特点 19
　　　2.3.2　攻击无人机的飞行控制 19
　2.4　临近空间无人机系统的制导控制 20
　　　2.4.1　临近空间无人机的控制特点 21
　　　2.4.2　临近空间无人机系统的自主控制 22
　　　2.4.3　先进无人机的自主控制等级 22
　2.5　空天无人机系统的制导控制 24
　　　2.5.1　空天无人机 X-37B 24
　　　2.5.2　空天无人机的飞行特点 25
　　　2.5.3　空天无人机的制导控制特点 26
　2.6　无人机系统制导控制的发展方向 27

第3章 无人机的飞行运动模型 ... 29
3.1 空气动力学基础 ... 29
3.1.1 空气动力学的部分概念 ... 29
3.1.2 连续性定理与伯努利方程 ... 32
3.2 坐标系及无人机的运动参数 ... 33
3.2.1 常用坐标系定义 ... 33
3.2.2 无人机的运动参数 ... 35
3.2.3 常用坐标系之间的转换 ... 36
3.3 无人机的操纵面和机翼翼型 ... 38
3.3.1 操纵面与偏转极性 ... 38
3.3.2 翼型与机翼的参数 ... 39
3.4 无人机上作用的外力与外力矩 ... 40
3.4.1 纵向力及力矩 ... 40
3.4.2 横侧向力及力矩 ... 47
3.5 无人机的飞行运动方程 ... 52
3.5.1 动力学方程 ... 53
3.5.2 运动学方程 ... 56
3.6 运动方程的小扰动线性化 ... 58
3.6.1 小扰动线性化原理 ... 58
3.6.2 运动方程的线性化处理 ... 59
3.6.3 无人机的线性状态方程组 ... 62
3.7 航模无人机的线性运动方程 ... 63

第4章 制导方式与导引控制原理 ... 65
4.1 无人飞行器的制导方式 ... 65
4.1.1 自主制导技术 ... 66
4.1.2 遥控制导技术 ... 66
4.1.3 寻的制导技术 ... 67
4.1.4 复合制导方式 ... 70
4.2 航线飞行的导引控制原理 ... 71
4.3 寻的制导的导引控制原理 ... 72
4.3.1 相对运动关系描述 ... 73
4.3.2 追踪导引法 ... 74
4.3.3 平行接近导引法 ... 76
4.3.4 比例导引法 ... 77
4.4 遥控制导的导引控制原理 ... 80
4.5 空天无人飞行器制导控制原理 ... 82
4.5.1 空天飞行器及其制导控制 ... 82
4.5.2 轨道机动过程的制导控制 ... 83
4.5.3 离轨再入过程的制导控制 ... 85

  4.5.4 能量管理过程的制导控制 ··· 90
  4.5.5 返场着陆阶段的制导控制 ··· 91

第5章 无人机纵向运动的稳定与控制 ·· 94
5.1 无人机纵向运动特性分析 ·· 94
  5.1.1 纵向特征方程与模态 ··· 94
  5.1.2 纵向运动的传递函数 ··· 96
5.2 纵向姿态的稳定与控制 ·· 97
  5.2.1 俯仰角的控制原理 ··· 98
  5.2.2 俯仰角控制律设计 ··· 99
  5.2.3 俯仰角控制律增益设计 ·· 102
5.3 飞行高度的稳定与控制 ·· 106
  5.3.1 飞行高度控制原理 ··· 106
  5.3.2 飞行高度控制律设计 ··· 107
  5.3.3 高度控制律增益设计 ··· 109
  5.3.4 自动着陆段的纵向控制方案 ·· 110
5.4 飞行速度的稳定与控制 ·· 112
  5.4.1 飞行速度控制原理 ··· 112
  5.4.2 飞行速度控制律设计 ··· 113
  5.4.3 速度控制律增益设计 ··· 115

第6章 无人机横侧向运动的稳定与控制 ··· 117
6.1 无人机横侧向运动特性分析 ··· 117
  6.1.1 横侧向特征方程与模态 ·· 117
  6.1.2 横侧向运动的传递函数 ·· 121
6.2 滚转角的稳定与控制 ·· 122
  6.2.1 滚转角的控制原理 ··· 122
  6.2.2 滚转角控制律设计 ··· 123
  6.2.3 滚转角控制律增益设计 ·· 123
6.3 航向角的稳定与控制 ·· 126
  6.3.1 航向角控制原理 ··· 126
  6.3.2 航向角控制律设计 ··· 128
  6.3.3 航向角控制律增益设计 ·· 129
  6.3.4 荷兰滚阻尼器 ··· 131
6.4 侧向偏离的稳定与控制 ·· 133
  6.4.1 侧向偏离控制原理 ··· 133
  6.4.2 侧向偏离控制律设计 ··· 134
  6.4.3 侧向偏离控制律增益设计 ·· 135
  6.4.4 自动着陆段的横侧向控制 ·· 137

第7章 制导控制系统的实现 ··· 139
7.1 制导控制系统结构原理 ·· 139

7.2 制导控制计算机 ·· 141
7.2.1 硬件结构 ·· 141
7.2.2 软件组成 ·· 142
7.3 敏感装置 ·· 143
7.3.1 大气参数测量装置 ·· 143
7.3.2 角速度传感器 ··· 145
7.3.3 航向姿态角测量装置 ··· 146
7.3.4 导航定位装置 ··· 147
7.4 执行机构 ·· 149
7.4.1 舵机的基本类型 ·· 149
7.4.2 舵机的开环特性 ·· 150
7.4.3 舵回路特性 ·· 151

第 8 章 无人机编队飞行的制导控制 ··· 153
8.1 无人机编队控制结构 ··· 153
8.1.1 集中式体系结构 ·· 153
8.1.2 分布式体系结构 ·· 154
8.1.3 分层式体系结构 ·· 154
8.2 无人机编队保持控制 ··· 155
8.2.1 编队保持问题建模 ·· 155
8.2.2 分布式编队控制总体结构 ··· 158
8.2.3 基于 NMPC 的编队机动指令决策 ································ 158
8.3 无人机编队重构控制 ··· 161
8.3.1 编队重构制导控制框架 ··· 161
8.3.2 无人机编队重构机动指令决策模型 ······························ 162
8.3.3 基于 DMPC 的编队重构机动指令求解 ························· 164
8.4 无人机编队控制仿真 ··· 165
8.4.1 编队保持控制仿真 ·· 165
8.4.2 编队重构控制仿真 ·· 167

第 9 章 无人机协同跟踪的制导控制 ··· 170
9.1 协同跟踪控制问题描述 ·· 170
9.1.1 协同保距跟踪的基本内涵 ·· 170
9.1.2 双机协同跟踪的制导要求 ·· 170
9.2 协同保距跟踪的制导原理 ··· 171
9.2.1 相对距离的制导控制 ··· 171
9.2.2 观测角的制导控制 ·· 172
9.3 无人机协同跟踪仿真实验 ··· 173
9.3.1 对匀速直线运动目标的协同跟踪 ································ 173
9.3.2 对 S 形机动目标的协同跟踪 ······································ 174

参考文献 ··· 175

第 1 章　制导导航与控制概述

制导、导航与控制是所有运动体自主运动的关键技术，更是导弹、卫星、无人机等各类飞行器飞行和完成任务所必需的核心关键技术。制导、导航与控制最早从卫星、导弹等飞行器的自动飞行问题中提出，逐步扩展到现代有人驾驶飞机、无人机、智能炸弹、火箭弹、灵巧子弹药等各种新型飞行器，成为支撑这些先进飞行器飞行和完成任务不可或缺的重要功能。本节概要介绍制导、导航与控制的概念关系，以及典型飞行器的制导控制特点等。

1.1　飞行器的制导导航与控制

飞行器是指人类创造出来的能够在大气层内或大气层外空间进行可控飞行的装置的总称。按照其飞行环境和工作原理的不同，通常将飞行器分为 3 类，即航空器、航天器、导弹与火箭等。无论何种飞行器，为了顺利到达目标点或目的地，或是圆满完成飞行任务，都必须解决飞行器的去向、定位和控制的问题，所需技术就是我们常说的"制导、导航和控制"。导航（Navigation）就是确定飞行器的位置、航向和速度等信息，解决飞行器的精确定位问题，即"我在哪里？"；制导（Guidance）就是给出飞行器的飞行指令，解决飞行方向的问题，即"我要去哪里？"；控制（Control）就是根据飞行指令控制飞行器按照期望的姿态和轨迹飞行，解决飞行器的稳定和操纵问题，确保飞行器能够准确到达目的地。

制导、导航与控制是保证飞行器飞行的密切相关的三项技术。对于无人飞行器来说，这三个方面的技术要素缺一不可，它们相互协作、密切配合，是保证无人飞行器飞行的基本要求。通常，人们将其简称为飞行器的 GNC 技术。对于制导、导航与控制三者的关系，清华大学顾启泰教授曾用图 1-1 所示的结构关系给予了形象的说明。

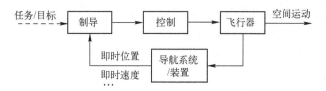

图 1-1　制导、导航与控制系统典型结构图

制导、导航与控制的重要性是显而易见的，对于 GNC 系统在飞行器中的地位，可从美军标 MIL-STD-681A 给出的分层结构来理解，如图 1-2 所示。

制导、导航与控制是飞行器实现自主飞行的关键核心技术。对于现代先进飞行器，GNC 系统组成复杂，技术难点也多，是许多国家一直都在大力发展的航空航天关键技术。

为了加强对这一技术方向的研究工作，美国航空航天协会（American Institute of Aeronautics and Astronautics，AIAA）专门下设有制导、导航与控制分会。我国在控制科学与工程一级学科下设有导航、制导与控制二级学科方向。

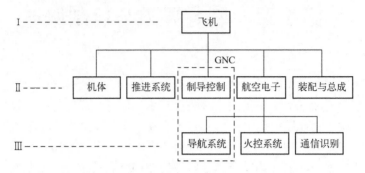

图 1-2　GNC 系统在飞行器中的地位示意图（引自 MIL-STD-681A）

1.2　GNC 的任务和方式

1.2.1　导航的任务和方式

导航的核心任务就是要实时确定出飞行器的即时位置、飞行速度、航向等参数，以保证能够以要求的精度正确地引导和控制飞行器沿着预定的航线飞行。这些参数通常称为导航参数。正是由于导航的重要，迄今为止，人们已经发展了多种导航技术，而且仍然在不断研究开发新型的导航技术。目前成熟的导航技术包括有惯性导航、卫星导航、天文导航、无线电导航、地形匹配导航、组合导航等。

一、惯性导航

惯性导航是依靠安装在无人机的加速度计测量载体在 3 个轴向的运动加速度，经积分运算得出载体的瞬时速度和位置的一种导航方式。按惯性测量装置在载体上的安装方式分，惯性导航系统有两大类：平台式惯性导航系统和捷联式惯性导航系统。

平台式惯性导航系统是将惯性测量装置安装在惯性平台的台体上，这样使得惯性平台能隔离载体的角振动，惯性测量元件工作条件较好，平台能直接建立导航坐标系，具有精度高、计算量小、容易补偿等优点，但是结构复杂、尺寸大、价格昂贵。捷联式惯性导航系统是一种没有实体平台的惯性导航系统，通常由陀螺仪、加速度计和导航计算机等组成。它把加速度计和陀螺仪直接安装在无人机机体上。加速度计测量加速度在机体 3 个轴上的分量。陀螺仪的敏感轴与机体固连，位置陀螺仪利用陀螺的定轴性，测量机体的姿态角。速率陀螺仪利用陀螺的进动性测量机体的瞬时角速度。导航计算机则把加速度计、陀螺仪输出在机体坐标系的视在加速度、机体姿态角或瞬时角速度通过坐标变换转换到惯性坐标系，并进行重力加速度的补偿，算出机体相对惯性坐标系的运动参数。在捷联式惯性制导系统中，导航计算机实际上替代了复杂的陀螺稳定平台的功能。由于省去了机械结构的平台，捷联式惯性导航系统结构简单、体积小、重量轻，成本大大降低，可靠性高，维护方便。随着高性能机载计算机的发展，捷联式惯性导航系统的性能已经非常稳定，已在无人机上广泛使用。

惯性导航完全依靠机载设备自主完成导航任务，工作时不依赖外界信息，也不向外界辐射能量，不易受到干扰，不受气象条件限制，是一种自主式的导航系统，具有完全自主、抗干扰、隐蔽性好、全天候工作、输出导航信息多、数据更新率高等优点。其最大的问题在于导航精度，惯性导航系统的定位误差是随时间积累的累积误差，影响导航精度的主要原因是惯性传感器本身的精度，而单纯提高惯性传感器的精度毕竟是有限的。所以通常以惯性导航系统作为主导航系统，再使用其他导航系统对其误差进行补偿，从而形成组合导航的方式来解决惯导使用的局限性问题。

二、卫星导航

卫星导航顾名思义是依靠卫星进行导航的方式。目前世界上能够使用的卫星导航技术有美国的GPS导航、俄罗斯的GOLLAS导航、中国的北斗导航以及欧洲的伽利略导航技术。卫星导航具有全球性、全天候、实时性和高精度的优点，但也有致命弱点，如对于机动性高的场合，会产生"周跳"现象、导航精度急剧下降、完全依赖卫星和地面控制中心的可靠性、易受干扰等。下面以GPS导航为例，简单介绍卫星导航特点。

GPS全球定位系统可以提供全球任一点的三维空间位置、速度和时间，具有全球性、全天候、连续的精密三维导航与定位能力。GPS系统分为三部分，包括空间卫星部分、地面监控部分和用户接收机部分。GPS的空间卫星星座由24颗卫星组成，其中包括3颗备用卫星。卫星分布在6个轨道面内，每个轨道面上分布有4颗卫星。每颗卫星每天约有5h在地平线上，同时位于地平线以上的卫星个数，随时间和地点的不同而有差异，最少4颗，最多可以达到11颗，这种GPS卫星配置方式保障了在地球任何地区、任何时间都至少可以同时观测到4颗卫星，加之卫星信号的传播和接收不受天气的影响，因而保证了GPS定位的全球性、全天候和实时性。

全球卫星定位系统用户终端的主要任务是接收GPS卫星发射的无线电信号，以获得必要的定位信息及观测量，并经数据处理来完成定位工作。GPS接收机通过对信号码的量测可得到卫星接收机的距离，这个距离由于含有接收机卫星钟的误差及大气传播误差，故称为伪距。对CA码(民码)测得的伪距称为伪距CA码，精度约为20m左右，对P码(军码)测得的伪距称为P码伪距，精度约为2m左右。

三、差分GPS导航

差分技术很早就被人们所应用。它实际上是一个观测站对两个目标的观测量、两个观测站对一个目标的观测量或一个观测站对一个目标的两次观测量之间的差。其目的在于消除公共误差和公共参数。GPS是一种高精度卫星定位系统，能给出高精度的定位结果。在GPS定位过程中，存在着三部分误差。第一部分是每一个用户接收机所共有的，例如，卫星钟误差、星历误差、电离层误差、对流层误差等。第二部分是不能由用户测量或由校正模型来计算的传播延迟误差。第三部分为各用户接收机所固有的误差，例如内部噪声、通道延迟、多径效应等。利用差分技术，第一部分误差完全可以消除，第二部分大部分可以消除，第三部分误差则无法消除。开始，有人提出利用差分技术来进一步提高定位精度，但由于用户要求还不迫切，所以这一技术发展缓慢。随着GPS应用领域的进一步开拓，人们越来越重视定位精度的提高。为此，又开始发展差分GPS定位技术。它使用一台GPS基准接收机和一台用户接收机，利用实时或事后处理技术，使用户测量时消去公共的误差源。

四、天文导航

天文导航又称为星光导航，是利用对星体的观测和星体在天空的固有运动规律提供的信息来确定飞行器在空间运动参数的一种导航技术。天文导航系统的精度主要依赖于对指定星体的观测精度，受气象条件影响较大，通常与其他自主导航系统组合使用。天文导航系统由量测装置、导航计算机和飞行控制系统等组成，量测装置包括星光跟踪器、空间六分仪等。六分仪的天文望远镜安装在双轴陀螺稳定平台上，实现对星体的自动跟踪。

五、组合导航

所谓组合导航，是指把两种或两种以上的导航系统以适当的方式组合在一起，利用其性能上的互补特性，以获得比单独使用任一系统时更高的导航性能。目前飞行器上实际应用的导航系统基本上都是组合导航系统，如卫星/惯性导航组合导航系统、多普勒/惯性导航组合导航系统等，其中应用最广泛的是 GPS/惯导组合导航系统。

六、多普勒导航

多普勒导航是飞行器常用的一种自主式导航系统，它的作用原理是多普勒效应。多普勒导航系统由磁罗盘或陀螺仪表、多普勒雷达和导航计算机组成。多普勒雷达不断地沿着某方向向地面发出无线电波，利用无人机和地面有相对运动产生的多普勒效应，测出雷达发射的电磁波和接收到的回波的频率变化，从而计算出无人机相对于地面的飞行速度，即地速，以及偏流角，即地速与无人机纵轴之间的夹角。由于气流的作用，偏流角的大小反映了地速、风速和空速之间的关系。空速指无人机相对于空气的速度，其方向为无人机机身的纵轴方向。根据多普勒雷达提供的地速和偏流角数据，以及磁罗盘或陀螺仪表提供的航向数据，导航计算机就可以不断地计算出无人机飞过的路程。

多普勒导航系统的工作方式是主动的，它不需要地面站，其测速精度约为航行精度的 1/100~1/1000，且抗干扰能力较强。但是，由于它工作时必须发射电波，导致其隐蔽性不好。此外，多普勒导航的性能与反射面的形状有关，如在水平面或沙漠上空工作时，由于反射性不好就会降低性能。

在 GNC 系统中，导航有着相对独立的技术体系，而且内容很庞大。为此，本书中对于各种导航技术和装置的详细原理等不做重点阐述。如果读者需要深入了解相关内容，请参阅有关导航技术的专业书籍。

1.2.2 制导的任务和方式

制导的核心任务是确定出飞行器的飞行控制信号，以使飞行器能够实现期望的飞行轨迹。制导功能最早主要是导弹、卫星等飞行器所需要的，现代有人驾驶飞机在自主飞行状态时，也需要有一定的制导能力。随着先进无人机系统的发展，制导的方式方法更加丰富多样。根据制导信号形成方式的不同，常见的制导方式主要包括自主制导、遥控制导、寻的制导和复合制导四大类。

自主制导是指飞行器在飞行中，仅根据预先装定的目标或目标区信息和依靠自身设备获得的导航信息，自主计算出制导信号的一类制导方式。根据信息的来源和计算方法的不同，自主制导又可具体划分为程序制导（标准航迹制导）、卫星制导、惯性制导、地图匹配制导、天文制导（又称星光制导）等方式。

遥控制导是指由地面制导站（制导雷达）通过遥控链路向飞行器发出制导信息，或由地面指挥控制站通过遥控链路向飞行器发出飞行指令，由飞行器根据接收的飞行指令控制自身飞向目标或预定区域的一类制导方式。简言之，就是由地面制导站发出指令来控制飞行器飞行的制导技术。遥控制导可分为遥控指令制导和驾束制导两大类，遥控指令制导根据遥控指令的生成方式又可分为无线电遥控指令制导、光学遥控指令制导和直接遥控指令制导三种形式。

寻的制导又称自动导引制导，主要用于目标攻击性飞行器，如导弹、制导炸弹、反辐射无人机、自杀式攻击无人机等。它是利用装载飞行器上的导引头（寻的器）接收目标辐射的或反射的某种特征能量，确定目标和飞行器的相对位置，进而由飞行器携带的制导计算机形成制导信号，引导控制飞行器飞向目标的一种制导方式。根据特征能量制造源的不同，可分为主动寻的、半主动寻的和被动寻的 3 种制导方式。根据特征能量物理特征的不同，可分为雷达寻的制导、红外寻的制导、电视寻的制导和激光寻的制导等方式。

复合制导是通过复合两种以上的制导技术以进一步提高制导精度和制导系统抗干扰能力的制导方式。每种制导体制都有着自己独特的优点和缺点，单一的制导体制难以做到全天时、全天候的精确制导，通过各有所长的制导技术的互补，则可有效提高制导精度。对于现代精确打击武器来说，复合制导和复合末制导已成为其重要的技术特征。

关于各种制导方式的详细说明参见本书第 4 章。

1.2.3 控制的任务和方式

飞行控制的目标是使飞行器按照期望的姿态和轨迹运动，控制的对象是飞行器的操纵面，对于常规布局飞机，操纵面一般包括升降舵、副翼、方向舵，操纵面布置如图 1-3 所示。升降舵是设置在水平尾翼后缘的可活动舵面，左右水平尾翼各安装一个。通过升降舵的同步偏转，可以改变水平尾翼上所受气动合力的方向，进而产生使飞机低头或抬头的力矩，使飞机发生俯仰运动。副翼是安装在机翼后缘部分的一种活动翼面，左右机翼各设一个副翼，主要用于控制无人机做滚转运动。副翼按照差动方式偏转，副翼的偏转会使左右机翼产生的升力发生变化，进而会产生使飞机向左或向右滚转的力矩，控制无人机发生期望的滚转运动。在垂直尾翼后缘设有用于操纵方向偏转的方向舵，通过偏转方向舵，就会产生使飞机机头偏转的力矩，达到改变方向的目的。

飞行器的空间运动包括了 6 个自由度的运动，即前后平动、左右侧移、上下升降、俯仰、滚转和偏航。对于常规布局的飞行器，根据飞行器的运动学和动力学特性，可以将这 6 种运动分解为两组耦合性极弱的运动，即纵向运动和横侧向运动。纵向运动包括了前后平动、上下升降和俯仰，横侧向运动包括了左右侧移、滚转和偏航。因此，对常规布局飞行器的控制可按照纵向通道和横侧向通道分别设计和实施。在纵向通道，通过控制飞行器升降舵的偏转和油门开度，可以调整飞行器的俯仰姿态、速度和高度，从而实现对飞行器前后平移、上下升降、俯仰等运动的控制；在横侧向通道，通过控制飞行器副翼和方向舵的偏转，可以调整飞行器的滚转姿态和偏航姿态，从而实现对飞行器左右侧移、横滚、偏航等运动的控制。控制系统的实现包括了控制律的解算装置、操纵面执行机构和用于感知飞行器运动参数的传感器等。

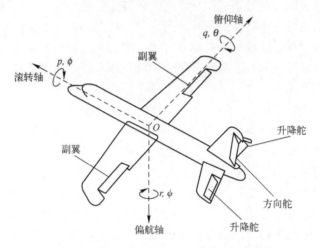

图 1-3 常规布局飞机的操纵面布置示意图

从飞行器发展至今，对操纵面的控制方式已经历了机械操控、阻尼增稳控制、控制增稳和电传控制等发展阶段。机械操控方式就是通过机械杆系将飞行员用驾驶杆和脚蹬发出的驾驶信号直接传递到操纵面的方式，包括纯机械操纵、可逆助力操纵和不可逆助力操纵（全助力操纵）。为了解决飞行器在高空高速飞行时，由于本身阻尼减少而使飞行器产生振荡的问题，发展了阻尼增稳控制。它是在操纵面的控制通道中引入角速度反馈，从而达到增大系统动态阻尼、减小振荡的目的，实现这一措施的装置被称为阻尼器。附加阻尼的引入，虽然提高了飞机的稳定性，但却使飞机的操纵性变差（迟钝）。为了解决操纵性和稳定性之间的矛盾，又在原来操纵通道之外，加入了杆到舵回路的电气信号通道，即向操纵面附加了一个由电气信号通道产生的控制作用，从而提高了对操纵面的操控能力，这种方式即被称为控制增稳。在上述控制方式中，机械操控通道仍然是对操纵面的主操控通道。为了减轻操控系统的重量，提高战场生存能力，随着电气信号通道余度技术的成熟，当多余度电气通道的可靠性水平完全达到了单余度机械通道的可靠性水平时，人们开始用完全的电气操控通道取代"机械+电气"形式的操控通道，这就产生了已被现代飞机广泛使用的电传操纵（Fly by Wire）系统。由于电气通道在战场环境下易受电磁干扰，人们已开始研究开发光传操纵系统，即将指令信号的电气传输通道改为光纤传输通道，这将是下一代飞行器操控系统的重要技术特征。

1.3 典型飞行器的制导控制

对于不同类型的飞行器，制导控制的实现原理和特点有所不同。本节简要介绍几种典型飞行器的制导控制特点。

1.3.1 导弹的制导控制

导弹是用于攻击指定目标的飞行器，必须要有能力准确地飞向目标，并与其在有效的杀伤半径内相遇或相撞。导弹制导控制系统的任务就是引导导弹克服各种干扰因素，按照确定的规律和要求自主准确地飞向目标。通常，导弹制导控制系统可划分为制导子系统和控制子系统两大部分，如图1-4所示，是一种由弹上设备探测目标并形成制导指令的制导控制系统的原理图。

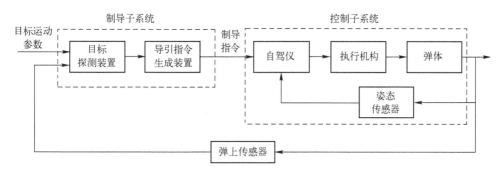

图1-4 导弹制导控制原理示意图

制导子系统由目标探测装置和制导指令生成装置组成，其功能是测量导弹相对目标的位置或速度，按预定规律形成制导指令，通过控制系统使导弹沿着适当的弹道飞行，直至命中目标。控制子系统由敏感装置、计算装置和执行机构组成，其功用是控制导弹的姿态和飞行速度，改变导弹的飞行弹道，保证导弹能稳定地飞行并最终命中目标。对于实际的导弹装备，控制子系统就是自动驾驶仪，制导子系统被称为制导系统。

导弹的制导方式与目标特点、目标的可探测特征、导弹的任务需求、作战使用方式等有着密切的关系，这造就了导弹家族丰富的制导方式。如巡航导弹具有中制导和末制导两种不同的制导阶段和需求，其制导方式和制导精度都有所区别。中制导主要保证巡航导弹能够按照正确的航线飞向目标/目标区，主要使用惯性制导、GPS制导、地形匹配制导等方式。末制导是要保证巡航导弹能够准确击中目标，主要使用GPS制导、电视制导等方式。空空导弹针对的目标是空中的飞行器，使用红外制导体制是最为有效和普遍的。早期的弹道导弹对中、末制导没有要求，也不采取手段，但随着现代反导技术的发展和突防要求的提高，末端机动成为弹道导弹提高突防能力的重要手段，从而也对其末端制导技术提出了新的要求。

1.3.2 有人飞机的制导控制

对有人驾驶飞机的控制，最早就是飞行员通过驾驶杆和脚蹬来操控飞机。驾驶杆和脚蹬的运动再通过机械操纵系统转化为飞机平尾、副翼和方向舵的舵面转动，使飞机受到的气动力和气动力矩发生改变，从而控制飞机运动。这是一种人工指令的控制。

随着飞机飞行包线的扩大，高空高速时战斗机自身阻尼降低，容易产生振荡导致操控品质下降和任务效能降低。同时，远程飞行任务的出现也需要能够有效减缓飞行员的驾驶疲劳。但单纯的"人工+机械"操控模式已很难满足这些要求。为此，开始出现具备控制增稳功能的自动驾驶设备,一方面,通过增加阻尼以抑制飞机的振荡;另一方面,通过自动控制飞机按设定状态飞行来降低飞行员的操控强度。早期的自动驾驶设备被称为自动驾驶仪,由敏感元件、控制器和舵机等组成。敏感元件测量飞机的飞行姿态,控制器负责解算使舵面偏转的操控指令,舵机是自动驾驶仪的执行机构,根据操控指令驱动助力系统使飞机的相应舵面偏转。当飞机偏离设定状态时,敏感元件感受到偏差的方向和大小,将相应的信号输送给控制器,由控制器按照指定的规律解算出控制指令,经放大后传送给舵机,控制舵面产生期望的偏转。整个系统按负反馈原理工作,其结果是使飞机趋向初始的设定状态。

虽然有了自动驾驶仪的帮助,但飞行状态的设定和飞行模态的选择仍然需要飞行员来完成。实际上仍是由飞行员给出飞行指令,再由飞机的操控系统按照该指令控制飞机舵面偏转,实现对飞机姿态和重心运动的控制。因此,早期的有人驾驶飞机并无制导功能的需要。随着现代战机飞行性能的不断提升和任务要求越来越复杂,仅靠飞行员的人工操控已难以适应现代空战高强度大负荷的要求,这就需要现代战机必须具备基本的自主飞行能力。现在,我们看到的世界各国的三代以上有人驾驶作战飞机,都已经具备了较强的自主制导功能。

1.3.3 航天器的制导控制

航天器是在地球大气层以外宇宙空间飞行,执行探索、开发或利用太空等航天任务的人造飞行器的总称。根据活动范围的不同,航天器可分为地球轨道航天器、月球轨道航天器、行星际航天器和恒星际航天器。根据功能和特点的不同,航天器又可分为人造地球卫星、空间站、宇宙飞船和航天飞机。航天工程是一项十分复杂的系统工程,航天器系统必须与发射场系统、运载器系统、航天测控系统、地面应用系统等相互配合、协调功能工作,才能顺利完成航天飞行任务。航天器系统涉及诸多专业领域,属于综合性的工程技术领域,制导控制技术是航天器的关键核心技术。根据任务特性的不同,对航天器的控制主要有轨道控制、姿态控制、交会对接控制等。例如返回式飞船,需要控制飞船完成轨道转移、交会对接、再入返回等飞行任务。而通信卫星需要控制点波束的覆盖区,侦察卫星需要控制侦察设备的扫描区等,需要对卫星的姿态和有效载荷进行联合控制。

航天器的轨道控制包括了轨道机动和轨道调整。轨道机动是指控制航天器的轨道发生改变的过程,即使航天器从当前轨道运动到另一条轨道上的整个飞行过程。航天器发射过程中完成星箭分离后,需要通过轨道机动进入预定轨道。在轨飞行期间,由于任务的变化也需要改变轨道。另外,航天器受到地球形状、日月引力、大气阻力、太阳光辐射压等各种扰动的作用,会产生对原轨道的缓慢漂移,为此,需要对其运行轨道进行微量机动,即轨道调整。轨道控制的任务就是控制航天器质心运动速度的大小和方向,使其轨道满足飞行任务的要求。轨道控制的执行部件是轨控发动机,具有多次点火启动能力,能够提供轨道机动所需的推力和方向。航天器的姿态控制就是控制其姿态按照预定的规律运动,包括姿态保持和姿态机动。姿态控制的执行机构包括航天器携带的推力器、飞轮和磁力矩器等,用以产生控制力矩,使航天器绕自身质心发生期望的转动,满足航天器轨道和任务的需要。

航天器的制导控制系统负责实施航天器的轨道和姿态控制,贯穿于航天器的轨道进入、轨道保持、轨道机动、交会对接、再入返回等各个阶段,其原理结构如图 1-5 所示。基本工作原理是,由航天器携带的敏感装置测量航天器的实际轨道参数和姿态参数,控制计算机根据实际参数和预定参数解算出需要的轨道控制信号和姿态控制信号,通过姿控装置和轨控发动机控制航天器完成期望的运动。轨道控制回路是姿态控制的外回路。

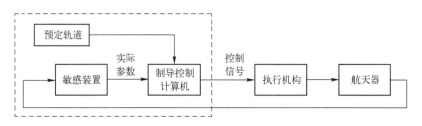

图 1-5　航天器制导控制原理图

控制轨道机动的方式一般有两种:一是遥控方式,即通过地面发出无线电指令来控制航天器的机动;二是自主控制,由航天器的制导控制计算机形成控制指令实施轨道控制。前者由航天器上的遥控接收终端和地面控制站共同组成,即图中所示的虚线包围的部分安装在地面站,控制信号由地面站发出。遥控方式是一种典型的非自主制导,可以减少航天器上的设备,但降低了轨道机动的灵活性。自主方式的整个制导控制系统均在航天器上,可实现航天器的自主闭环控制,即图中所示虚线包围部分的功能均由航天器自身携带的设备承担。

1.3.4　航天飞机的制导控制

航天飞机是一种有人驾驶的、主要部分可以重复使用的空间运输工具。它通常由火箭携带发射升空,像卫星一样被送入轨道。在轨道飞行过程中,完全就是一个航天器,需要进行轨道保持控制,也可根据任务需要变换轨道。最后,航天飞机还要脱离轨道返回大气层,再像飞机那样滑翔下降,用机轮在机场水平着陆。它是航天器和飞机的创造性的完美结合。航天飞机除了运载和部署卫星以外,还可以检修、回收卫星,或进行空间营救。在军事方面,航天飞机还可以执行载人近地轨道实时侦察、拦截卫星、战略轰炸等任务。在空间科学技术的应用方面也非常广泛,如发射空间实验室和建立永久性国际空间站等。

航天飞机实际上是一个系统,称为航天飞机系统,包括一个轨道器、一个外储箱和两个固体火箭助推器,通常所说的航天飞机是指轨道器。航天飞机每飞行一次就要扔掉一个外储箱,而固体火箭助推器和轨道器仍能重复使用。按照美国航天飞机的设计,轨道器可以重复使用 100 次,助推器可以重复使用 20 次。因此,当前的航天飞机是一种部分可重复使用的第一代空间运输工具。航天飞机的独立飞行过程包括入轨、轨道保持、变轨、离轨和再入返回等阶段,控制系统要保证航天飞机在各种飞行状况下正常执行任务和安全可靠地运行。因此,航天飞机的制导控制系统非常复杂,是航天器和飞机的制导控制的有机结合。

航天飞机制导控制系统的基本结构与航天器制导控制系统的结构是相似的，都包括轨道控制和姿态控制两部分。制导的任务是根据航天飞机所在位置与要求位置之间的偏差，为航天飞机计算出飞行指令。控制则要根据飞行指令控制航天飞机的速度、飞行方向和所要求的姿态，使之按照预定的轨道飞行。但航天飞机的制导控制有其特殊性，主要表现在航天飞机的再入返回和返场着陆阶段的控制。对于航天飞机来说，必须保证再入返回过程的安全和平稳，既要保证航天员的安全，也要保证航天飞机能够平稳进入返场着陆窗口。具体的技术原理本节不多赘述。

1.4　无人机制导控制的新问题

随着无人机家族成员的扩大，特别是无人机自主化程度的提高，飞行器制导控制的内涵有了更为丰富的发展。无人机根据其用途可以分为靶机、自杀式攻击机、反辐射无人机、无人侦察机、无人对地攻击机、无人作战飞机、临近空间无人机、空天无人机等。由于用途及飞行特性的不同，不同类型的无人机对制导功能的需求也不尽相同。若从无人机的制导特点来看，大致可分为3类：第一类是用于攻击目标的自杀式无人机，包括自杀式攻击机、反辐射无人机等，其制导方式与导弹相似。第二类是像有人飞机一样可重复使用、持续巡航的无人机，包括靶机、无人侦察机、通信中继无人机、无人对地攻击机、无人作战飞机等绝大多数的无人机，其制导方式目前主要是自主制导。但随着这些无人机，特别是无人作战飞机自主化技术的发展，以智能化为主要特征的新型的制导机理将会进一步丰富无人机制导的内涵。第三类是可跨空、天飞行的空天无人机，其在轨时类似于卫星，返回再入时是具有可控机动能力的再入飞行器，返场着陆阶段则完全就像是一个普通的无人机。所以，空天无人机在不同的飞行阶段有着不同的制导控制需求，其制导方式更为丰富。总的来说，无人机的制导控制更需要强调自主性。

实际的无人机装备是一套系统，包括了空中的无人机、地面的指挥控制系统、综合保障系统和任务载荷。而无人机的飞行和完成任务则需要无人机平台、地面指控系统和测控链路的共同配合，呈现出"机上无人，人在回路"的特点。这些特点需要在无人机的制导控制中更多地考虑系统的因素，考虑操控员和链路通信延迟的影响。通信延迟对于非实时的应用来说，可能并不是重要问题，但对于关键环节上的无人机操控来说，却是非常重要的问题。例如，600ms左右的卫星通信延迟，对于无人机在巡航阶段的飞行是可以接受的，但对于起飞/着陆阶段的操控则可能造成灾难性的影响。

当前，无人机的使用主要是单机模式，这种模式对于低威胁、小范围的任务环境是较为适合的。但是，当面对高对抗或广域复杂任务环境时，单机模式的任务效能将会大大降低。一方面，是单架无人机在广域任务环境下的任务效率明显下降，而且预规划策略鲁棒性差，难以应对突发事件和任务。另一方面，在高对抗环境中，单机的任务成功率低，容易导致整个作战任务的失败。因此，在高威胁强对抗的战场环境中，智能化的协同作战将成为无人机的主要运用模式，包括多无人机的协同搜索侦察、协同目标跟踪、协同对地攻击，以及有人机与无人机的协同制空作战等。这些新的无人机运用模式，要求无人机系统的制导控制要向着高度自主和技战融合的方向发展，自主控制、协同控制、作战控制等也将是无人机制导控制需要解决的重要问题。

1.5　本书内容安排

制导、导航与控制是飞行器自主飞行不可分割的三项要素，只有它们共同作用才能确保飞行器实现正确的飞行。考虑到本书的篇幅和无人机制导控制的特殊性，将侧重讨论无人机系统的制导控制原理，对涉及的导航要素进行基本说明，以保证 GNC 系统的完整性，但不对具体的导航技术原理做展开阐述。关于各种导航技术和装置的详细原理请参看有关导航专业书籍。基于上述思路，本书的内容安排设计如下：

第 1 章概要介绍飞行器制导、导航与控制的基本问题。包括制导、导航与控制的概念、任务和实现方式，以及导弹、有人驾驶飞机、航天器和航天飞机等典型飞行器的制导控制特点。进而简要讨论无人机制导控制面临的新问题，使读者在掌握 GNC 系统功用的基础上，能够总体了解各类飞行器的制导控制问题。

第 2 章重点讨论无人机系统的制导控制特点。在简单介绍无人机系统基本构成与原理的基础上，提出无人机系统的"机—站—人—链"闭环信息结构，进而对三类典型无人机系统的制导控制特点进行讨论。本章旨在使读者建立对无人机系统制导控制问题的总体认识。

第 3 章用于建立无人机的飞行运动模型，为后续制导律和控制律的设计分析提供模型基础。首先介绍无人机飞行的空气动力学基础、建模常用的坐标系和表征无人机运动的变量。进而重点讨论无人机运动模型的建立，以及模型的线性化。最后，给出一个试验用小型无人机的模型，该无人机模型是本书后续控制律设计分析的对象。

第 4 章重点阐述无人机的制导方式与导引控制原理。包括无人飞行器的各种制导方式、航线飞行的导引控制原理、寻的制导的导引控制原理、遥控制导的导引控制原理和空天无人飞行器的制导控制原理。

第 5 章讨论无人机纵向运动的稳定与控制问题。包括无人机纵向运动特性的分析、纵向姿态的稳定与控制、飞行高度的稳定与控制和飞行速度的稳定与控制。区别于大多数飞行控制原理类教材的组织模式，本章以面向实践、突出理论和实践紧密结合的思路，针对第 3 章中给出的试验用小型无人机，按照"控制原理→控制律设计→增益参数确定"的模式来组织内容，使读者能够完整、具体地掌握无人机纵向控制的设计原理、方法和过程。

第 6 章讨论无人机横侧向运动的稳定与控制问题。包括无人机横侧向运动特性的分析、滚转角的稳定与控制、航向角的稳定与控制和侧向偏离的稳定与控制。本章的撰写思路和内容组织模式与第 5 章相同，目的也是使读者能够完整、具体地掌握无人机横侧向控制的设计原理、方法和过程。

第 7 章介绍无人机制导控制系统的实现。在介绍无人机制导控制系统结构原理的基础上，重点从制导控制计算机、机载敏感装置和执行机构 3 个方面介绍实现制导控制系统所需要的设备和部件的工作特性。

第 8 章讨论无人机编队飞行的制导控制问题。包括无人机编队飞行问题的背景和描述、无人机编队控制结构，以及无人机编队保持控制方法和编队防碰撞控制方法。最后，通过仿真对编队控制的实现特点进行说明。

第 9 章讨论无人机协同搜索跟踪的制导控制问题。针对无人机协同搜索跟踪任务的需要，从协同搜索问题建模、分布式协同搜索的制导控制、双机协同跟踪的制导控制原理和协同搜索跟踪仿真等方面，简要介绍面向无人机协同运用的制导控制的基本特点和实现原理。

第 2 章　无人机系统的制导控制特点

无人机作为一种新型的飞行器，具有鲜明的"机上无人，人在回路"的系统性特点。同时，随着无人作战飞机、临近空间无人机、空天无人机等先进无人机系统的快速发展，无人机的作战运用也更加强调智能和协同。无人机系统的这些新特性，已经在丰富和发展着传统飞行器制导控制的内涵和外延。而结合认知科学、信息科学、人工智能等学科领域的先进理论，以自主化和智能化为主要特征的新型制导控制技术也正在创新发展。本章即结合无人机系统的类型和运用，探讨无人机系统制导控制的特点和发展方向。

2.1　无人机系统概况

顾名思义，无人机是一种无人驾驶的飞机，但事实上，无人机的安全飞行和顺利完成任务却离不开人的作用，无人机的飞行依赖于"人在回路"的系统。本节即对无人机系统的特点予以简要阐述，这是理解无人机制导控制特点的基础。

2.1.1　理解无人机系统

无人机（Unmanned Aerial Vehicle，UAV）是一类有动力、可自主飞行或遥控飞行、能携带任务载荷执行任务的无人驾驶飞行器，其形式和使用模式多种多样。在 2002 年美国联合出版社出版的《国防部词典》中，对无人机的解释是这样的："无人机是指不搭载操作人员的一种动力空中飞行器，采用空气动力为飞行器提供所需的升力，能够自动飞行或进行远程引导；既能一次性使用也能进行回收；能够携带致命性或非致命性有效载荷。弹道或半弹道飞行器、巡航导弹和炮弹不能看作是无人飞行器。"随着无人机技术的快速发展，无人机已经开始向航空空间之外发展，临近空间无人机、空天无人机已经开始出现。以美国试飞的临近空间无人飞行器、空天无人机为代表，无人机正在向更高、更远、更快的空天发展，无人机技术的发展赋予了无人机新的外延和内涵。

基于以上认识，本书作者在《先进无人机系统与作战运用》一书中对无人机给出了一个新定义：一种需要依靠动力装置，能够在空中进行持续、可控的任务飞行，或是能在航空航天空间均可实现可控飞行，能携带民用或军用性质的任务载荷执行任务，可一次性使用或可重复使用的无人驾驶飞行器。特别地，把能在临近空间持续巡航飞行的无人机称为临近空间无人机；把兼具航空器和航天器飞行能力的无人机称为空天无人机。弹道或半弹道飞行器、巡航导弹和炮弹不能看作是无人机。

事实上，空中的无人机必须在包括了地面指挥控制、空地通信和地面保障等设备在内的一套系统的支持下才能够完整、独立地飞行和执行任务，因此，无人机更准确地被称为无人机系统（Unmanned Aerial System，UAS）。图 2-1 说明了"捕食者"无人机系统的运行原理,即"捕食者"无人机的飞行和完成任务需要地面人员和通信链路的支持和参与,这就是系统。在美国国防部 2005 年 8 月发布的《2005—2030 无人机系统路线图》中,最直观的变化就是将以往文件中的"无人机"改为"无人机系统"。其概念不仅包括了从无人机平台、机载传感器系统、机载武器、通信系统、指挥控制、任务、综合保障、可靠性、生存性以及作战使用等与无人机系统能力有关的方方面面,而且还扩大了飞行器的类型(如飞艇)、飞行方式(如扑翼飞行)等。在该版无人机系统路线图中,"无人机"一词指的是无人机系统中的飞行平台。需要说明的是,从美国空军近 2 年的部分公开文件中可以看到,他们对中大型无人机系统又给予了一个新的称呼——"遥驾飞机"(Remotely Piloted Aircraft,RPA),更加强调了无人机系统中人的作用。

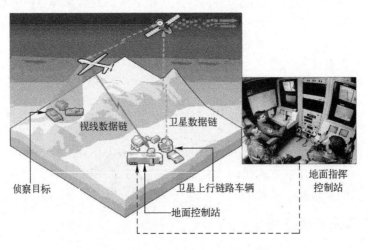

图 2-1 "捕食者"无人机系统的运行示意图

2.1.2 无人机系统的组成

单纯地说无人机,它是一个无人驾驶的飞行器。为了能对无人机的飞行过程进行监控和干预,就需要有人在地面能对其实施操控和状态监视,为此,地面需要有指挥控制站;而要实现对飞行中的无人机的操控,就需要将地面操控人员的指令及时地发送给无人机,同时,要将无人机的状态信息等传送给地面的操控人员,使其及时了解无人机的状态,这就需要有空地数据传输系统。因此,一个完整的无人机系统包括地面控制站系统、飞机系统、任务载荷和综合保障等四大部分。飞机系统包括飞行器平台、动力系统、飞行控制系统、遥控遥测系统机载部分等;地面部分包括无人机的指挥控制、起降控制、测控传输和情报处理等功能。任务载荷即是无人机携带的任务设备,是用于无人机完成任务的机载设备,主要有光电类载荷、电子类载荷、武器类载荷,又可分为侦察监视类载荷、电子对抗类载荷、通信中继类载荷、武器弹药类载荷。另外,为了保证无人机的正常使用和顺利完成任务,还需要综合保障系统的支持,包括人员的培训、人力配备、地面设施建设以及配套的维护保障装备等。图 2-2 是无人机系统的组成示意图。

飞机系统中,动力系统为无人机提供保持飞行速度所需的动力,飞机平台将机翼、尾翼、动力装置等部件连接成一个整体,并为飞行控制装置、油箱、有效载荷等设备提供安装空间。飞行控制系统由敏感装置、飞行控制计算机和执行机构组成,是无人机机载部分的核心,它接受地面指挥控制系统的指令,控制无人机的飞行和其他机载子系统的工作,协调机载各子系统的工作,并把无人机的状态及其他需要的信息发送给地面指控系统。飞行控制系统是协调、管理和控制无人机各子系统的综合控制器,也是实现无人机飞行管理与控制的核心。

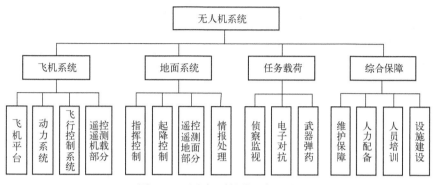

图 2-2 无人机系统的一般组成

在地面控制站系统中,地面指挥控制站是无人机系统的指挥中心,它工作于遥控遥测系统之上,负责全面监视、控制和指挥无人机系统的工作,提供操作员对无人机状态、态势的了解,监控、指挥无人机完成任务,发生意外或无人机出现故障时提供操作员的干预能力。遥控遥测的地面部分与机载部分协同工作,提供地面站与无人机的通信,实现对无人机的监控、指挥,完成预定任务。地面系统还可根据需要对无人机侦察到的图像及视频信息进行处理并将情报分发给其他部门。遥控遥测的地面部分与机载部分构成了无人机系统的数据链路,数据链路对任何一架无人机都是一个关键的子系统,它能根据要求或持续不断地提供双向通信,主要负责无人机系统的指令、数据、情报等的上传下达。一般而言,上行链路达到几千赫兹,提供无人机的控制和任务载荷的操纵指令。下行链路提供低数据率频道,以传输飞机的状态信息。

对于一个具体的无人机系统来说,虽然都包括飞行器、地面控制站、数据链路和必要的地面保障设备等四大组成部分,但每个部分的具体组成形式、大小、规模等不尽相同,与无人机系统的整体规模和使用要求密切相关。这里举两个例子加以说明。一个是组成规模很小的无人机系统,如图 2-3 所示的美国海军陆战队使用的"龙眼"(Dragon Eye)无人机系统。这种小型电动无人机系统很简单,飞行器仅有几斤重,地面控制站就是一个笔记本电脑,测控链路的地面部分就是一个小型的收发电台,可以与手提便携式控制站设计成一体。对整个无人机系统的操作使用只需 1~2 人即可完成。

第二个例子是规模较大的无人机系统,如美军的"全球鹰"无人机系统,如图 2-4 所示。"全球鹰"RQ-4B 无人机的翼展为 39.9m,起飞重量高达 13t,起飞降落需要良好的机场条件;地面控制站分为任务控制站和起降控制站,每个控制站都是大型野战方舱的形式,内部需要多名操作人员的共同操作才能确保无人机安全飞行和完成任务;任务载荷包括集成光学、红外侦察设备的光电转塔、SAR 雷达等侦察设备;测控链路系统则更庞大,包括了卫星通信链路和视距通信链路,不仅飞机上需要安装视距通信天线和卫星通信天线,地面也要配备视距通信设备车、视距通信天线车、卫星通信设备车和卫通信天线车等大型设备。操控需要几十名人员的共同工作。

图 2-3 "龙眼"无人机系统

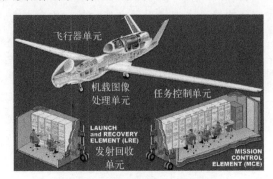

图 2-4 "全球鹰"无人机系统

2.2 无人机系统的"机—站—人—链"控制结构

无人机是一种机上无人的飞行器，要实现安全的飞行和圆满完成任务，离不开地面设备和人员的支持，所以它是一个系统。正是这种系统关系形成了无人机系统基于"机—站—人—链"闭环信息结构的特殊的制导控制机理。

2.2.1 无人机系统的闭环信息结构

无人机的最大特点是"机上无人"。为了使无人机能够在没有机上飞行员操控的情况下仍然保持正确的飞行，就必须使无人机具有一定的自主飞行能力，也就是说，需要无人机上有一套自动飞行控制系统，控制无人机按照期望的要求飞行。同时，无人机的飞行情况还要能被地面监视和操控，以保证地面人员能够实时地了解无人机的飞行状态，并在需要的时候，比如无人机的飞行出现异常状态时，地面人员能够及时干预无人机的飞行，确保飞行安全。因此，对于无人机来说，尽管机上无人操作，但地面必须有人进行监控。在这种模式下，关于无人机飞行与任务状态的遥测信息应当实时地传送到地面，供地面人员掌握无人机的工作状况；另外，地面人员对无人机的操控要求、干预措施等也应当能以遥控指令的方式发给无人机，并由无人机执行，这就构成了无人机系统的"机—站—人—链"闭环信息结构，如图 2-5 所示。

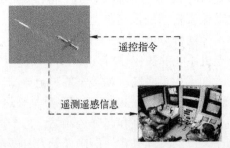

图 2-5 无人机系统的"机—站—人—链"信息闭环示意图

在这一信息闭环结构中，无人机上接收并执行指令、负责控制无人机飞行及发送状态信息的功能模块就是飞行控制系统，而地面上承担监视无人机状态、操控无人机飞行的设备被称为无人机的地面指挥控制系统,在无人机和指控系统之间传送遥控遥测信息的即是无人机的测控链路系统。所以,机载自动控制系统、地面指控系统和测控链路就成为了无人机系统空地闭环信息控制的物理实体,从飞行和任务的角度来看,无人机系统是由"机—站—人—链"构成的信息闭环控制结构,其突出特点是"机上无人、人在回路",如图 2-6 所示。

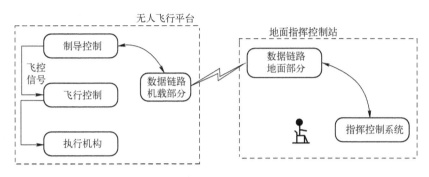

图 2-6　无人机系统信息闭环控制结构示意图

在上述信息闭环控制结构中,机载制导控制系统的输入信号为飞行控制信号,当无人机工作在遥控控制模式下时,飞行控制信号来自于地面指挥控制系统中的无人机操控员,也称为无人机的飞行员。无人机飞行员通过操纵驾驶杆、油门杆或是指令键盘产生飞控指令信号,并通过测控链路传送给无人机的机载接收模块,该模块把接收的信号输出给飞控系统,保证无人机安全正确地飞行。

2.2.2　无人机平台的制导控制回路

就无人机飞行平台来说,其机载飞行控制系统是保证无人机正常飞行和完成任务的核心与关键系统,而其中的制导控制回路则是飞行控制系统的工作基础。按照负反馈控制原理,可将机载飞行控制系统中的制导/控制回路划分为 3 个,即舵回路、稳定回路和制导回路,如图 2-7 所示。

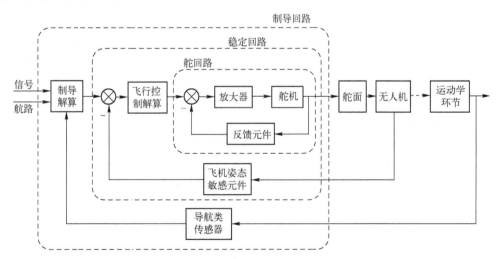

图 2-7　无人机平台的制导控制回路

最内环的控制回路为舵回路，它是一个伺服回路。为了改善舵机性能以满足飞行控制的要求，通常将舵机的输出信号反馈到输入端形成保证舵机性能的负反馈随动控制系统，称为舵回路。舵回路一般包括舵机、反馈传感器和放大器。

舵回路和控制律解算模块、姿态传感器等构成新的控制回路，用于实现对无人机飞行姿态的稳定与控制，称为稳定回路。稳定回路主要实现自动驾驶仪的功能，在制导信号不发生变化时它工作在稳定模态，主要作用是克服外界环境中的干扰力和力矩的影响，稳定无人机的飞行状态；当制导信号发生变化时，确保无人机飞行状态平稳地过渡到新的状态点。

由稳定回路加上测量无人机运动、位置等信息的导航类传感器，以及制导信号解算模块，就构成了可实现无人机航迹控制的新回路，称为制导回路。制导回路对传感器（导航设备）感知到的无人机的即时信息与理想的飞行轨迹或者是目标点的位置进行比较计算，解算出稳定回路所需的控制信号，从而完成无人机的飞行航迹控制。无人机的重心运动是通过控制角运动实现的，这种通过姿态的变化来控制飞行轨迹的方式，是目前航空飞行器控制飞行轨迹的主要方式。

2.2.3 无人机系统的操控方式

按照无人机系统的大闭环控制架构，对无人机可以采取 3 种操控方式，即自主飞行控制、地面指令操控和人工操控飞行。对于具体的无人机装备，这 3 种操控方式可以根据设计需要选择使用。

自主飞行控制是指无人机自动按照设定的航路或系统自动生成的飞控信号来控制无人机飞行，进行航迹跟踪和高度控制。在自主控制模式下，由制导控制计算机进行航段分析，选择自动驾驶模态，解算出飞控信号，并送给无人机的自动驾驶仪，由自动驾驶仪控制无人机沿着预定的航线飞行或者是命中目标。此时地面的无人机飞行员（或操控手）只对无人机的飞行状态进行监控。仅当出现紧急情况时才切入遥控模式，对无人机的自主飞行进行干预。自主控制是先进无人机系统必须具备的操控方式。

地面指令操控是指无人机的地面飞行员（或操控手）通过地面控制站的操控面板向无人机发出飞行指令的操控方式。无人机飞行员由操控面板发出的遥控指令通过无线电上行遥控通道发送给无人机，通过解译形成机载飞行控制通道的输入信号，从而实现对无人机飞行姿态和飞行轨迹的控制。遥控指令通常包括飞行模态控制、任务设备控制、发动机控制以及航路操作等指令。

人工操控飞行是无人机飞行员利用地面控制站的飞行操控杆和油门杆直接操控无人机飞行的一种操控方式。在这种方式下，飞行员用杆、舵给出的操控量也是通过无线电上行指令通道发送给无人机，经解码后输入飞行控制通道，实现对飞行运动的直接操控。人工操控能力使得无人机飞行员能够对无人机的飞行过程进行更为精细的干预，在一些特殊或异常状态下，这种干预往往是非常必要的。但是，飞行员在实施人工操控时必须慎重，特别是在无人机的起降阶段，不当的操控很容易导致事故。

2.3 攻击无人机的制导控制

这里所说的攻击无人机是指一次性使用的、依靠自身攻击目标的各类无人机,主要包括的无人机类型有反辐射无人机、巡飞攻击无人机(巡飞弹)和其他形式的自杀式无人机。要求这类无人机能够有能力准确地飞向目标,并与目标在有效的杀伤半径内相遇或相撞。使无人机具备这样能力的机载设备即是它的制导控制系统,其任务就是引导无人机克服各种干扰因素,按照一定的规律和要求自主地飞向目标。

2.3.1 攻击无人机的制导特点

机载制导控制系统可划分为制导子系统和控制子系统两大部分,图 2-8 示意了一种由机载导引头探测目标并形成制导信号的制导控制系统的结构原理。制导子系统由目标探测装置和导引信号生成装置组成,其功能是测量无人机相对目标的位置或速度,按预定规律加以计算处理,形成制导信号,通过控制系统使无人机沿着恰当的轨迹飞行,直至命中目标。控制子系统又称为自动驾驶仪,它由敏感装置、计算装置和执行机构组成,其功用是接受制导系统传送的制导信号,控制飞机的姿态、速度和航迹,保证无人机能稳定地飞行并最终命中目标。

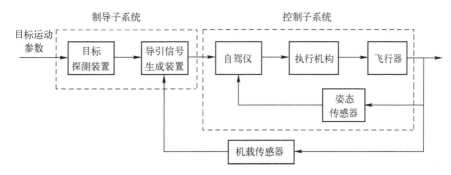

图 2-8 攻击无人机制导控制系统结构示意图

攻击无人机的任务是要攻击目标,其制导控制的目的是把无人机导向目标点或目标区,因此,其制导方式与目标特点、目标的可探测特征、无人机的任务需求、作战使用方式等有着密切的关系。如无人机在飞行过程中具有中制导和末制导两种不同的制导阶段和需求,其制导方式和制导精度有所区别。中制导主要保证无人机能够按照正确的航线飞向目标/目标区,主要使用惯性制导、GPS 制导、地形匹配制导等方式。末制导是要保证无人机能够准确击中目标,主要使用 GPS 制导、电视制导等方式。另外,如果需要提高无人机对防空系统的突防能力,末端机动制导也是必须予以考虑的。

2.3.2 攻击无人机的飞行控制

实现无人机飞行控制功能的是自动驾驶仪,其作用就是按照飞控信号的要求,实现对无人机飞行的自动控制,其原理就是把飞行员操控飞机的过程用控制器自动实现。我们先简单分析一下飞行员操控飞机的过程,以飞机水平直线飞行为基准状态。当飞机受到阵风干扰会偏离基准姿态,例如飞机抬头,驾驶员通过眼睛观察仪表板上的陀螺地平仪感受到飞机姿态的变化,由大脑根据飞机现实状态对于基准状态的偏离情况做出对飞机的操控判断,再通过神经系统传递给手臂,推动驾驶杆使升降舵向下偏转,从而在飞机上产生相应的下俯力矩,使其重新趋于水平直线飞行状态。在这一调整过程中,飞机的姿态变化又通过仪表板上的陀螺仪反映出来,飞行员通过眼睛不断感知飞机当前的状态,并据此逐渐把驾驶杆收回原位,当飞机回到原水平姿态时,驾驶杆和升降舵也回到原位,这一操控过程即告结束。

飞行员操控飞机的过程实质是一个负反馈调整过程,其中有 3 个重要环节,即感知飞机姿态、给出操控指令、执行操控指令。若要用自动控制装置代替驾驶员控制飞机飞行,则必须要有能够完成这 3 个重要环节职能的机载装置,即敏感元件、控制律计算机和执行机构,这 3 个部分即组成了所谓的自动驾驶仪。在自动驾驶仪中,由敏感部件测量飞机的飞行姿态,控制律解算装置解算出使舵面偏转的操控指令,输出给作为执行机构的舵机,舵机再驱动助力系统使相应的舵面偏转,从而产生气动力和气动力矩使飞机的飞行姿态发生改变。其工作原理如图 2-9 所示。当飞机偏离原始状态时,敏感部件感受到偏离方向和大小,并将相应大小的信号输出给控制律计算装置,计算装置根据姿态指令信号和实际的姿态信号,按照一定的规律解算出飞控信号,经放大后传送给舵机,通过执行机构控制相应舵面偏转。整个系统按负反馈原理工作,其结果是使飞机趋向原始状态。当飞机回到原始状态时,敏感部件输出信号为零,舵机及相应的舵面也回到原位,自动驾驶仪即停止调整飞机姿态。虽然有了自动驾驶仪的帮助,但有人机的飞行指令是要由飞行员给出的。例如,若要自动稳定飞行高度,飞行员要首先通过旋钮或其他输入设备设置高度给定值,之后才能接通自动驾驶仪的高度保持模态。

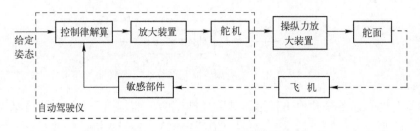

图 2-9　自动驾驶仪工作原理示意图

2.4　临近空间无人机系统的制导控制

临近空间无人机和大多数先进无人机一样,都是可重复使用、持续巡航的无人机。不同的是,临近空间无人机飞行高度更高、飞行速度更大、飞行环境更恶劣,所以对其制导控制的要求比航空空间的无人机的制导控制要求更高、更复杂,在传统制导控制技术的基础上,更加强调制导控制的自主性。为此,本节以临近空间无人机系统为代表,介绍这类可重复使用的先进无人机系统的制导控制特点,重点讨论其自主控制问题。

2.4.1 临近空间无人机的控制特点

传统上，人们通常把 20km 以下的地球垂直空间称为航空空间，它是传统航空器飞行所能够达到的空域范围，包括地球大气层的对流层及部分平流层空间；把航天器运行所达到的空域范围称为航天空间，一般在距地面 100km 以上，主要包括大气层的大部分暖层及散逸层；在航空空间与航天空间之间，有一个非常重要的过渡空间，现在被称为"临近空间"，其高度约为 20~100km。"临近空间"概念的提出和被关注，是从美国空军在 2005 年进行的"施里弗"-3 空间战计算机模拟演习开始的。美国空军认为，目前世界上绝大多数航空飞行器都无法达到临近空间的高度，更无法在这一空间内遂行作战任务。从飞行器的任务安全性、任务能力、任务效费比等方面考察，临近空间无人机的作战效能将是其他任何飞行器都难以比拟的。

临近空间无人飞行器是能够持续、稳定运行于临近空间，执行特定任务的各种无人飞行器。通过携带不同类型的任务载荷，可用于侦察、监视、打击、运载等任务。临近空间无人飞行器按照速度划分主要有两类：一类是低动态临近空间飞行器，包括临近空间浮空器和低速临近空间无人机；另一类是高动态飞行器，包括临近空间超声速飞行器和临近空间高超声速飞行器。低动态临近空间飞行器在持续飞行时间、定点侦察等方面具有突出优势。对于高动态的临近空间飞行器，特别是速度大于马赫数 5 的高超声速临近空间飞行器，其优势主要来自于它的高速度，使其具备了远程快速机动和即时打击能力，可以大大提高远程打击的快速性和突防效能。在美军巨大的军事需求牵引下，也得益于现代航空航天技术的发展成就为突破临近空间飞行技术奠定了坚实的基础，近年来，多种类型的临近空间飞行器被美国等发达国家列入研发计划，尤其以高超声速临近空间无人飞行器发展最为迅速。

临近空间高超声速无人飞行器的发展以美国为先驱，其开发时间最长、技术积累最多，代表着世界在临近空间高速无人装备的最新技术和水平。近年来，美国国防部，陆、海、空三军，导弹防御局，NASA 等部门均在开展临近空间飞行器技术与应用研究。2005年，美国国防部公布的《2005—2030 年无人机系统路线图》首次将临近空间飞行器列入无人飞行器系统范畴，2006 年初，美国空军科学咨询委员会发布题为《在临近空间高度持久存在》的研究报告，对美国空军近、中、远期临近空间飞行器的发展提出了建议。在临近空间超声速无人机方面，最具代表性的是美国的 D-21 无人侦察机。该无人机在完成数次试飞和 4 次实战任务发射后，于 1971 年 7 月中止。在临近空间高超声速无人飞行器方面，美国提出了多个高超声速飞行器发展计划，主要有：美国航天局的"高超声速X"计划 X-43A，主要验证采用氢燃料的超燃冲压发动机、乘波体气动布局以及高超声速状态下的飞行控制等技术；高超声速机动飞行器 HTV-2，是一种火箭发射、无动力的无人高超声速机动飞行器，可以马赫数 20 以上的速度在大气层内飞行；高超声速巡航导弹 X-51A 是美国空军研究实验室（AFRL）与国防高级研究计划局（DARPA）联合负责的超燃冲压发动机验证机，设计飞行马赫数在 6~6.5 之间，将可能首先成为一种可用于全球快速摧毁的高超声速巡航弹；HTV-3X "黑雨燕"是美国空军和国防部高级研究计划局的共同项目，计划研发飞行速度为马赫数 6 的高超声速验证机。

临近空间高超声速无人机制导控制的特殊性在于其大空域、宽速域、高动态的飞行要求。临近空间高超声速无人机飞行高度范围大、速域宽度广，环境变化非常大，整个飞行过程对操纵效率的需求也变化很大，因此，必须要有适应大空域、宽速域范围的制导、导航和自主控制技术。另外，一些特殊的飞行阶段也对临近空间高超声速无人机的制导控制提出了特殊的要求。如在返回再入阶段，再入初期无人机的初始动能和势能都很大，需要进行剧烈的机动以消耗能量，以保证无人机能够在满足热约束、动压约束和机体结构等约束的情况下顺利返回着陆。为此，制导系统必须能够满足临近空间高超声速无人机在速度、高度和姿态方面的巨大快速的变化。

2.4.2 临近空间无人机系统的自主控制

目前，无人机的飞行控制已具备很完善的自动控制功能，能够保证无人机在没有人为参与的情况下自动完成全过程的飞行任务。但是，这种控制水平只能按照预设的程序和步骤来处理飞行中的预定情景和要求，难以很好地满足临近空间高超声速无人机的全任务飞行要求。对于临近空间无人机来说，需要重点发展的是高自主的制导控制技术，这也是先进的可重复使用无人机系统制导控制技术的研究前沿和追求目标。

常规的自动控制是基于数据驱动的，能精确地按照程序执行任务，但几乎不具有智能性，没有选择与决策的能力。自主控制则可以对不确定动态环境中的大量不确定性进行分析、判断，并根据实时情况动态做出合理的决策。自主控制是信息、知识驱动的，可以具有很高程度的智能性。在部分学术文献中，对自主控制和自动控制的表达也是有区别的，自动被称为 Automation Control，而自主则是 Autonomous Control。美国学者 panos J antasaklis，Kevin M.passino he S J wang 指出，自主意味着具有自治能力，自主是控制的目的。自主控制器（Autonomous Controller）在执行控制功能时拥有自我支配的能力和权限。自主控制器由一系列硬件和软件构成，能够在脱离人的干预活动的情况下，在一段时间内完成必要的控制功能。美国学者 M.Pachter 和 P.R.Chandler 将自主控制定义为应用于非结构化环境下的高度自动化，其中的自动化强调了无人参与，非结构化强调了各类不确定性，例如，参数不确定性、未建模动态、随机干扰、传感器或测量的随机噪声、分散控制中的多控制作用于复杂的信息模式等。总结对于"自主"的概念的定义，我们可以这样来理解自主控制：自主控制是能够在线认知环境态势，对环境的变化具有快速而有效的自主适应的能力，能够不需要人的干预即可决策出最优的控制策略并执行之。而对于无人机的自主控制，就是无人机能够根据自主感知环境态势，并根据任务目标和当前态势自主决策出任务行为，包括实时的航路、动作和传感器的使用等，在复杂不确定环境下能够自主执行多样化战术任务，并自主保证自身系统的稳定和安全。

对于临近空间无人机系统来说，"自主控制"可以分成 3 个等级：一是适应性自主，即以适应各类不确定性为目标的自主控制，涵盖了由临近空间无人机、环境以及任务等带来的不确定因素；二是协同性自主，临近空间无人机可与其他无人机协同，可进行自主协调、协作等控制行为；三是学习型自主，高级的自主系统必须具备自学习能力，并能够根据对象、环境、任务及控制效果，通过自主的修正、优化和学习的行为，提高控制性能。

2.4.3 先进无人机的自主控制等级

对于无人机自主问题的研究，大致源于 2000 年美军提出的自主作战的概念

（Autonomous Operations，AO），它是由美国海军研究实验室和空军研究实验室（AFRL）的传感器飞机项目组率先提出并推广的。为了深入研究无人机的自主作战能力，AFRL对无人机定义了 10 个自主控制级别（Autonomous Control Level，ACL），如图 2-10 所示，作为衡量无人机自主控制技术进步的标准。根据该图，"全球鹰"无人机的 ACL 为 2 和 3 之间，"捕食者"无人机可达到 ACL2。

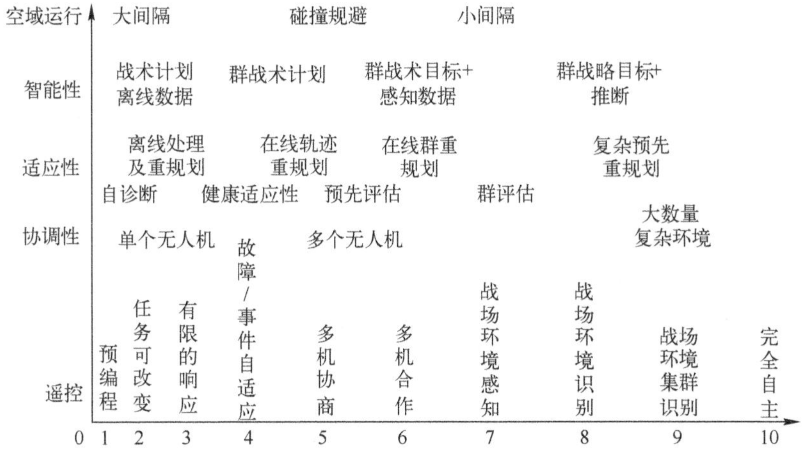

图 2-10　AFRL 定义的无人机自主控制等级

分析 AFRL 的自主控制等级图可以看出，无人机自主控制能力的进步有这样的特点：随着无人机自主控制等级从 1 级的预编程到 10 级的完全自主，无人机将具备在更小空域飞行的能力，能够以更加密集的机群飞行，自主任务决策能力将增强，从能提供离线数据供操作员决策到能够自主进行决策，处理任务的智能水平也将从执行战术计划上升到能决策战略目标，对环境的适应性将从离线的航迹重规划提高到在线的复杂实时重规划，对自身状态的评估能力也将从能够进行本机的健康管理上升到能够进行群状态的评估，无人机的任务能力将从单机出动发展为多机协同的集群使用。

美国国家航空航天局（NASA）的飞行器系统计划（Vehicle Systems Program，VSP）高空长航时部（Department of High Altitude Long Endurance）在对以上划分分析的基础上，提出了评价高空长航时无人机自主性的量化方法，该方法划分的层次和意义更加明确，并具有更好的实际可操作性，如表 2-1 所示。表中的论述虽然是针对高空长航时无人机，但基本内涵对临近空间无人机也是适用的。

表 2-1　NASA 飞行器计划高空长航时部定义自主等级

等级	名　称	描　述	特　征
0	遥控	人在回路的遥控飞行（100%掌控时间）	遥控飞机
1	简单的自动操作	依靠自控设备辅助，在操作员监视下执行任务（80%掌控时间）	自动驾驶仪
2	远程操作	执行操作员预编程序任务	无人机综合管理预设航路点飞行
3	高度自动化（半自主）	自动执行复杂任务，具有部分态势感知能力，能做出常规决策（20%掌控时间）	自动起飞/着陆，链路中断后可继续任务
4	完全自主	具有广泛的态势感知能力，有能力和权限做全面决策（<5%掌控时间）	自动任务重规划
5	协同操作	多架无人机可团队协作	合作和协同飞行

2.5 空天无人机系统的制导控制

空天无人机可以自由往返于天地之间,是未来执行空间快速响应、天地往返运输、全球即时打击等任务的重要飞行平台,其飞行过程和飞行特性是航天器、升力式再入飞行器和航空飞行器的有机融合,飞行过程和相应的制导控制问题也相当复杂。本节简要讨论空天无人机的制导控制特点。空天无人机尽管已能跨空天飞行,但仍具有无人机系统的一般特点,因此,我们将其称为空天无人机系统。

2.5.1 空天无人机 X-37B

2010 年 4 月 23 日,人类首架空天无人机 X-37B 从佛罗里达州卡纳维拉尔角空军基地由"阿特拉斯 5 号"火箭成功发射升空,进入地球轨道并在太空遨游。在结束了长达 224 天的太空之旅后,X-37B 进入了自动驾驶模式返回地球,并于 2010 年 12 月 3 日降落在美国加州的范登堡空军基地。

X-37B 空天无人机全称为"轨道试验飞行器"(Orbital Test Vehicle),是一种试验用、高可靠性、可重复使用的无人太空试验平台,与航天飞机非常类似,只是尺寸小得多,实现了完全的自动化。X-37B 高 2.9m、长 8.9m、翼展 4.5m,发射重量 4990kg,有效载荷舱长度 2.13m,直径 2.22m,可容纳 227kg 的试验设备,尺寸大约与一辆皮卡车相当。与航天飞机采用的氢—氧燃料单元不同,X-37B 由砷化镓太阳能板和锂离子电池提供动力,用标准运载火箭发射入轨,可在轨停留 270 天,然后像航天飞机那样再入并着陆返回。X-37B 拥有进行在轨机动、离轨操作的推力器,但没有在空气中进行动力飞行的发动机。2010 年 5 月,X-37B 的"缩小版"X-40 进行了飞行试验,创造出了高达马赫数 7 的惊人速度。2010 年 4 月 22 日,美国利用"大力神"-5 火箭从卡纳维尔角空军基地将总重 11000 磅的第一架 X-37B 空天无人机发射至近地轨道,轨道高度约为 430~450km、倾角 28°~40°。X-37B 在发射后 20min 同"大力神"火箭脱离,其有效载荷、试验和计划的轨道操作都没有公开。尽管 X-37B 的发射、运行和轨道参数都属于绝密,但许多天文爱好者通过观测发现 X-37B 一直在变轨,典型轨道为 410~450km、轨道倾角 40° 的近地轨道,以第一宇宙速度约 2.8 万 km/h 的高速飞行,约 90min 围绕地球飞行一圈。

X-37B 作为人类首个能够跨空天飞行的可重复使用无人机,在太空可以得到 25 倍声速的飞行速度,它的试飞成功意味着一种能在不到 2h 内对地球任何地点进行打击的空天战机即将从设想变为现实。因此,X-37B 被人们惊呼为人类的首架太空战斗机。但据分析,X-37B 轨道试验飞行器作为一种技术演示验证器和试验飞行器,很可能用于新型可重复使用运载火箭的飞行试验,对天基遥感用的新传感器技术和卫星硬件进行在轨测试,美国空军官员就曾表示,X-37B 上的零件技术和分系统技术将可应用于未来飞行器。虽然 X-37B 具有一定的轨道核查、修理和回收在轨航天器的能力,但由于其有效载荷舱空间有限,以及轨道高度范围有限,目前还难于实现这样的功能。从空天无人机可能执行的任务来猜想,它既可用作空间轨道操作平台和太空侦察监视平台,实现对小卫星的快速部署或回收;也可作为太空轰炸机,执行全球打击任务。当然,关于空天无人机的这些任务方式，目前还只是猜想。但 X-37B 的飞翔已成为无人机发展史上的一个新的里程碑，必将对航空航天技术的融合发展和空天作战模式产生深远影响。

2.5.2 空天无人机的飞行特点

空天无人机是航天器和无人机创造性的完美结合。它像卫星一样进入轨道，并可像卫星一样绕轨飞行，也可根据需要进行轨道机动，完成任务后脱离轨道返回大气层，再像飞机那样滑翔下降，用机轮在机场水平着陆。空天无人机的飞行过程类似于航天飞机，按照飞行特点可以分为发射段、上升入轨段、在轨飞行段、离轨过渡段、再入返回段和自动着陆段。发射段是指空天无人机离地升空的阶段，目前主要有两种方式：载机携带和垂直发射。载机携带方式主要是通过载机将空天无人机携带至空中指定区域投放，然后无人机自身携带的助推火箭点火，助推无人机向上爬升；垂直发射是以火箭运载的形式携带空天无人机升空并将其送入预定轨道的方式，这种方式与卫星的发射完全相同。未来随着技术的发展，可能会产生自主水平起飞的空天无人机。上升入轨段是指空天无人机进入预定轨道的阶段，这一过程与卫星进入轨道的过程相似。在轨飞行段是空天无人机在轨飞行的阶段，也包括在太空中的变轨飞行过程。离轨过渡段是指空天无人机从准备飞离轨道的调姿、离轨并到达地球大气层边界的飞行过程。再入返回段是指空天无人机从返回地球大气层开始，到进入自动着陆阶段的整个过程。自动着陆段是指空天无人机自主返场着陆的过程。以空天无人机 X-37B 为例，它是以火箭运载垂直发射升空的，整个飞行过程如图 2-11 所示。

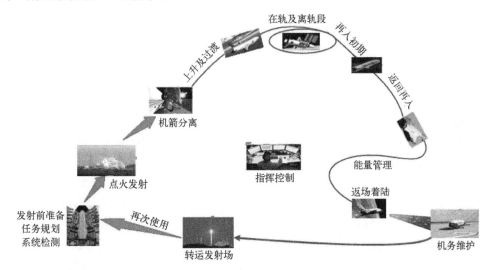

图 2-11 空天无人机飞行过程示意图

空天无人机的飞行过程很复杂，整个飞行过程是无人驾驶的，和常规的无人机一样，其飞行过程要受到地面指挥控制系统的监控和干预，以确保空天无人机的安全飞行和顺利完成任务。对空天无人机的操控，主要以自主控制和指令控制为主，特别是在轨飞行阶段，指令控制是确保其正确执行任务和响应新的任务的重要手段。在返场着陆阶段，一般以自动驾驶为主，特殊情况下，可通过地面指挥控制站实施必要的人工操控。

2.5.3 空天无人机的制导控制特点

空天无人机融合了航天器、升力式再入飞行器和无人飞机的飞行特性。在太空绕轨飞行和变轨飞行阶段，空天无人机呈现的是航天器的运动特性；在返回大气层阶段，空天无人机是一种升力式再入飞行器，飞行特性非常复杂；而在航空空间内飞行时，表现的则是无人驾驶飞机的运动特性。所以说，空天无人机的制导控制需要实现对这几类飞行器的制导控制功能的有机融合，这使得空天无人机的制导控制系统是迄今为止各类飞行器中最为复杂的制导控制系统，被美国空军实验室（AFRL）确定为发展空天无人飞行器需要解决的五大核心技术之一，即机体技术、推进技术、导航制导与控制技术、载荷集成技术和地面系统技术。

空天无人机在轨飞行阶段，其制导控制系统的任务包括轨道保持和轨道机动两个方面。一方面，空天无人机进入预定轨道后，由于受到来自地球日月引力、大气阻力、太阳光辐射压等各种扰动力的作用，会慢慢漂移预定轨道，为此，要对空天无人机的运行轨道进行保持控制，即通过轨道控制和姿态控制保证其按既定轨道准确飞行。另一方面，空天无人机在轨飞行期间，由于任务的需要，会对空天无人机的轨道重新置入，进行相应的轨道机动。无论是轨道机动还是轨道保持，都需要进行轨道控制。所以，轨道控制是空天无人机在轨段的一项基本控制任务，主要是对其质心位置和速度的控制。空天无人机姿态控制的任务就是对空天无人机绕其质心的三轴姿态角和三轴转动角速度进行控制，使其按照期望的规律运动，包括姿态保持和姿态机动。空天无人机的姿态控制由姿态控制系统负责实现，主要是产生改变姿态的控制力矩。产生控制力矩的方法有两大类，一类为引力、气动力、太阳光辐射压力和地磁力等对空天无人机质心产生的环境力矩，这些力矩与空天无人机所处的轨道和结构有关，不需要消耗空天无人机携带的能源，但这类控制力矩量值小、不具有机动性；另一类是由空天无人机携带的姿态控制系统的执行机构产生的控制力矩，其优点是控制力矩的机动性能好、精度高，但需要消耗机载燃料。

当空天无人机需要返回地球时，首先需要调整姿态进行制动准备，然后通过制动减速脱离轨道。在制动发动机关机后，空天无人机将以无动力方式完成过渡飞行和大气层再入飞行。在过渡段，空天无人机主要是在地球引力作用下的自由下落飞行，一般不对质心轨迹进行控制。当空天无人机进入大气层后，即开始初期的再入返回过程。再入段是空天无人机返回过程中环境最恶劣和最复杂的阶段。再入初期空天无人机的初始动能和势能都很大，需要进行剧烈的机动消耗能量，以保证空天无人机能够在满足热约束、动压约束和机体结构等约束的情况下顺利返回着陆。再入下降时，空天无人机受到大气层气动阻力的作用而迅速减速，需要承受巨大的过载峰值。同时，由于高速穿越大气层造成的气动摩擦和空气压缩会产生巨大的热能，对空天无人机的耐热和结构性能提出了挑战。由于要实现定点无损降落，空天无人机需要采用升力式返回再入技术，对再入过程进行制导控制。目前，再入制导的方法主要有两类，一是标准轨道制导法，也称摄动制导法，即根据预设的标准再入轨道的参数形成控制信号的制导方法；二是落点预测制导法，即根据对空天无人机实时落点的预测，通过与理论落点的比较形成误差控制信号的制导方法。预测制导法需要实时计算空天无人机的落点，精度高，但对机载计算机的性能要求高；标准轨道法控制律简单，实现方便，但落点控制精度易受再入初期条件和飞行中气动参数变化等因素的影响。再入过程的另一个重要阶段是能量管理与控制阶段,其任务就是消除空天无人机在完成初期再入后的位置和能量偏差,确保其能够安全返场和着陆。

总的来说,相比于航天器和飞机,空天无人机制导控制的最大难点主要出现在其返回再入阶段。一是空天无人机在其飞行包线范围内,飞行状态变化剧烈,高度和速度范围变化巨大,高度在很短的时间内即从上百千米返回地面,速度更是经历着超声速、跨声速和亚声速的巨大变化,在这一过程中的姿态变化也是非常大的,总之,其返回再入过程中的剧烈的飞行状态变化是常规飞机完全不可能经历的;二是空天无人机必须能够安全平稳的下降和着陆,但其飞行过程中状态的剧烈变化则对这种要求提出了巨大挑战,制导控制系统必须能够快速适应空天无人机飞机特性和飞行状态的剧烈变化,保证整个飞行器的平稳飞行。从空天无人机制导控制系统的构成原理来说,它与航天器、无人机等的制导控制系统的构成有相似之处,都包括有姿态控制的内回路和轨迹控制的外回路,控制律的解算由制导控制计算机负责完成,如图2-12所示。

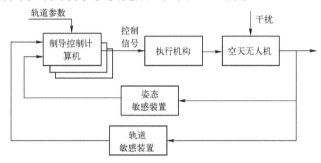

图2-12 空天飞行器制导控制系统原理结构图

需要强调的是,对于空天无人机来说,由于其飞行过程的特殊性和任务的重要性,对制导控制系统的自主性和可靠性要求是非常高的,必须采用多余度的系统结构配置。以某型航天飞机的制导控制系统架构为例,其制导控制计算机为5余度配置,即采用5台相同而又各自独立的制导控制计算机进行控制律解算。在上升、再入和着陆等空天飞行器的关键飞行阶段,通常采用4余度的控制律解算架构,每台制导控制计算机执行相同的控制律计算任务,接收同样的输入信号,输出相同的控制指令,4路信号经过冗余性综合表决后统一输出一个可信任的控制指令。同时,另一台制导控制计算机则用于热备份和系统管理。对于非关键飞行阶段,则可不必使用多余度的控制律解算架构。

2.6 无人机系统制导控制的发展方向

当前,无人机的制导控制已能做到全过程飞行和任务阶段的自动控制,可以使无人机在没有人为干预的情况下自动完成起飞、爬升、巡航、任务和返场着陆的完整飞行过程。今后,无人机的作战运用将重点向智能化作战、组网协同作战等新型方式发展。2013年,美国舰载无人作战飞机X-47B已完成舰上的自主起飞、巡航和着舰实验。另外,通过其他项目美军也完成了面向多机协同编队、协同目标搜索打击等任务的实验演示。可以想见,随着以X-47B为代表的新型无人作战飞机的服役,无人机的协同作战、蜂群作战、智能化作战等将成为现实。从无人机自主化、智能化、协同化的作战需求看,无人机制导控制的发展重在强调三个方面的能力。

一是高自主的飞行控制能力。主要表现在：

（1）三轴姿态稳定与保持能力：包括俯仰、横滚、偏航三轴控制增稳，姿态控制，轨迹控制等。

（2）高精度航线保持能力：包括高度保持、自动着陆拉平、航迹跟踪控制、自动油门控制、滑跑纠偏控制等。

（3）高精度全天时全天候导航能力：能够实现全天时全天候的精确导航，导航精度满足飞行和任务的需要，具备导航抗干扰能力。

（4）大机动飞行控制能力：能够实现大机动状态下的自动飞行控制，包括大机动状态的三轴稳定控制，迎角、过载的极限限制等。

（5）故障重构与应急处置能力：无人机能对可能出现的应急情况进行自主、正确、恰当的处置，以尽可能地保证飞行安全。

（6）飞机系统状态管理能力：包括飞机状态管理，导航计算、管理与控制，与机载系统的交联控制与信息交换等。

二是灵活高效的编队协同控制能力。主要表现在：

（1）编队的形成与保持能力：多架无人机能够根据任务或指令自主形成需要的飞行编队，并能在编队飞行过程中保持编队的稳定控制。

（2）编队分解与重构控制能力：能够根据任务或环境的变化，自主地调整编队的构型，通过编队的分解与重构形成新的编队飞行构型。

（3）不完全通信条件下的编队控制能力：不完全通信条件是指部分编队成员无人机之间的信息通信出现中断或较大延迟，导致理想的通信条件被破坏。

（4）编队加油控制能力，无人机的空中加油只能依赖控制系统实现全程自主的加油，需要无人机与加油机之间的加油队形的形成与稳定保持能力。

（5）对抗环境下的编队抗干扰安全控制能力，确保在高威胁强对抗的作战环境中，能够保证编队组织的安全性与可靠性。

三是完善的作战控制与自主决策能力。主要表现在：

（1）自主作战管理能力：无人机战术协同编组能够对整个编组的作战过程进行管理和控制，实现整体作战效益的最大化。

（2）自主目标分配与动态规划能力：无人机编群能够自主地为各个成员进行目标分配，并根据分配结果自主进行本机的航路规划。

（3）自主探测识别与跟踪能力：无人机有能力自主探测并识别出地面的高价值目标，并实现对运动目标的跟踪监视。

（4）自主障碍感知与规避能力：无人机能够感知其周围环境中可能造成碰撞威胁的合作或非合作目标，并能够正确地规避以避免碰撞的发生。

（5）自主的辅助攻击决策能力：无人机能够根据战场态势和目标情况自主做出对目标的攻击决策，可提供给地面操控员进行确认。

（6）协同目标搜索与跟踪控制能力：通过对协同搜索与跟踪任务的自主控制，实现对编组成员的任务调度和效能优化。

第 3 章　无人机的飞行运动模型

建立无人机的飞行运动模型是进行无人机制导控制律设计和分析的基础。飞行运动模型是反映无人机运动规律的一组微分方程，描述了无人机在外力作用下的运动参数和状态参数的变化规律。本章以常规布局的无人机为对象，遵循空气动力无人机的普遍运动规律，建立无人机的飞行运动方程，包括动力学方程和运动学方程。首先概要介绍空气动力学的基础知识，给出描述无人机空间运动的坐标系和运动参数的定义，以及无人机操纵面和机翼翼型的参数。在此基础上，重点分析作用在无人机上的空气动力和力矩，并依据无人机遵循的运动规律建立其飞行运动方程。对于飞行控制律的设计来说，还需将所建立的非线性运动方程进行小扰动线性化处理，得到线性无人机运动模型。最后，作为例子，建立一个小型航模无人机的运动方程，作为后续章节控制律设计的模型用例。

3.1　空气动力学基础

无人机是重于空气的飞行器，要实现飞行就必须获得大于重力的升力。升力的本质是无人机在与气流相对运动过程中受到的空气动力的合力。为此，我们首先来了解一下空气动力学的基础知识。

3.1.1　空气动力学的部分概念

一、空气动力与空气动力学

空气动力学是研究物体（如飞机或导弹）与空气作相对运动时，空气的运动规律及其对物体作用规律的科学。空气动力就是空气与物体在相对运动过程中，空气作用在物体外表面上的分布力系的合力。空气动力的变化规律与物体的运动规律有着密切联系。空气动力学重点研究无人机的飞行原理，是航空航天技术最为重要的理论基础之一。本书不是空气动力学方面的专业书籍，因此仅对空气动力学中的基础概念进行介绍，为无人机运动模型的建立打下基础。

对于空气的流动，通常区分为定常流动与非定常流动。定常流动是指气流中每一点的密度、压力和速度不随时间的变化而变化，即在每一点上这些物理量的值是定常的。而如果这些量随时间变化，则称为非定常流动。

二、流场

充满着运动流体的空间称为"流场"，用以表示流体运动特征的物理量称为流体的运动参数，如速度、密度、压强等，流场是分布上述物理量的场。描述流场的基本概念有轨线、流线和流管。在研究无人机运动以及无人机与空气的相互作用时，通常不考虑空气介质分子间的自由行程,认为空气是在空间连续分布的密集介质。

(1)轨线:流场中流体质点在一段时间内运动的轨迹线。

(2)流线:流场中某一瞬时的一条空间曲线,在该线上各点的流体质点所具有的速度方向与该曲线在该点的切线方向重合,流线如图3-1(a)所示。

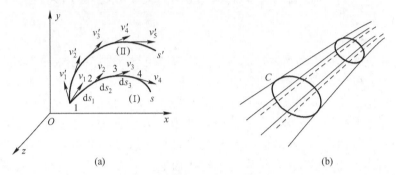

图3-1 流线与流管示意图

(a) 流线;(b) 流管。

(3)流管:在流场中画一封闭曲线C(不是流线),经过曲线C的每一点作流线,由这些流线所围成的管状曲面称为流管,如图3-1(b)所示。流体是在流管中运动的。

(4)流束:充满在流管中的流体。

利用风洞原理实验箱,可以形象地看到当气流与物体存在相对运动时的流场、流线的特征,如图3-2所示。

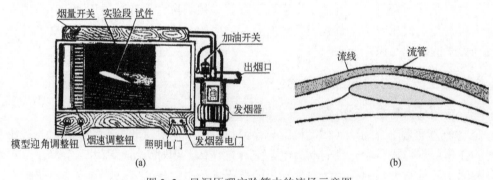

图3-2 风洞原理实验箱中的流场示意图

(a) 风洞原理实验箱;(b) 流场流线流管示意图。

三、马赫数

马赫数(Ma)是指气流速度V与当地声速v之比,即

$$Ma = \frac{V}{v} \tag{3.1}$$

当地声速v的大小取决于空气压力和密度的比值P/ρ,而空气温度又与P/ρ成正比,因此,声速v可以用温度按下式计算:

$$v = 20\sqrt{273+t} \tag{3.2}$$

式中:t为空气的温度(℃)。在标准大气条件下,海平面的温度为$t=15$ ℃,则声速

为340m/s。不同的海拔高度下空气的温度不同，因此对应的声速也不同。

马赫数是衡量空气的可压缩性的重要参数。若 $Ma<0.3$，可以不考虑空气压缩性的影响，认为空气是不可压缩流体。随着马赫数的增大，压缩性的影响逐渐明显。$Ma<0.8$ 时，压缩性对飞行的影响只有量的变化，无质的突破，称为亚声速飞行；马赫数在 0.8 左右时，无人机表面的局部流速可以达到声速，开始出现激波，随着马赫数的增大，超声速区域逐渐扩大，一直持续到 $Ma\approx 1.2$ 左右，空气的流动呈现亚声速和超声速共存的局面。通常把马赫数在 0.8~1.2 之间的飞行称为跨声速飞行。在跨声速区域内，气流分离现象严重，空气阻力剧增，飞行稳定性变坏。当马赫数超过 1.2 以后，整个流场都达到超声速，流动的性质与亚声速有本质上的不同。通常把马赫数在 1.2~5.0 之间的飞行称为超声速飞行，$Ma>5$ 的飞行称为高超声速飞行。高超声速的激波和附面层有强烈干扰，使分析变得更加复杂，无人机前缘由于气流受到强烈的压缩，会出现温度达数千摄氏度的激波层。这样高的温度会使周围的空气分子分解甚至电离，出现等离子体，给无人机的设计和制导带来许多新问题。

考虑到目前的无人机大多在亚声速范围内飞行，本书重点介绍亚声速空气动力学。

四、黏性流动与附面层

通常气体具有某种程度的黏性。设想速度为 V_∞ 的多层气流平行流过一个平板。由于物体表面不是绝对的光滑，对气体分子有黏附作用，所以紧贴物体表面的流层受到阻滞和黏附作用，流体速度降为零。这层速度为零的流体又通过空气的黏性作用影响上一层流体，使上层流体的速度也被减小。这样逐层向外影响下去，使每个相邻的外层流体的速度都会被减小。但同时，越向外，相邻流层间黏滞作用产生的摩擦阻力就越弱，又会使得层流间的速度梯度 dV_x 随着层流的向外延伸而逐渐减小。这样，沿着平板法线向外，气流流速就会逐渐从零开始增大，直至最外层气流的速度恢复为原有的速度 V_∞，从而形成了流速沿法线方向逐渐增大的速度型，如图 3-3(a)所示。

从气流沿平板表面流动的速度型图可以看出，虽然紧贴平板表面处的气流速度为零，但沿平板法线方向线外，速度梯度很大，所以在平板表面很短的垂直距离外，气流流速就会增至原来的来流速度 V_∞。因此，平板表面对气体的黏附作用和气体流层间的黏滞作用，对紧贴平板表面的一个薄的流层的影响最显著，使得这一个层内的气流流速远远小于来流速度 V_∞，我们把这一层称为附面层。通常取层流速度达到 $0.99V_\infty$ 处为附面层的外部边界，由平板表面到该处的距离称为附面层厚度。在附面层外部，由于法向速度梯度已经很小，可以把空气黏性产生的阻滞作用忽略不计。

在附面层内的气流流动有两种形态，分别称为层流与紊流。层流是指层内流体作彼此平行且不混杂的运动，紊流是指流体运动成为相互混杂、穿插的紊乱流动。当附面层内的流态为层流时，称为层流附面层。当附面层的流态为紊流时，称为紊流附面层。对于气流沿实际物体表面的流动来讲，更多的情况是前面一小段为层流，后面一长段为紊流，中间有一个很短的过渡区，称为转捩区，如图 3-3(b)所示。层流附面层和紊流附面层有许多重要差别。通常，层流附面层产生的阻力要远远小于紊流附面层产生的阻力，而紊流附面层比层流附面层厚，且增长得快，对物体产生的摩擦阻力比层流大得多。因此，为了提高飞行速度，就要设法减小紊流的影响。附面层内的流态受很多因素影响，例如雷诺数增加、来流的紊流度增加、物体表面粗糙度增加、激波干扰等因素，都会促使层流变成紊流。气流流速的增加，也会促使层流变成紊流。流速越高，紊乱程度也越强烈，把附面层由层流状态改变为紊流状态时的流速称为上临界流速。

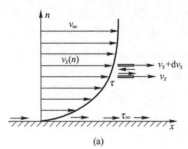
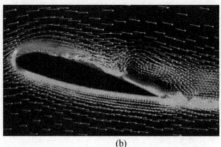

图 3-3　速度型与附面层气流形态

(a) 速度型；(b) 附面层内的流态模拟图。

五、雷诺数（Reynolds number）

雷诺数是流体力学中用于表征黏性影响的相似准则数，是一个无量纲的数，为纪念英国科学家雷诺（Osborne Reynolds）而命名，记为 Re，称为雷诺数。$Re = \rho VL/\mu$，其中，ρ 是流体密度，μ 是流体的黏性系数，表示流体的黏度，V 和 L 为流场的特征速度和特征长度，一般取 V 是远前方的来流速度，L 为物体的主要尺寸（如机翼的弦长或球体的直径）。两个形状相同但大小不同的物体在不同流体中运动时，只要雷诺数一样，它们形成的流场和各种力量系数相同。

雷诺数表示了作用于流体的惯性力与黏性力的比值，雷诺数越小，表征黏性力对流动的影响越显著，反之，惯性力对流动的影响越显著。雷诺数较小时，黏性力对流场的影响大于惯性力，流场中流速的变化较为稳定，即流速受到微小扰动时会因黏性力的作用而使扰动的影响被减弱，从而使流体流动能保持稳定，这就是层流状态。而当雷诺数较大时，惯性力对流场的影响大于黏性力，流体的流速变化就容易变得不稳定，流速的微小变化容易被增强并被发展成为不规则的、紊乱的流动，从而形成紊流。所以，雷诺数是区分附面层处于层流状态或紊流状态的重要标志。

3.1.2　连续性定理与伯努利方程

一、连续性定理

质量守恒是自然界的基本规律之一，它表明物质既不会凭空产生，也不会无端消失。

质量守恒定律表现的具体形式是流过任何截面的流体质量是相等的。考虑低速一维定常不可压缩流体，经过如图 3-4 所示的封闭流管，前端流管较粗，后端流管较细。取两个横截面Ⅰ、Ⅱ来看。设横截面Ⅰ的面积是 A_1，流速是 v_1，密度是 ρ_1；横截面Ⅱ的面积是 A_2，流速是 v_2，密度是 ρ_2。按照质量守恒定律，每秒流过各个截面的质量 m 为：

$$m = \rho_1 v_1 A_1 = \rho_2 v_2 A_2 \quad (3.3)$$

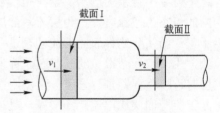

图 3-4　流管中的质量守恒

式（3.3）称为连续方程。对于不可压缩流，$\rho_1 = \rho_2 = C$，则上式改写为：

$$v_1 A_1 = v_2 A_2 \tag{3.4}$$

式（3.4）表明，在低速不可压流体内流管各截面上的流速和横截面积成反比。即流管横截面积小处，流速必大；反之，横截面积大处，流速必小。

二、伯努利方程

低速气流沿流管运动时的能量方程可按机械能守恒的原理来推导。图3-4中，单位时间内流过截面Ⅰ的气体质量为m，动能为$mv_1^2/2$，流过截面Ⅱ上的动能为$mv_2^2/2$。而压力势能则等于单位时间内在流体经过的路程上所做的功。所以，截面Ⅰ上的压力势能等于$P_1 v_1 A_1$，截面Ⅱ上的压力势能等于$P_2 v_2 A_2$。根据机械能守恒定律可得：

$$\frac{mv_1^2}{2} + P_1 v_1 A_1 = \frac{mv_2^2}{2} + P_2 v_2 A_2 \tag{3.5}$$

将式（3.3）代入式（3.5），得：

$$\frac{\rho_1 v_1^3 A_1}{2} + P_1 v_1 A_1 = \frac{\rho_2 v_2^3 A_2}{2} + P_2 v_2 A_2 \tag{3.6}$$

将式（3.4）代入式（3.6），两边同除以$v_1 A_1$，得：

$$P_1 + \frac{\rho_1 v_1^2}{2} = P_2 + \frac{\rho_2 v_2^2}{2} = C \tag{3.7}$$

式（3.7）称为伯努利方程。左边第一项称为静压，第二项称为动压。所谓静压就是气体流动时作用于管壁的压强，静压仅与无人机的飞行高度有关。在使用伯努利方程时，要注意它的使用条件，即理想的低速一维定常不可压缩气流，其中不可压缩强调了在流动过程中流体密度不变，理想气体是无黏性的。

连续性定理和伯努利定理是空气动力学中最基本的定理，它们说明了流管截面积、气体流速和压强这三者之间的关系。综合这两个定理，可以得到如下结论：低速定常流动的气体，流体截面积大的地方，流速小、压强大；而截面积小的地方，流速大、压强小。通常，固定翼飞机的机翼使用"上厚下薄"的非对称翼型，而且机翼的安装要有一定的初始迎角，这就使得当固定翼飞机在空中飞行时，上表面的流管变细流速加快，而下表面的流管变粗流速减慢。所以，流经机翼上表面的气流流速要大于下表面的气流流速，由此产生的压力差的总合就形成了支撑无人机飞行的升力。

3.2 坐标系及无人机的运动参数

作用在无人机上的重力、发动机推力和空气动力及其相应力矩的产生原因是各不相同的，选择合适的坐标系来方便确切地描述无人机的空间运动状态，对于准确建立无人机的飞行运动模型是非常重要的。通常，选择地面坐标系来描述重力是比较方便的，发动机的推力适合于在机体坐标系中描述，而空气动力在气流坐标系中描述就非常方便，航迹坐标系则适合描述无人机在空间的运动轨迹。

3.2.1 常用坐标系定义

一、地面坐标系（地轴系）：$S_g - O_g x_g y_g z_g$

（1）在地面上选一点O_g。

(2) x_g 轴在水平面内并指向某一方向。

(3) z_g 轴垂直于地面并指向地心。

(4) y_g 轴也在水平面内并垂直于 x_g 轴，其指向按照右手定则确定。

二、机体坐标轴系：$S_b - Oxyz$

(1) 原点 O 取在无人机重心处，坐标系与无人机固连。

(2) x 轴在无人机对称平面内，并平行于无人机的设计轴线指向机头。

(3) y 轴垂直于无人机对称平面指向机身右方。

(4) z 轴在无人机对称平面内，与 x 轴垂直并指向机身下方。

三、速度（气流）坐标轴系：$S_a - O_a x_a y_a z_a$

(1) 原点 O_a 取在无人机重心处，坐标系与无人机固连。

(2) x_a 轴与飞行速度矢量 V 重合一致。

(3) z_a 轴在无人机对称平面内与 x_a 轴垂直并指向机腹下方。

(4) y_a 轴垂直于 $O_a x_a z_a$ 平面并指向机身右方。

四、航迹坐标系：$S_k - O_k x_k y_k z_k$

(1) 原点 O_k 取在无人机重心处，坐标系与无人机固连。

(2) x_k 轴与飞行速度矢量 V 重合一致。

(3) z_k 轴位于包含飞行速度 V 在内的铅垂平面，与 x_k 轴垂直并指向下方。

(4) y_k 轴垂直于 $O_k x_k z_k$ 平面，其指向按照右手定则确定。

以上四种坐标系分别如图 3-5(a)～(d)所示。

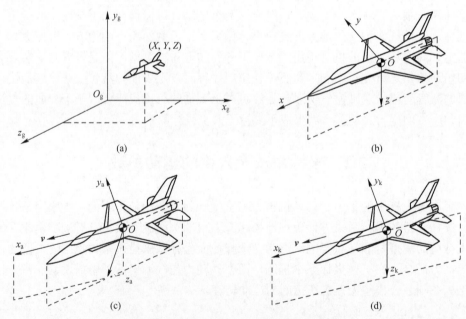

图 3-5 无人机飞行运动建模使用的坐标系

(a) 地面坐标系；(b) 机体坐标系；(c) 速度坐标系；(d) 航迹坐标系。

3.2.2 无人机的运动参数

一、姿态角

姿态角表示机体坐标系与地面坐标系之间的关系，即通常所指的欧拉角，如图 3-6（a）所示。

（1）俯仰角 θ：机体轴 x 与水平面之间的夹角，抬头为正。

（2）偏航角 ψ：机体轴 x 在水平面上的投影与地轴 x_g 间夹角，机头右偏航为正。

（3）滚转角 ϕ：机体轴 z 与通过机体轴 x 的铅垂面间夹角，无人机向右滚转时为正。

二、气流角

气流角又称气动角，是由飞行速度矢量 V 与机体坐标轴系之间的关系确定的，如图 3-6（b）所示。

（1）迎角 α：飞行速度矢量 V 在无人机对称平面上的投影与机体轴 x 轴间夹角，V 的投影在机体轴 x 轴下面为正。

（2）侧滑角 β：飞行速度矢量 V 与无人机对称平面间夹角，V 的投影在无人机对称面右侧为正。

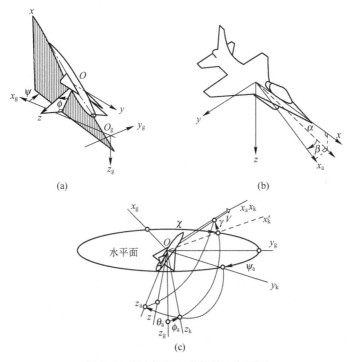

图 3-6 无人机运动参数的定义图示

(a) 姿态角定义；(b) 气流角定义；(c) 航迹角定义。

三、航迹角

无人机的航迹角是由速度坐标系与地面坐标系之间的关系确定的，如图 3-6（c）所示。

（1）航迹俯仰角 θ_a：飞行速度矢量 V 与水平面间夹角，无人机向上飞时为正。

（2）航迹方位角 ψ_a：飞行速度矢量 V 在水平面上的投影与地轴 x_g 间夹角，投影在

x_g 轴右侧为正。

（3）航迹倾斜角 ϕ_a：速度轴 z_a 与通过速度轴 x_a 的铅垂面间夹角，无人机向右滚转时为正。

四、机体坐标轴系的角速度分量

无人机的角速度分量 p，q，r 是机体坐标轴系相对于地轴系的转动角速度在机体坐标轴系各轴上的分量。

（1）滚转角速度 p：与机体轴 x 重合一致。

（2）俯仰角速度 q：与机体轴 y 重合一致。

（3）偏航角速度 r：与机体轴 z 重合一致。

注意：上述三个角速度虽然分别表述为滚转角速度、俯仰角速度和偏航角速度，但它们并不是相应的欧拉角的微分，两者之间的关系如下：

$$\begin{cases} p = \dot{\phi} - \dot{\psi}\sin\theta \\ q = \dot{\theta}\cos\phi + \dot{\psi}\cos\theta\sin\phi \\ r = -\dot{\theta}\sin\phi + \dot{\psi}\cos\theta\cos\phi \end{cases} \tag{3.8}$$

可以看出，p 只有在俯仰角为零时才等于 $\dot{\phi}$，q 只有在滚转角为零时才等于 $\dot{\theta}$，r 只有在俯仰角和滚转角均为零时才等于 $\dot{\psi}$。

五、机体坐标轴系的速度分量

机体坐标轴系的三个速度分量 u，v，w 是飞行速度 V 在机体坐标轴系各轴上的分量。

（1）切向速度 u：与机体轴 x 重合一致。

（2）侧向速度 v：与机体轴 y 重合一致。

（3）法向速度 w：与机体轴 z 重合一致。

3.2.3 常用坐标系之间的转换

运动方程中通常选定机体坐标轴系来描述无人机的空间转动状态。发动机的推力可以直接在机体坐标系中描述，而空气动力则需要由速度坐标系转换到机体坐标系，重力则需要由地面坐标系转换到机体坐标系。只有这样才能将作用在不同坐标系中的力统一到机体坐标系中。所以，坐标系之间的转换是建立无人机运动方程不可缺少的重要环节。

一、坐标系转换原理

我们知道，对于两个三维坐标系，最多通过三次转动即可使它们重合，每次仅需绕着一个轴进行转动。考察图 3-7 所示的两个三维坐标系，其中 z 轴垂直于 Oxy 平面并指向外。坐标系 2 是由坐标系 1 绕着 z 轴按照右手系的方向旋转角度 θ 得到的。假设 v 是坐标系 1 中的一个矢量，则其在坐标系 2 中的 3 个分量和其在坐标系 1 中的 3 个分量的关系如式（3.9）所示，式中的系数矩阵 R 表示了两个坐标系的转换关系，称为坐标转换矩阵。

$$\begin{bmatrix} x_2 \\ y_2 \\ z_2 \end{bmatrix} = \begin{bmatrix} \cos\theta & \sin\theta & 0 \\ -\sin\theta & \cos\theta & 0 \\ 0 & 0 & 1 \end{bmatrix} \begin{bmatrix} x_1 \\ y_1 \\ z_1 \end{bmatrix} = R \begin{bmatrix} x_1 \\ y_1 \\ z_1 \end{bmatrix} \tag{3.9}$$

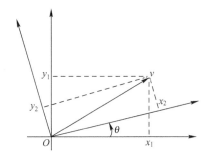

图 3-7 坐标系变换示意图

当旋转的角度 θ 趋近于零时,坐标转换矩阵 $\boldsymbol{R}$ 应该趋近于单位矩阵,并且在旋转轴上的坐标保持不变。式(3.9)的坐标转换矩阵中,对角线上的元素除了"1"就是余弦函数,"1"的位置表明了旋转运动是绕着哪个坐标轴的,其所在的行、列元素均为零。负的正弦函数总是在包含零元素的那行的上一行,若绕着 Ox 轴转动,则负的正弦函数在矩阵的最后一行。

显然,坐标转换矩阵 $\boldsymbol{R}$ 的逆存在且为其转置,即 $\boldsymbol{R}^{-1}=\boldsymbol{R}^{\mathrm{T}}$。根据上述坐标转换关系,如果坐标系 2 是由坐标系 1 通过三次旋转运动得到的,则坐标系 1 中的矢量 $\boldsymbol{v}$ 在坐标系 2 中的描述即可由下式的转换关系得到:

$$\begin{bmatrix} x_2 \\ y_2 \\ z_2 \end{bmatrix} = \boldsymbol{R}_3 \boldsymbol{R}_2 \boldsymbol{R}_1 \begin{bmatrix} x_1 \\ y_1 \\ z_1 \end{bmatrix} \tag{3.10}$$

式中:$\boldsymbol{R}_1$、$\boldsymbol{R}_2$、$\boldsymbol{R}_3$ 分别表示三次坐标系旋转对应的坐标转换矩阵。考察坐标转换的逆过程,即坐标系 2 再经过反向的三次坐标系旋转也可以回复到坐标系 1,则坐标系 1 中的矢量 $\boldsymbol{v}$ 在坐标系 2 中的描述可以由下式得到:

$$\begin{bmatrix} x_1 \\ y_1 \\ z_1 \end{bmatrix} = (\boldsymbol{R}_3 \boldsymbol{R}_2 \boldsymbol{R}_1)^{-1} \begin{bmatrix} x_2 \\ y_2 \\ z_2 \end{bmatrix} = \boldsymbol{R}_1^{-1} \boldsymbol{R}_2^{-1} \boldsymbol{R}_3^{-1} \begin{bmatrix} x_2 \\ y_2 \\ z_2 \end{bmatrix} = \boldsymbol{R}_1^{\mathrm{T}} \boldsymbol{R}_2^{\mathrm{T}} \boldsymbol{R}_3^{\mathrm{T}} \begin{bmatrix} x_2 \\ y_2 \\ z_2 \end{bmatrix} \tag{3.11}$$

以上即为坐标转换的基本原理。根据这一转换原理,下面直接给出常见坐标系间的转换关系矩阵。

二、地面坐标系到机体坐标系的转移矩阵

由地面坐标系按照 ψ, θ, ϕ 的顺序转到机体坐标系的转移矩阵为:

$$\boldsymbol{S}_{\theta\psi\varphi} = \begin{bmatrix} \cos\theta\cos\psi & \cos\theta\sin\psi & -\sin\theta \\ \sin\theta\cos\psi\sin\phi - \sin\psi\cos\phi & \sin\theta\sin\psi\sin\phi + \cos\psi\cos\phi & \cos\theta\sin\phi \\ \sin\theta\cos\psi\cos\phi + \sin\psi\sin\phi & \sin\theta\sin\psi\cos\phi - \cos\psi\sin\phi & \cos\theta\cos\phi \end{bmatrix} \tag{3.12}$$

地面坐标系与机体坐标系之间的转换满足方程:

$$\boldsymbol{X} = \boldsymbol{S}_{\theta\psi\phi} \boldsymbol{X}_{\mathrm{g}}, \boldsymbol{X}_{\mathrm{g}} = \boldsymbol{S}_{\theta\psi\phi}^{\mathrm{T}} \boldsymbol{X} \tag{3.13}$$

三、机体坐标系到速度坐标系的转移矩阵

先由地面坐标系按照 α, β 的顺序转到速度坐标系的转移矩阵为:

$$S_{\alpha\beta} = \begin{bmatrix} \cos\alpha\cos\beta & \sin\beta & \sin\alpha\cos\beta \\ -\cos\alpha\sin\beta & \cos\beta & -\sin\alpha\sin\beta \\ -\sin\alpha & 0 & \cos\alpha \end{bmatrix} \qquad (3.14)$$

机体坐标系与速度坐标系之间的转换满足方程：

$$X_a = S_{\alpha\beta} X, \quad X = S_{\alpha\beta}^T X_a \qquad (3.15)$$

3.3 无人机的操纵面和机翼翼型

3.3.1 操纵面与偏转极性

无人机在空间的运动主要体现在姿态的变化和轨迹的变化，根据其运动的性质，可以分为两类，即重心的平动和绕重心的转动。平动运动包括了前后平移、上下升降和左右侧移，转动运动则包括了俯仰、偏航和滚转运动。控制无人机发生运动的改变，需要改变无人机所受到的气动力和气动力矩。而气动力和气动力矩的改变则要依赖于无人机相应的舵面或翼面的偏转，为此，把无人机上能够偏转的用于控制无人机姿态改变的舵面或翼面称为无人机的控制面或操纵面。对于常规布局的无人机来说，传统的控制面主要有3种，即升降舵、副翼和方向舵，如图3-8所示。

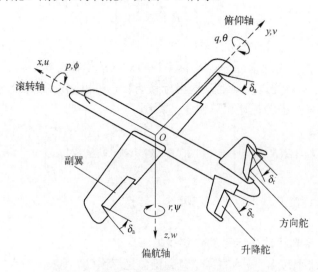

图 3-8　无人机的空间运动与操纵面示意图

升降舵是安装在水平尾翼后缘的可活动的舵面，左右水平尾翼各安装一个，以同步方式偏转。通过升降舵的同步偏转，可以改变水平尾翼上所受气动合力的方向，进而产生使飞机低头或抬头的力矩，称为俯仰控制力矩，使飞机发生期望的俯仰运动。例如，若使升降舵上偏，则水平尾翼上会受到向下的气动合力，此力相对机体重心会产生一个使机头上仰的俯仰控制力矩，使飞机抬头，反之则会使飞机产生低头运动。

副翼位于左右机翼的后缘，以差动方式偏转。当无人机需要发生滚转运动时，左右副翼会同时以同样的角度分别向上和向下偏转，使左右机翼产生的升力发生变化，进而产生使飞机向左或向右偏转的力矩，称为滚转控制力矩。通过调整该力矩的大小，就会控制无人机发生期望的滚转运动（或称倾斜运动）。例如，若使左机翼上的副翼向上偏转，右机翼上的副翼下偏，则左机翼升力会下降，右机翼升力将增加，左右机翼升力的变化就会产生向左的滚转控制力矩，使无人机发生向左的滚转运动（或称飞机向左倾斜）。

方向舵设在垂直尾翼后缘，通过偏转方向舵，改变作用在垂直尾翼上的气动力的方向和大小，产生使飞机机头偏转的力矩，达到改变方向的目的。如方向舵右偏，则垂直尾翼右侧表面的气流流速减缓，使垂直尾翼右侧所受到的压力增大，同时垂直尾翼左侧所受到的压力会减小，在垂直尾翼上就会产生一个向左的气动合力，这个力将会产生一个相对于机体重心使机头右偏的力矩，称为航向控制力矩，从而使无人机机头向右偏转；反之则会使机头向左偏转。所以，通过控制方向舵的偏转角度，就可以达到控制无人机航向偏转的目的。需要说明的是，上述三种舵翼面只是常规的控制面，对于气动布局比较特殊的无人机来说，还会有其他形式的控制面。如飞翼布局的无人机就没有垂直尾翼，"捕食者"无人机采用 V 形尾翼布局而放弃了水平尾翼。

对于操纵面偏转角度的极性，通常是由机尾后视，按照操纵面的后缘偏转方向来定义操纵舵面的偏转极性。定义升降舵偏转角 δ_e 向下偏转为正，产生的气动俯仰力矩 M 为负，即产生低头力矩；方向舵偏转角 δ_r 向左偏转为正，产生的气动偏航力矩 N 为负；副翼舵偏转角 δ_a 副翼差动偏转，"左上右下"偏转为正，产生负的气动滚转力矩 L。由上述定义可以看出，操纵面的正向偏转总是产生负的操纵力矩。油门控制量用 δ_T 表示，用于控制发动机推力的大小。前推油门杆为正，发动机推力增加，后拉收油门则发动机推力减小。

3.3.2 翼型与机翼的参数

无人机在飞行过程中，机翼和尾翼是主要的产生升力和保持飞机安定、实现姿态操纵的气动部件，而机翼和尾翼的成形则主要取决于翼型。

一、翼型及参数

翼型是指在平行于飞机对称面的机翼的任意位置沿机翼展向的剖面。翼型对于无人机的气动性能有重要影响，其主要几何参数如图 3-9 所示，包括翼弦、相对厚度、相对弯度等。

（1）翼弦 c：翼型前缘点 A 与翼型后缘点 B 的连线。它的长度 AB 称为翼弦。

（2）相对厚度 $\bar{\delta}$：$\bar{\delta} = \dfrac{\delta}{c} \times 100\%$，式中 δ 为翼型的最大厚度。

（3）相对弯度 $\bar{f}$：$\bar{f} = \dfrac{f}{c} \times 100\%$，式中 f 为中弧线（中弧线即翼型厚度中点的连线）与翼弦之间的最大距离，称为最大弯度。

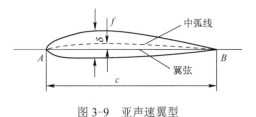

图 3-9 亚声速翼型

二、机翼与参数

机翼的形状多种多样，有平直翼、三角翼、后掠翼、前掠翼等，其中平直翼又有矩形翼、梯形翼和椭圆翼。机翼的平面形状是指机翼在水平面内的投影的形状。描述机翼平面形状的主要几何参数有机翼面积、翼展、翼弦、展弦比、后掠角等，如图 3-10 所示。

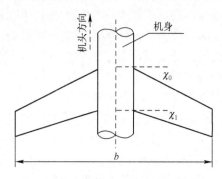

图 3-10　机翼平面形状的几何参数

(1) 机翼面积 S_w：两个机翼在水平面投影的总面积。

(2) 翼展 b：左右翼尖之间的水平距离。

(3) 平均几何弦长 c_A：$c_A = \dfrac{2}{S_w} \int_0^{\frac{b}{2}} c^2(y) \mathrm{d}y$，这里 $c(y)$ 表示沿机翼展向坐标 y 处的翼弦长。

(4) 展弦比 λ：翼展与平均几何弦长 c_A 的比值，即 $\lambda = \dfrac{b}{c_A}$；由于机翼面积 $S_w = bc_A$，所以 $\lambda = \dfrac{b^2}{S_w}$。

(5) 后掠角 χ：机翼前缘与翼展方向 z 轴之间的夹角。

3.4　无人机上作用的外力与外力矩

无人机在空中飞行时，其表面分布着空气动力，以及相应的力矩，包括有升力、阻力、侧力、纵向力矩以及横侧向力矩。这些力可以综合为一个作用于无人机重心处的合力和一个绕重心的合力矩，在这些力和力矩的作用下，无人机的空间运动被改变。

为后续描述方便，此处定义作用在飞机上的总气动力 $\boldsymbol{R}_\Sigma$ 沿气流坐标系各轴的分量为 X、Y、Z，分别是无人机受到的阻力、侧力和升力。我们通常用 D 和 L 分别表示阻力和升力，所以有 $D = -X$，$L = -Z$。总的气动力矩 $\boldsymbol{M}_\Sigma$ 沿着气流坐标系各轴的分量为 $\overline{L}$、M、N，分别代表滚转力矩、俯仰力矩和偏航力矩。各力矩的正负方向由右手螺旋准则来确定。

3.4.1　纵向力及力矩

一、升力

气动升力 L 是飞机总的气动力 $\boldsymbol{R}_\Sigma$ 沿着气流坐标系 z_a 轴的分量，向上为正。无人机飞行过程中获得的升力由机翼的升力 L_w、机身的升力 L_b 和水平尾翼的升力 L_t 三部分组成,主要由机翼产生。

1. 机翼产生的升力

先介绍机翼产生升力的原理。在亚声速流中,升力的形成可用伯努利方程来解释。通常,飞机的机翼使用"上厚下薄"的非对称翼型,而且机翼的安装要有一定的初始迎角。这样,当固定翼飞机在空中平直飞行时,气流就会以一个非零的迎角流过"上厚下薄"的非对称翼型,使机翼上表面的流管变细流速加快,而下表面的流管变粗流速减慢,如图 3-11 所示。由连续方程(3.4)可知,上表面流速加快使得 $V_1 > V_2$。按照伯努利方程(3.7),流速加快的上表面压力降低,压力小于下表面压力,即有 $P_1 < P_2$。因此就会在机翼的上下表面形成压力差,在垂直飞行速度方向上的压力差之和就是升力 L。在一定范围内,升力随迎角 α 增大而增大。

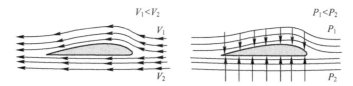

图 3-11 机翼升力的形成原理示意图

空气动力学的试验和理论研究表明,机翼的升力 L_w 与机翼的面积 S_w 以及气流的动压 Q 成正比,其表达式为:

$$L_w = C_{Lw} Q S_w \tag{3.16}$$

式中:C_{Lw} 是无因次系数,称为机翼升力系数。图 3-12 给出了机翼升力系数随迎角变化的规律曲线。

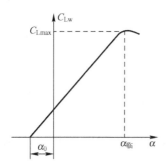

图 3-12 机翼升力系数随迎角的变化关系

定义 $C_{Lw} = 0$ 的迎角称为零升力迎角 α_0。在线性范围内,机翼升力系数与迎角的关系为:$C_{Lw} = \alpha_w(\alpha - \alpha_0)$,其中机翼的升力线斜率 $\alpha_w = \partial C_{Lw} / \partial \alpha$。而当迎角接近临界迎角 $\alpha_{临}$ 时,随着迎角的增加,升力会急剧下降。这是因为太大的迎角会使上翼面出现大面积紊流区,导致上下翼面压差减小,致使升力急速下降,而同时阻力增加。这种现象称为失速。

2. 机身产生的升力

机身一般接近于圆柱形,亚声速无人机的机身中段为圆柱,在迎角不大时没有升力,只有在大迎角时，机背部分分离出旋涡，才产生一些升力；超声速无人机的头部成圆锥形，有迎角时头部会产生升力，而机身圆柱段没有升力。机身的升力表达式为：

$$L_b = C_{Lb}QS_b \tag{3.17}$$

式中：S_b 为机身的横截面积；C_{Lb} 为机身升力系数，其与迎角 α 的关系为 $C_{Lb} = \alpha_b \alpha$，$\alpha_b = \partial C_{Lb}/\partial \alpha$ 为机身升力线对迎角导数。

3. 平尾产生的升力

平尾相当于一个小机翼，但是它所处的位置在机翼的后面，容易受到机翼下洗气流的影响。如果远前方气流速度为 V，下洗速度为 W_t，产生下洗角的原因如图 3-13 所示。

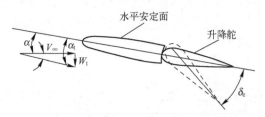

图 3-13 下洗角示意图

下洗角的计算公式为：

$$\varepsilon = \arctan \frac{W_t}{V_\infty} \tag{3.18}$$

机翼对水平尾翼的下洗角 ε 与机翼迎角 α 成正比，即：

$$\varepsilon = \varepsilon_\alpha \alpha \tag{3.19}$$

式中：ε_α 为下洗角对迎角导数。这样水平尾翼的实际迎角为：

$$\alpha_t = \alpha - \varepsilon = \alpha(1-\varepsilon_\alpha) \tag{3.20}$$

对于由水平安定面和升降舵两部分组成的平尾，其升力的表达式为：

$$\begin{aligned}L_t &= C_{Lt}QS_t \\ C_{Lt} &= \frac{\partial C_{Lt}}{\partial \alpha_t}\alpha_t + \frac{\partial C_{Lt}}{\partial \delta_e}\delta_e\end{aligned} \tag{3.21}$$

式中：C_{Lt} 为水平尾翼升力系数；S_t 为水平尾翼的面积；$\frac{\partial C_{Lt}}{\partial \alpha_t}\alpha_t$ 为下洗气流产生的升力；$\frac{\partial C_{Lt}}{\partial \delta_e}\delta_e$ 为升降舵偏转产生的升力。

4. 无人机的总升力

无人机受到的总升力等于各部分升力之和：

$$L = L_w + L_b + L_t = C_L Q S_w \tag{3.22}$$

式中：C_L 为升力系数；S_w 为机翼面积。

二、阻力

气流阻力 D 是无人机总的气动力 $\boldsymbol{R}_\Sigma$ 沿着气流坐标系 Ox_a 轴的分量，向后为正。根据阻力与升力的关系，可将总阻力分为零升阻力和升致阻力。零升阻力包括摩擦阻力、压差阻力、底部阻力和零升波阻。升致阻力包括升致波阻和诱导阻力。

1. 摩擦阻力及压差阻力

由于空气具有黏性，气流与飞机之间相对运动就会产生摩擦阻力。当气流平行流过一个平板时，由于物体表面不是绝对的光滑，紧贴物体表面的流层受到阻滞和黏附，流体速度降为零。这层速度为零的流体又通过空气的黏性作用影响上一层流体，使上层流体的速度也被减小，这就是摩擦阻力的作用。在摩擦阻力的作用下，气流流经机翼表面时，就会在机翼表面形成一个在 3.1 节介绍过的附面层。我们已经知道，附面层包括层流附面层和紊流附面层两种，如图 3-14 所示。紊流附面层产生的摩擦阻力比层流附面层的大得多。

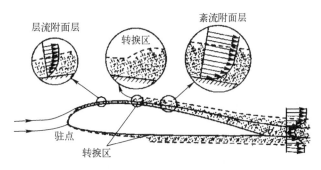

图 3-14 层流和紊流附面层

当气流流经翼型时，在前缘附近气流受阻，流速降低，压力增加。在流到最大厚度以前，流管逐渐变细，速度逐渐提高而压力下降。从最大厚度点至后缘的流程中，流管又逐渐变粗，速度逐渐降低而压力升高。这样从前缘到最大厚度点的这段附面层里，压力不断减低；从最大厚度点到后缘的这段附面层里，压力不断升高。于是翼型前缘附近的高压区与后缘附近的低压区形成压力差，称为压差阻力，其方向向后，如图 3-15 所示。

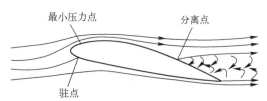

图 3-15 翼面的压差阻力

虽然紊流附面层的摩擦阻力大于层流附面层的摩擦阻力，但是紊流附面层里压差阻力比层流附面层的压差阻力小。

2. 升致阻力

由于产生升力而导致的阻力称为升致阻力。在亚声速气流情况下，升致阻力主要为诱导阻力。在超声速气流情况下，升致阻力主要为升致波阻。

无人机在亚声速飞行时，不但机翼对平尾有下洗的影响，对机身也有下洗的影响，从而造成它们的升力不再垂直于远方来流的速度，而是后仰产生一个向后的分量，这一分量就是诱导阻力。诱导阻力与升力平方成正比。诱导阻力系数 C_{Di} 可表述为：

43

$$C_{Di} = A(Ma)C_L^2 \qquad (3.23)$$

其中 A 为升致阻力因子，对于亚声速无人机，A 与机翼有效展弦比 λ_e 成反比，即有：

$$A = \frac{1}{\pi \lambda_e} \qquad (3.24)$$

对于亚声速小后掠翼无人机，λ_e 可近似按下式确定，即：

$$\lambda_e = \frac{\lambda}{1 + S_b / S_w} \qquad (3.25)$$

式中：λ_e 为机翼展弦比；S_b 为机身和发动机舱所占据的机翼面积。

3. 无人机的总阻力

综上所述，无人机的总阻力可写为：

$$C_D = C_{D0} + C_{Di} = C_0 + A(Ma)C_L^2 \qquad (3.26)$$

结合式（3.25）和式（3.26）可知，机翼短而厚实的无人机，展弦比小，相对来说升致阻力较大，因而航程及续航时间就上不去。而机翼长而薄的无人机，展弦比大，其航程和续航时间就长，有利于实现长航时飞行。

图 3-16 为零升阻力 C_{D0} 随马赫数 Ma 的变化曲线，亚声速时，C_{D0} 主要是摩擦系数，它随 Ma 的变化很小。无人机作跨声速或超声速飞行时，其头部和机翼的前缘会出现激波。气流通过激波时一部分机械能转化为热能，无人机后部气流的总动量小于前方气流的总动量。这意味着给无人机一个向后的阻力，这个阻力是由于激波产生的，故称为波阻。

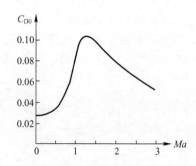

图 3-16 零升阻力随马赫数的变化曲线

采用尖前缘、薄翼型、大后掠角以及尖锐形状的头部可以大大减轻波阻，这些正是超声速无人机外形的主要特征。

三、俯仰力矩

我们把外力产生的绕机体坐标系 y 轴的力矩 M 称为俯仰力矩，也称俯仰控制力矩。俯仰力矩是使无人机低头或抬头的力矩，用于控制无人机产生期望的俯仰运动。俯仰力矩通常包括气动力矩和发动机推力产生的力矩。因为发动机的推力线不经过无人机的重心，因而推力也会产生俯仰力矩。无人机重力的作用点在重心，因此不产生任何力矩。气动俯仰力矩主要由升力引起，为此，分别从无人机升力来源的几个方面分析俯仰力矩的特性。

1. 机翼升力产生的俯仰力矩

为了方便对无人机的重心求矩,通常将机翼和平尾产生的升力理解为集中作用于一点,该点称为无人机的气动焦点。此点不随迎角 α 变化而改变,这样对于空气动力学计算无疑是很方便的。定义无人机重心和机翼的气动焦点在平均几何弦上的无量纲位置如下:

$$\overline{x}_{cg} = \frac{x_{cg}}{c_A}, \overline{x}_{acw} = \frac{x_{acw}}{c_A} \tag{3.27}$$

式中:x_{cg} 为飞机重心到平均几何弦前缘点的距离;x_{acw} 为机翼的气动焦点到平均几何弦前缘点的距离。机翼气动焦点与无人机重心位置的关系如图3-17所示。

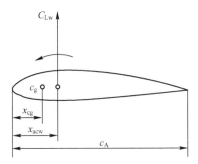

图3-17 气动焦点与重心位置关系示意图

机翼的气动焦点对重心的无量纲力臂为 $(\overline{x}_{cg} - \overline{x}_{acw})$,对重心的俯仰力矩系数为:

$$C_{mw} = C_{mw0} + C_{Lw}(\overline{x}_{cg} - \overline{x}_{acw}) \tag{3.28}$$

式中:C_{mw0} 为机翼的零升力矩系数。将上式的两边同时对迎角求取偏导数:

$$\frac{\partial C_{mw}}{\partial \alpha} = \frac{\partial C_{Lw}}{\partial \alpha}(\overline{x}_{cg} - \overline{x}_{acw}) \tag{3.29}$$

式中:$\partial C_{Lw}/\partial \alpha$ 为升力线斜率,为正值。由上式可知,只有当 $\overline{x}_{cg} < \overline{x}_{acw}$,即重心在气动焦点之前时,有 $\partial C_{mw}/\partial \alpha < 0$。这样,当 α 增大时,升力增量 ΔL 作用在气动焦点上产生低头力矩增量,即 $\Delta M < 0$,力图使 α 减小,所以起到稳定迎角的作用。若 $\overline{x}_{cg} > \overline{x}_{acw}$,即重心在气动焦点之后,则无人机的纵向运动将是不稳定的。

2. 机身升力产生的俯仰力矩

对于亚声速无人机而言,一般机翼在机体上存在安装角,因此机翼翼弦线与机体轴线不平行,故此应计算"机翼+机体"组合体产生的俯仰力矩,其俯仰力矩系数的表达式为:

$$C_{mwb} = C_{mw0} + \Delta C_{mb0} + C_{Lw}[\overline{x}_{cg} - (\overline{x}_{acw} - \Delta \overline{x}_{acb})] = C_{mwb0} + C_{Lw}[\overline{x}_{cg} - \overline{x}_{acwb}] \tag{3.30}$$

式中:$\Delta \overline{x}_{acwb}$ 为"机翼+机体"组合体的气动焦点位置。由于亚声速无人机的机体在迎角 $\alpha > 0$ 时会产生使迎角 α 增大的力偶,因此机体本身的俯仰力矩特性是不稳定的。而对于超声速无人机而言,机体头部一般为锥形体,当迎角 $\alpha \neq 0$ 时会产生升力,由于其气动焦点总是在无人机重心之前,因此,总是产生不稳定的俯仰力矩。由此可见,无论是亚声速无人机还是超声速无人机,机体总是产生不稳定的俯仰力矩。故有 $\bar{x}_{\text{acwb}} < \bar{x}_{\text{acw}}$。

3. 平尾升力产生的俯仰力矩

平尾对重心的俯仰力矩为:

$$M_t = -L_t l_t \tag{3.31}$$

式中:L_t 为平尾的升力,l_t 为平尾气动焦点到飞机重心的距离,如图 3-18 中所示。平尾的升力为:

$$L_t = QS_t[(1-\varepsilon_a)\frac{\partial C_{Lt}}{\partial \alpha}\alpha + \frac{\partial C_{Lt}}{\partial \delta_e}\delta_e] \tag{3.32}$$

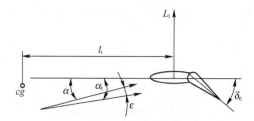

图 3-18 平尾产生的俯仰力矩

由式(3.31)和式(3.32)可得平尾对重心的俯仰力矩系数为:

$$\begin{aligned}C_{mt} &= \frac{M_t}{QS_w c_A} = -\frac{L_t l_t}{QS_w c_A} = -\frac{S_t l_t}{S_w c_A}[(1-\varepsilon_a)\frac{\partial C_{Lt}}{\partial \alpha}\alpha + \frac{\partial C_{Lt}}{\partial \delta_e}\delta_e] \\ &= -\bar{S}_t \bar{l}_t (1-\varepsilon_a)\frac{\partial C_{Lt}}{\partial \alpha}\alpha - \bar{S}_t \bar{l}_t \frac{\partial C_{Lt}}{\partial \delta_e}\delta_e\end{aligned} \tag{3.33}$$

式中:$\bar{S}_t = S_t/S_w$ 为平尾的相对面积;$\bar{l}_t = l_t/c_A$ 为无量纲的力臂。由式(3.33)可知,当迎角 α 增大时,第一项将产生负的力矩增量,起俯仰稳定作用。因此可知,平尾使得无人机的气动焦点后移,后移的位置增量为:

$$\Delta \bar{x}_{\text{act}} = \bar{S}_t \bar{l}_t (1-\varepsilon_a)\frac{\partial C_{Lt}}{\partial \alpha} \Big/ \frac{\partial C_{Lw}}{\partial \alpha} \tag{3.34}$$

上式中的第二项为升降舵 δ_e 产生的俯仰操纵力矩,令:

$$\frac{\partial C_{mt}}{\partial \delta_e} = -\bar{S}_t \bar{l}_t \frac{\partial C_{Lt}}{\partial \delta_e} \tag{3.35}$$

这样,平尾升力对重心的俯仰力矩的系数可写成:

$$C_{mt} = -\frac{\partial C_{Lw}}{\partial \alpha}\Delta\bar{x}_{\text{act}}\alpha + \frac{\partial C_{mt}}{\partial \delta_e}\delta_e = C_{Lw}\Delta\bar{x}_{\text{act}} + C_{m\delta e}\delta_e \tag{3.36}$$

4. 俯仰角速度产生的升力和俯仰力矩增量

当无人机以俯仰角速度 $q \neq 0$ 转动时,机翼、机身和平尾都会产生升力和俯仰力矩增量。由于机翼靠近无人机重心,机身又是柱形的,故无人机转动时造成的俯仰力矩主要是平尾产生的。

设无人机的飞行速度为 V,俯仰角速度 $q > 0$,则水平尾翼向下运动,相当于在平尾处上吹的气流速度为 $\Delta V_t = l_t Q$,水平尾翼获得局部迎角增量为:

$$\Delta\alpha_t = \arctan\frac{\Delta V_t}{V} \approx \frac{\Delta V_t}{V} == \frac{l_t \cdot q}{V} \tag{3.37}$$

由此产生的升力增量 ΔL_t 为：

$$\Delta L_t = QS_t C_{Lt} \tag{3.38}$$

相应的力矩增量 $\Delta M_t = -\Delta L_t \cdot l_t$，写成力矩系数的形式，可得：

$$C_{mt} = -2\frac{\overline{S}_t}{S_w}\frac{l_t^2}{C_A^2}\frac{\partial C_{Lt}}{\partial \alpha_t}(\frac{qc_A}{2V}) = -2\overline{S}_t \overline{l}_t^2 \frac{\partial C_{Lt}}{\partial \alpha_t}\overline{q} \tag{3.39}$$

这样，俯仰角速度引起的附加俯仰力矩系数为：

$$C_{m\overline{q}} = \frac{\partial C_{mt}}{\partial \overline{q}} = -2\overline{S}_t \overline{l}_t^2 \frac{\partial C_{Lt}}{\partial \alpha_t} \tag{3.40}$$

该力矩阻碍无人机的转动，称为纵向阻尼力矩。此外，机翼的下洗作用、升降舵的偏转等因素也会引起附加的滚转力矩，本章对此不作详细讨论。

5. 无人机的总俯仰力矩

综上所述，定常直线飞行时无人机的总俯仰力矩可以写成：

$$M = \sum_i L_i(\overline{x}_{cg} - \overline{x}_{aci}) = C_m QS_w c_A \tag{3.41}$$

其中，

$$C_m = C_{mw0} + C_{Lw}[\overline{x}_{cg} - (\overline{x}_{acw} - \Delta\overline{x}_{acb} + \Delta\overline{x}_{act})] + C_{m\delta e}\delta_e + C_{mq}(\frac{qc_A}{2V}) \tag{3.42}$$

令全机的气动焦点为 $\overline{x}_{ac} = \overline{x}_{acw} - \Delta\overline{x}_{acb} + \Delta\overline{x}_{act}$，并将上式中的下标简写，则有：

$$\begin{aligned}C_m &= C_{m0} + C_L(\overline{x}_{cg} - \overline{x}_{ac}) + C_{m\delta e}\delta_e + C_{m\overline{q}}(\frac{qc_A}{2V}) \\ &= C_{m0} + (\overline{x}_{cg} - \overline{x}_{ac})\frac{\partial C_L}{\partial \alpha}(\alpha - \alpha_0) + C_{m\delta e}\delta_e + C_{m\overline{q}}\overline{q} \\ &= C_{m0} + C_{m\alpha}(\alpha - \alpha_0) + C_{m\delta e}\delta_e + C_{m\overline{q}}\overline{q}\end{aligned} \tag{3.43}$$

式中：$C_{m\alpha} = (\overline{x}_{cg} - \overline{x}_{ac})\frac{\partial C_L}{\partial \alpha}$，称为纵向静稳定性导数。由于 $\frac{\partial C_L}{\partial \alpha} > 0$，使得 $C_{m\alpha}$ 可以完全表征无人机的纵向静稳定性。分析如下：

（1）若 $\overline{x}_{cg} < \overline{x}_{ac}$，即重心在气动焦点之前，则 $C_{m\alpha} < 0$。若在飞行过程中迎角增加，负的俯仰力矩将使无人机低头，从而使迎角减小，此时无人机是纵向静稳定的。

（2）若 $\overline{x}_{cg} > \overline{x}_{ac}$，即重心在气动焦点之后，则 $C_{m\alpha} > 0$。若飞行过程中迎角增大 $\alpha - \alpha_0 > 0$，正的俯仰力矩会使无人机抬头，迎角继续增加，无人机是纵向静不稳定的。

（3）若 $\overline{x}_{cg} = \overline{x}_{ac}$，即重心与气动焦点重合，此时无人机是中立稳定的。

3.4.2 横侧向力及力矩

一、侧力

通常，无人机的外形是关于 Oxz 平面对称的，只有在不对称侧向气流作用下才会产生侧力。

1. 侧滑角引起的侧力

无人机在侧滑角 $\beta \neq 0$ 时会产生侧力,其原理与迎角 α 产生升力的原理基本相同。对于常规布局的无人机而言,亚声速无人机产生侧力的部件主要是垂直尾翼和机身,超声速无人机的产生侧力的部件主要是机头和垂尾。

下面以垂尾为例进行分析。设存在正向侧滑角 $\beta > 0$,即无人机向右侧滑,如图 3-19 所示。此时垂尾左表面的流速增加,因而压力下降;相反,其右表面的流速减小,压力增加,垂尾的两侧出现压力差,因此产生了负的侧力 $Y(\beta)$。其表达式为:

$$Y(\beta) = C_{Y\beta} Q S_w \beta \tag{3.44}$$

式中:$C_{Y\beta} = \partial C_y / \partial \beta$ 为侧力导数。因为正向侧滑产生负的侧力,所以有 $C_{Y\beta} < 0$。

2. 方向舵偏角引起的侧力

偏转方向舵的目的是为了得到航向操纵力矩。方向舵偏转后,垂尾的气动外形发生变化,从而产生侧力,其原理与升降舵偏转角 δ_e 产生升力的原理类似。方向舵偏转角 δ_r 引起的侧力为

$$Y(\delta_r) = C_{Y\delta r} Q S_w \delta_r \tag{3.45}$$

式中:$C_{Y\delta r} = \partial C_Y / \partial \delta_r$ 为方向舵侧力导数,由于方向舵正向偏转时所产生的侧力为正,所以 $C_{Y\delta r} > 0$。

3. 滚转角速度引起的侧力

当无人机绕机体轴 x 的滚转角速度 $p \neq 0$ 时,就会在垂直尾翼上引起附加的侧向加速度并产生局部侧滑角,所产生的侧力为:

$$Y(p) = C_{Y\bar{p}} Q S_w \bar{p} \tag{3.46}$$

式中:$C_{Y\bar{p}} = \partial C_Y / \partial \bar{p}$ 为滚转角速度侧力导数;$\bar{p} = pb/2V$ 为无量纲的滚转角速度,其中 b 为机翼展长。正向的滚转角速度将产生负的侧力,即 $C_{Y\bar{p}} < 0$,如图 3-20 所示。对于常规气动布局的无人机,其滚转角速度侧力导数 $C_{Y\bar{p}}$ 的数值一般很小,可以忽略不计。

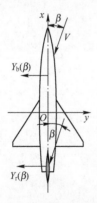

图 3-19 侧滑角引起的侧力示意图

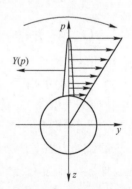

图 3-20 滚转角速度引起的侧力示意图

4. 偏航角速度引起的侧力

当无人机绕机体轴 z 的偏航角速度 $r \neq 0$ 时,在垂直尾翼上就会有附加的侧向加速度并产生局部侧滑角,所产生的侧力为:

$$Y(r) = C_{Y\bar{r}} Q S_w \bar{r} \tag{3.47}$$

式中：$C_{Y\bar{r}} = \partial C_Y / \partial \bar{r}$ 为偏航角速度侧力导数；$\bar{r} = rb/2V$ 为无量纲的偏航角速度，其中 b 为机翼展长。同样，对于常规气动布局的无人机，其偏航角速度侧力导数 $C_{Y\bar{r}}$ 的数值也很小，可以忽略不计。

5. 无人机受到的总侧力

综上所述，整个无人机受到的总的侧力可以写成：

$$Y = Y(\beta) + Y(\delta_r) + Y(p) + Y(r) \tag{3.48}$$

理想情况下，无人机做定常直线飞行时，作用在其上的侧力为零。

二、滚转力矩

我们把外力产生的绕机体坐标系 x 轴的力矩称为滚转力矩 $\bar{L}$，也称滚转控制力矩。滚转力矩是使无人机向左或向右偏转的力矩，用于控制无人机发生期望的滚转运动（或称倾斜运动）。能够产生滚转力矩的因素较多，包括了侧滑角 β 引起的滚转力矩 $\bar{L}(\beta)$，副翼偏转角 δ_a 引起的滚转力矩 $\bar{L}(\delta_a)$，方向舵偏转角引起的滚转力矩 $\bar{L}(\delta_r)$，滚转角速度 p 引起的滚转力矩 $\bar{L}(p)$ 和偏航角速度引起的滚转力矩 $\bar{L}(r)$。

1. 侧滑角引起的滚转力矩

侧滑角 β 引起的滚转力矩 $\bar{L}(\beta)$ 主要由机翼和垂尾在侧滑角 $\beta \neq 0$ 时产生，所引起的滚转力矩可以表示为：

$$\bar{L}(\beta) = C_{l\beta} Q S_w b \beta \tag{3.49}$$

式中：$C_{l\beta} = \partial C_l / \partial \beta$ 为滚转静稳定力矩导数；C_l 为滚转力矩系数；S_w 和 b 分别为机翼面积和机翼展长。

假设由于某种干扰使得无人机产生滚转角 $\phi > 0$，如图 3-21 所示（面向无人机头部）。我们知道，气流角 α 和 β 能够直接产生气动力，而姿态角的变化并不会直接产生气动力。但是，由于滚转角大于零，升力 L 与重力 G 将产生合力，使得飞机向中心侧滑，产生正的侧滑角 $\beta > 0$。为了使滚转角恢复到零，必须要产生负的滚转力矩，即 $C_{l\beta} < 0$。因此，当 $C_{l\beta} < 0$ 时，飞机具有横滚静稳定性；当 $C_{l\beta} > 0$ 时，飞机是横滚静不稳定的。

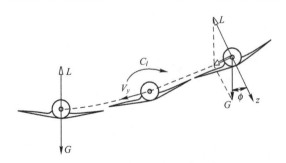

图 3-21 滚转角的自动纠正过程

因此将 $C_{l\beta}$ 称为横滚静稳定性导数。需要说明的是，机翼的安装方式对于横滚静稳定性导数是有重要影响的。

下面简单讨论机翼形状对横滚静稳定性导数 $C_{l\beta}$ 的影响。

机翼上（下）反角就是过翼根作一垂直于无人机对称面的平面，此平面与翼弦平面之间的夹角。翼弦平面在此平面之上称为上反角；反之，称为下反角。对于上反角机翼，横滚静稳定性导数 $C_{l\beta}$ 为负值；对于下反角机翼，$C_{l\beta}$ 为正值。

翼尖向后的机翼称为后掠翼，反之，翼尖向前的机翼称为前掠翼。对于后掠翼飞机，其横滚静稳定性 $C_{l\beta}$ 为负值；对于前掠翼飞机，其横滚静稳定性导数 $C_{l\beta}$ 为正值。

与垂尾存在侧滑角 β 引起侧力的原理一样，如果垂尾在 x 轴之上，当存在正侧滑（$\beta>0$）时，将产生负的侧力，对 x 轴取矩，则形成负的滚转力矩 $\overline{L}<0$，此时，$C_{l\beta}$ 为负向增加；如果垂尾在 x 轴之下时，$C_{l\beta}$ 是正向增加的。

2. 副翼舵偏转角引起的滚转力矩

副翼舵偏转角 δ_a 引起的滚转力矩 $\overline{L}(\delta_a)$ 又称为滚转操纵力矩，是操纵无人机产生滚转运动的主要措施。其表达式为：

$$\overline{L}(\delta_a) = C_{l\delta a} Q S_w b \delta_a \tag{3.50}$$

式中：$C_{l\delta a} = \partial C_l / \partial \delta_a$ 为滚转操纵导数。当副翼正向偏转 $\delta_a>0$ 时，即"左上右下"偏转，此时相当于右机翼的翼型弯度增大，而左机翼的翼型弯度减小。所以右机翼的升力增加，而左机翼的升力减小，故将产生负的滚转力矩 $\overline{L}(\delta_a)<0$，因此滚转力矩导数 $C_{l\delta a}$ 为负值。

3. 方向舵偏转角引起的滚转力矩

方向舵偏转角 δ_r 引起的滚转力矩 $\overline{L}(\delta_r)$ 又称为操纵交叉力矩，其表达式为：

$$\overline{L}(\delta_r) = C_{l\delta a} Q S_w b \delta_r \tag{3.51}$$

式中：$C_{l\delta a} = \partial C_l / \partial \delta_r$ 为方向舵操纵交叉导数。当方向舵位于 x 轴之上，偏转角 $\delta_r>0$ 时产生正的滚转力矩 $\overline{L}_A(\delta_r)>0$，即 $C_{l\delta a}$ 为正值。当方向舵位于 x 轴之下时，$C_{l\delta a}$ 为负值。

4. 滚转角速度引起的滚转力矩

滚转角速度 p 引起的滚转力矩也称滚转阻尼力矩，其表达式为：

$$\overline{L}(p) = C_{lp} Q S_w b \overline{p} \tag{3.52}$$

式中：$C_{lp} = \partial C_l / \partial \overline{p}$ 为滚转操纵力矩导数；$\overline{p} = pb/2V$ 为无量纲的滚转角速度。滚转角速度 p 引起的滚转力矩主要由机翼产生，平尾和垂尾也有一些影响。

设无人机发生正向滚转，$p>0$ 即向右滚转时，右机翼下行，左机翼上行，下行速度分量与飞行速度 V 叠加，增大了右机翼的迎角，该侧的升力也相应增加，而左侧机翼的升力减小，此时就会形成一个负的滚转力矩 $\overline{L}(p)<0$，这个负的滚转力矩起到阻止无人机正向滚转的作用，故称为滚转阻尼力矩，相应的滚转阻尼系数 $C_{lp}<0$。

5. 偏航角速度引起的滚转力矩

偏航角速度 r 引起的滚转力矩也称滚转交叉动态力矩。其表达式为：

$$\overline{L}(r) = C_{l\overline{r}} Q S_w b \overline{r} \tag{3.53}$$

式中：$C_{l\overline{r}} = \partial C_l / \partial \overline{r}$ 为交叉动导数；$\overline{r} = rb/2V$ 为无量纲的偏航角速度。

设偏航角速度 $r>0$，分别考察机翼和垂尾对滚转力矩的作用。此时，左机翼向前、右机翼向后运动。前行的左机翼相对空气的运动速度增加，故升力和阻力增大。反之，右机翼的升力和阻力减小，就形成了正的滚转力矩。所以，对机翼来说 $C_{l\beta}>0$。同时，垂尾将产生局部的负向侧滑 $\beta<0$，产生正的侧力。当方向舵位于 x 轴之上时，则产生正的滚转力矩 $\bar{L}(r)>0$，所以，对垂尾也是 $C_{l\beta}>0$。

三、偏航力矩

我们把外力产生的绕机体坐标系 z 轴的力矩称为偏航力矩 N，也称偏航控制力矩。偏航力矩是使飞机机头偏转的力矩，用于控制无人机改变方向。偏航力矩的来源也包括了侧滑角 β 引起的偏航力矩 $N(\beta)$，副翼偏转角 δ_a 引起的偏航力矩 $N(\delta_a)$，方向舵偏转角 δ_r 引起的偏航力矩 $N(\delta_r)$，滚转角速度 p 引起的偏航力矩 $N(p)$ 和偏航角速度 r 引起的偏航力矩 $N(r)$。

1. 侧滑角引起的偏航力矩

侧滑角 β 引起的偏航力矩 $N(\beta)$ 又称航向静稳定力矩，其表达式为：

$$N(\beta)=C_{n\beta}QS_w b\bar{\beta} \tag{3.54}$$

式中：$C_{n\beta}=\partial C_n/\partial \beta$ 为航向静稳定性导数。侧滑角 β 引起的航向静稳定性力矩主要由机身和垂直尾翼产生。一般情况下，机身产生不稳定的偏航力矩 $N(\beta)$，但与垂尾相比较而言较小。为此，以垂尾为例，分析说明侧滑角引起偏航力矩的机理。

假设无人机出现右侧滑运动 $\beta>0$。此时，垂尾产生负的侧力 $Y(\beta)$，由于垂直尾翼在重心的后面，所以产生正的偏航力矩，并使侧滑角减小，因此，垂尾产生的是稳定的偏航力矩。稳定的偏航力矩 $N(\beta)$ 在使侧滑角 β 减小的同时，会使机头转到新的方向。因此，这种稳定力矩 $N(\beta)$ 实际上只是对速度轴向起稳定作用。所以，有时也将偏航力矩 $N(\beta)$ 称为风标稳定力矩。只有当 $C_{n\beta}>0$ 时，无人机才有稳定偏航力矩；反之，当 $C_{n\beta}<0$ 时，将产生不稳定的偏航力矩。

2. 副翼偏转角引起的偏航力矩

由副翼偏转角 δ_a 引起的偏航力矩 $N(\delta_a)$ 也称为操纵交叉力矩。其表达式如下：

$$N(\delta_a)=C_{n\delta a}QS_w b\delta_a \tag{3.55}$$

式中：$C_{n\delta a}=\partial C_n/\partial \delta_a$ 为副翼操纵交叉导数，其正负号由具体情况而定。

当副翼差动偏转引起滚转运动时，会使左右机翼产生不同的升力。同时，也使得左右机翼的阻力不同，从而会引起偏航力矩。当副翼正向偏转 $\delta_a>0$ 时，即"左上右下"偏转，此时相当于右机翼的翼型弯度增大，而左机翼的翼型弯度减小。所以右机翼的阻力增加，而左机翼的阻力减小，故此将产生正的偏航力矩 $N(\delta_a)>0$，偏航操纵交叉导数 $C_{n\delta a}$ 为正值。

3. 方向舵偏转角引起的偏航力矩

方向舵偏转角 δ_r 引起的偏航力矩 $N(\delta_r)$ 又称为航向操纵力矩，此力矩是无人机产生偏航运动的主要措施。航向操纵力矩的表达式为：

$$N(\delta_r)=C_{n\delta r}QS_w b\delta_r \tag{3.56}$$

式中：$C_{n\delta r}=\partial C_n/\partial \delta_r$ 为方向舵操纵导数。当方向舵偏转 δ_r 时，方向舵后缘左偏转，垂尾将产生一个正的侧力，由于垂尾在重心之后，所以将产生负的偏航力矩 $N(\delta_r)<0$，因此航向操纵导数 $C_{n\delta r}$ 为负值。

4. 滚转角速度引起的偏航力矩

滚转角速度 p 引起的偏航力矩也称为交叉动态力矩 $N(p)$，其表达式为：

$$N(p) = C_{n\bar{p}} Q S_w b \bar{p} \tag{3.57}$$

式中：$C_{n\bar{p}} = \partial N / \partial \bar{p}$ 为偏航交叉动导数；$\bar{p} = pb/2V$ 为无量纲的滚转角速度。

由滚转角速度 p 引起的航向交叉动态力矩 $N(p)$ 主要由机翼和垂直尾翼产生。对垂直尾翼，当飞机发生右滚转 $p>0$ 时，可以认为垂尾不动，气流以一定的速度吹向垂尾。相当于在垂直尾翼上产生局部侧滑角 $\beta>0$，从而产生负的侧力和正的偏航力矩 $N(p)>0$。因此，对于垂尾 $C_{n\bar{p}}>0$。对于机翼，当 $p>0$ 时，右机翼向下的运动速度导致迎角增大、升力增大，且向前倾；左机翼向上的速度导致迎角减小、升力减小，且向后倾，从而产生负的偏航力矩。因此，机翼的交叉动态力矩导数 $C_{n\bar{p}}<0$。所以，偏航交叉动导数 $C_{n\bar{p}}$ 应为机翼和垂尾的交叉动导数之和，正负不定。

5. 偏航角速度引起的偏航力矩

由偏航角速度 r 引起的航向力矩 $N(r)$ 又称为航向阻尼力矩。此力矩主要由垂尾产生，机身也有一定的影响，但一般情况下较弱。航向阻尼力矩的表达式为：

$$N(r) = C_{n\bar{r}} Q S_w b \bar{r} \tag{3.58}$$

式中：$C_{n\bar{r}} = \partial C_n / \partial \bar{r}$ 为航向阻尼导数；$\bar{r} = rb/2V$ 为无量纲的偏航角速度。

设偏航角速度 $r>0$，即左机翼向前，右机翼向后运动。向前的左机翼相对空气的运动速度增加，故升力和阻力增大。同时，右机翼的升力和阻力减小，形成负的偏航力矩 $N(r)<0$，故称为阻尼力矩。所以，机翼的航向阻尼导数 $C_{n\bar{r}}<0$。另外，当偏航角速度 $r>0$ 时，垂尾将引起局部负向侧滑 $\beta<0$，产生正的侧力。由于垂尾位于重心之后，所以将产生负的偏航力矩 $N(r)<0$。因此，垂尾的航向阻尼导数 $C_{n\bar{r}}<0$。两项综合，使得整个无人机的航向阻尼导数 $C_{n\bar{r}}<0$。

3.5 无人机的飞行运动方程

建立无人机的一般运动方程的目的，是研究无人机在外力作用下飞机状态参数（飞机速度、高度、姿态角）随时间的变化规律，以便确定其基本性能，从而为改善无人机的稳定性、提高飞行品质及实现自动飞行控制奠定基础。无人机的运动方程通常以微分方程的形式来描述，包括动力学方程和重心运动学方程两部分。

当无人机在大气中飞行时，其上作用着重力、发动机的推力以及空气动力和气动力矩，会导致无人机发生弹性变形和空气动力学特性的变化，而弹性变形的影响将会叠加到无人机的空间运动中。此外，地球是一个旋转的球体，不但存在着离心加速度和哥氏加速度，而且重力加速度也随高度而变化。所以作用于无人机外部的力和力矩与无人机的几何形状、飞行状态参数等因素呈现非常复杂的函数关系。考虑到大部分无人机均在稠密大气层内飞行，飞行高度有限，为了简化问题的复杂性，在建立无人机运动方程时有必要对某些次要因素进行简化处理。为此，进行下列合理的假设：

（1）无人机为刚体，且质量为常数。

（2）忽略地球曲率，即采用所谓的"平板地球假设"。
（3）认为地面坐标系为惯性坐标系。
（4）重力加速度不随飞行高度而变化。
（5）对于面对称布局的无人机，机体坐标系的 $Oxyz$ 平面为无人机的对称平面，无人机不仅几何外形对称，而且内部质量分布也对称，即惯性积 $I_{xy} = I_{zy} = 0$。

3.5.1 动力学方程

在惯性参考系中应用牛顿第二定律可以建立起无人机在合外力 $\boldsymbol{F}$ 作用下的线运动方程和外力矩 $\boldsymbol{M}$ 作用下的角运动方程。

一、线运动方程组

无人机在合外力作用下的线运动方程为：

$$\sum \boldsymbol{F} = \frac{\mathrm{d}}{\mathrm{d}t}(m\boldsymbol{V}) = m\frac{\mathrm{d}\boldsymbol{V}}{\mathrm{d}t} \tag{3.59}$$

式中：m 为无人机的质量；$\boldsymbol{V}$ 为无人机重心的速度矢量。具体研究无人机重心运动规律时，由于矢量形式的方程使用不太方便，故常用在机体坐标系投影的标量形式来表示。设 $\boldsymbol{\Omega}$ 为机体坐标系（$Oxyz$）相对于惯性坐标系（$O_g x_g y_g z_g$）的角速矢量。

将速度 $\boldsymbol{V}$ 和角速度 $\boldsymbol{\Omega}$ 分别在投影在机体坐标系上，则有：

$$\begin{cases} \boldsymbol{V} = \boldsymbol{i}u + \boldsymbol{j}v + \boldsymbol{k}w \\ \boldsymbol{\Omega} = \boldsymbol{i}p + \boldsymbol{j}q + \boldsymbol{k}r \end{cases} \tag{3.60}$$

式中：$\boldsymbol{i}, \boldsymbol{j}, \boldsymbol{k}$ 为机体坐标系的单位矢量，由于 $\boldsymbol{\Omega}$ 的存在，其方向将随时间变化。则无人机重心的绝对加速度为：

$$\left.\frac{\mathrm{d}\boldsymbol{V}}{\mathrm{d}t}\right|_i = \boldsymbol{i}\frac{\mathrm{d}u}{\mathrm{d}t} + \boldsymbol{j}\frac{\mathrm{d}v}{\mathrm{d}t} + \boldsymbol{k}\frac{\mathrm{d}w}{\mathrm{d}t} + u\frac{\mathrm{d}\boldsymbol{i}}{\mathrm{d}t} + v\frac{\mathrm{d}\boldsymbol{j}}{\mathrm{d}t} + w\frac{\mathrm{d}\boldsymbol{k}}{\mathrm{d}t} \tag{3.61}$$

式中的单位矢量导数 $\mathrm{d}\boldsymbol{i}/\mathrm{d}t$ 为矢量端点 $\boldsymbol{i}$ 的线速度，而某一瞬时机体坐标系的角速度为 $\boldsymbol{\Omega}$，根据线速度和角速度的关系可得：

$$\frac{\mathrm{d}\boldsymbol{i}}{\mathrm{d}t} = \boldsymbol{\Omega} \times \boldsymbol{i} \tag{3.62}$$

同理，有：

$$\begin{cases} \dfrac{\mathrm{d}\boldsymbol{j}}{\mathrm{d}t} = \boldsymbol{\Omega} \times \boldsymbol{j} \\ \dfrac{\mathrm{d}\boldsymbol{k}}{\mathrm{d}t} = \boldsymbol{\Omega} \times \boldsymbol{k} \end{cases} \tag{3.63}$$

把上述关系代入式（3.59），则重心的绝对加速度可表示为：

$$\left.\frac{\mathrm{d}\boldsymbol{V}}{\mathrm{d}t}\right|_i = \boldsymbol{i}\frac{\mathrm{d}u}{\mathrm{d}t} + \boldsymbol{j}\frac{\mathrm{d}v}{\mathrm{d}t} + \boldsymbol{k}\frac{\mathrm{d}w}{\mathrm{d}t} + \boldsymbol{\Omega} \times \boldsymbol{V} = \left.\frac{\mathrm{d}\boldsymbol{V}}{\mathrm{d}t}\right|_t + \boldsymbol{\Omega} \times \boldsymbol{V} \tag{3.64}$$

式中：$\left.\dfrac{\mathrm{d}\boldsymbol{V}}{\mathrm{d}t}\right|_i$ 为无人机的绝对加速度，表示 $\boldsymbol{\Omega} = 0$ 时的加速度，即相当于观察者站在无人机上所观察到的重心加速度。$\boldsymbol{\Omega} \times \boldsymbol{V}$ 为由于存在角速度 $\boldsymbol{\Omega}$ 导致 $\boldsymbol{V}$ 相对于机体坐标系

的方向发生变化而产生的加速度。其具体表达式为:

$$\boldsymbol{\Omega} \times \boldsymbol{V} = \begin{vmatrix} \boldsymbol{i} & \boldsymbol{j} & \boldsymbol{k} \\ p & q & r \\ u & v & w \end{vmatrix} = \boldsymbol{i}(wq - vr) + \boldsymbol{j}(ur - wp) + \boldsymbol{k}(vp - uq) \tag{3.65}$$

将合力 $\sum \boldsymbol{F}$ 在机体坐标系内分解为:

$$\sum \boldsymbol{F} = \boldsymbol{i}X + \boldsymbol{j}Y + \boldsymbol{k}Z \tag{3.66}$$

将式 (3.64), 式 (3.65), 式 (3.66) 代入式 (3.59) 可得无人机线运动方程:

$$\begin{cases} X = m(\dot{u} + wq - vr) \\ Y = m(\dot{v} + ur - wp) \\ Z = m(\dot{w} + vp - uq) \end{cases} \tag{3.67}$$

合力 $\sum \boldsymbol{F}$ 由总空气动力 $\boldsymbol{R}_\Sigma$、发动机推力 $\boldsymbol{T}$ 以及重力 $G = mg$ 组成。将 $\boldsymbol{R}_\Sigma$ 和 $\boldsymbol{T}$ 的合力在机体坐标系内分解为 $[F_x \ F_y \ F_z]^T$,式 (3.67) 可改写为:

$$\begin{cases} \dot{u} = vr - wq - g\sin\theta + \dfrac{F_x}{m} \\ \dot{v} = -ur + wp + g\cos\theta\sin\varphi + \dfrac{F_y}{m} \\ \dot{w} = uq - vp + g\cos\theta\cos\varphi + \dfrac{F_z}{m} \end{cases} \tag{3.68}$$

3.3.3 节式 (3.14) 给出了由机体坐标系到气流坐标系的转换矩阵 $\boldsymbol{S}_{\alpha\beta}$,则 $\boldsymbol{R}_\Sigma$ 和 $\boldsymbol{T}$ 的合力在机体坐标系下分解的表达式为:

$$\begin{bmatrix} F_x \\ F_y \\ F_z \end{bmatrix} = \boldsymbol{S}_{\alpha\beta}^{\mathrm{T}} \begin{bmatrix} -D \\ Y \\ -L \end{bmatrix} + \begin{bmatrix} T_x \\ T_y \\ T_z \end{bmatrix} \tag{3.69}$$

式中:$[T_x \ T_y \ T_z]^T$ 为发动机推力在机体坐标系下的分解,若发动机的安装角为零,则有:$T_x = T$,$T_y = 0$,$T_z = 0$。

二、角运动方程组

无人机在合外力矩作用下的角运动方程为:

$$\sum \boldsymbol{M} = \frac{\mathrm{d}\boldsymbol{H}}{\mathrm{d}t} \tag{3.70}$$

式中:$\boldsymbol{H}$ 为动量矩。与式 (3.64) 类似,上式可以写为:

$$\begin{aligned} \sum \boldsymbol{M} &= \frac{\mathrm{d}\boldsymbol{H}}{\mathrm{d}t}\bigg|_i \\ &= \boldsymbol{i}\frac{\mathrm{d}H_x}{\mathrm{d}t} + \boldsymbol{j}\frac{\mathrm{d}H_y}{\mathrm{d}t} + \boldsymbol{k}\frac{\mathrm{d}H_z}{\mathrm{d}t} + \boldsymbol{\Omega} \times \boldsymbol{H} \\ &= \frac{\mathrm{d}\boldsymbol{H}}{\mathrm{d}t}\bigg|_t + \boldsymbol{\Omega} \times \boldsymbol{H} \end{aligned} \tag{3.71}$$

根据假设（5）中 $I_{xy}=I_{zy}=0$，则 $\boldsymbol{H}$ 在机体坐标系内的分量为：

$$\begin{cases} H_x = pI_x - rI_{xz} \\ H_y = qI_y \\ H_z = rI_z - pI_{xz} \end{cases} \tag{3.72}$$

由假设（1）可知，惯性矩和惯性积对时间的变化率为零，则式（3.72）可以写为：

$$\begin{cases} \dfrac{dH_x}{dt} = \dot{p}I_x - \dot{r}I_{xz} \\ \dfrac{dH_y}{dt} = \dot{q}I_y \\ \dfrac{dH_z}{dt} = \dot{r}I_z - \dot{p}I_{xz} \end{cases} \tag{3.73}$$

而

$$\boldsymbol{\Omega} \times \boldsymbol{H} = \begin{vmatrix} \boldsymbol{i} & \boldsymbol{j} & \boldsymbol{k} \\ p & q & r \\ H_x & H_y & H_z \end{vmatrix} \tag{3.74}$$

$$= \boldsymbol{i}(qH_z - rH_y) + \boldsymbol{j}(rH_x - pH_z) + \boldsymbol{k}(pH_y - qH_x)$$

外力矩 $\sum \boldsymbol{M}$ 在机体坐标系上的分量为：

$$\sum \boldsymbol{M} = \boldsymbol{i}M_x + \boldsymbol{j}M_y + \boldsymbol{k}M_z \tag{3.75}$$

将式（3.73）、式（3.74）、式（3.75）代入式（3.71）可得：

$$\begin{cases} M_x = \dot{p}I_x - \dot{r}I_{xz} + qr(I_z - I_y) - pqI_{xz} \\ M_y = \dot{q}I_y + pr(I_x - I_z) + (p^2 - r^2)I_{xz} \\ M_z = \dot{r}I_z - \dot{p}I_{xz} + pq(I_y - I_x) + qrI_{xz} \end{cases} \tag{3.76}$$

对式（3.76）进行整理，可以得到下列力矩方程组：

$$\begin{cases} \dot{p} = (c_1 r + c_2 p)q + c_3 M_x + c_4 M_z \\ \dot{q} = c_5 pr - c_6(p^2 - r^2) + c_7 M_y \\ \dot{r} = (c_8 p - c_2 r)q + c_4 M_x + c_9 M_z \end{cases} \tag{3.77}$$

其中，$c_1 \sim c_9$ 的定义如下：

$$\begin{cases} \Gamma c_1 = (I_y - I_z)I_z - I_{xz}^2 & \Gamma c_2 = (I_x - I_y + I_z)I_{xz} & \Gamma c_3 = I_z & \Gamma c_4 = I_{xz} \\ c_5 = \dfrac{I_z - I_x}{I_y} & c_6 = \dfrac{I_{xz}}{I_y} & c_7 = \dfrac{1}{I_y} \\ \Gamma c_8 = I_x(I_x - I_y) + I_{xz}^2 & \Gamma c_9 = I_x & \Gamma = I_x I_z - I_{xz}^2 \end{cases} \tag{3.78}$$

重力的作用点在重心，不产生任何力矩，因此外力矩 $\sum \boldsymbol{M}$ 主要由气动力矩和发动机推力产生的力矩组成，即有：

$$\begin{bmatrix} M_x \\ M_y \\ M_z \end{bmatrix} = \begin{bmatrix} \bar{L} \\ M \\ N \end{bmatrix} + \begin{bmatrix} M_{Tx} \\ M_{Ty} \\ M_{Tz} \end{bmatrix} \qquad (3.79)$$

式中：$[M_{Tx} \ M_{Ty} \ M_{Tz}]^{\mathrm{T}}$ 为发动机推力产生的力矩，主要是由于发动机推力线不经过重心造成的。

3.5.2 运动学方程

本节分析描述无人机相对于惯性系的运动学方程。

首先讨论无人机绕重心的旋转运动，即角运动，包括俯仰角运动、偏航角运动和滚转角运动。根据机体系与地轴系之间的几何关系，如图 3-22 所示，可以得到无人机绕机体系转动的三个角速度分量 (p, q, r) 和三个姿态角速率 $(\dot{\phi}, \dot{\theta}, \dot{\psi})$ 之间的关系，如式（3.80）。

$$\begin{cases} p = \dot{\phi} - \dot{\psi}\sin\theta \\ q = \dot{\theta}\cos\phi + \dot{\psi}\cos\theta\sin\phi \\ r = -\dot{\theta}\sin\phi + \dot{\psi}\cos\theta\cos\phi \end{cases} \qquad (3.80)$$

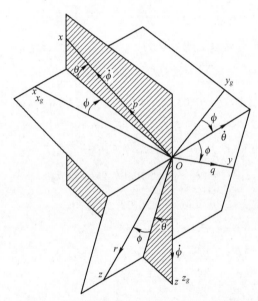

图 3-22 角速度与姿态角速率之间的几何关系图

由上式可求出：

$$\begin{cases} \dot{\phi} = p + (r\cos\varphi + q\sin\phi)\tan\theta \\ \dot{\theta} = q\cos\phi - r\sin\phi \\ \dot{\psi} = \dfrac{1}{\cos\theta}(r\cos\phi + q\sin\phi) \end{cases} \qquad (3.81)$$

需要指出的是，(p,q,r) 和 $(\dot\phi,\dot\theta,\dot\psi)$ 分别是 $\boldsymbol{\Omega}$ 在机体系和地轴系中的分量。因此，三个姿态角速度和三个转动角速度都能合成 $\boldsymbol{\Omega}$。不同的是，(p,q,r) 相互正交，$(\dot\phi,\dot\theta,\dot\psi)$ 在一般情况下却不是相互垂直的正交矢量。

下面讨论无人机重心的位移运动，即线运动，包括前后平移、升降运动和侧移运动。可以通过地面坐标系与机体坐标系的转换关系建立无人机重心的位移方程组。设无人机重心的位移运动在地面坐标系内的三个分量为 $[\dot x_g \ \dot y_g \ -\dot h]^{\mathrm T}$，而其在机体坐标系内的分量为 $[u\ v\ w]^{\mathrm T}$，根据地面坐标系和机体坐标系之间的转换关系可得：

$$\begin{bmatrix}\dot x_g\\ \dot y_g\\ -\dot h\end{bmatrix}=\boldsymbol{S}_{\theta\psi\phi}^{\mathrm T}\begin{bmatrix}u\\v\\w\end{bmatrix} \tag{3.82}$$

展开以后，可得：

$$\begin{cases}\dot x_g=u\cos\theta\cos\psi+v(\sin\phi\sin\theta\cos\psi-\cos\phi\sin\psi)+w(\sin\phi\sin\psi+\cos\phi\sin\theta\cos\psi)\\ \dot y_g=u\cos\theta\sin\psi+v(\sin\phi\sin\theta\sin\psi+\cos\phi\cos\psi)+w(-\sin\phi\cos\psi+\cos\phi\sin\theta\sin\psi)\\ \dot h=u\sin\theta-v\sin\phi\cos\theta-w\cos\phi\cos\theta\end{cases} \tag{3.83}$$

将上述方程在地面坐标系内投影，并且考虑在无风的情况下，则有：

$$\begin{cases}\dot x_g=V\cos\theta_a\cos\psi_a\\ \dot y_g=V\cos\theta_a\sin\psi_a\\ \dot h=V\sin\theta_a\end{cases} \tag{3.84}$$

综合上述推导结论，我们就得到了由式（3.68）、式（3.77）、式（3.81）和式（3.84）组成的无人机在锁舵情况下的飞行运动方程组，共 12 个一阶微分方程。该方程组确定了状态向量 $X^{\mathrm T}=[u,\ v,\ w,\ \phi,\ \theta,\ \psi,\ p,\ q,\ r,\ x_g,\ y_g,\ h]$ 与控制向量 $[\delta_{\mathrm T}\ \delta_{\mathrm e}\ \delta_{\mathrm a}\ \delta_{\mathrm r}]^{\mathrm T}$ 之间的非线性函数关系，其中前 6 个为动力学方程，后 6 个为运动学方程。

由于在飞行过程中无人机所受到的气动力与飞行速度 V、迎角 α 和侧滑角 β 密切相关，因此，通常用状态量 (V,α,β) 取代上述方程中的 (u,v,w)。根据 3.2.3 节的坐标系转换关系可知，$X_{\mathrm{body}}=\boldsymbol{S}_{\alpha\beta}^{\mathrm T}X_{\mathrm{wind}}$，所以有：

$$\begin{bmatrix}u\\v\\w\end{bmatrix}_{\mathrm{body}}=\boldsymbol{S}_{\alpha\beta}^{\mathrm T}\begin{bmatrix}V\\0\\0\end{bmatrix}_{\mathrm{wind}}=\begin{bmatrix}V\cos\alpha\cos\beta\\V\sin\beta\\V\sin\alpha\cos\beta\end{bmatrix} \tag{3.85}$$

$$\begin{cases}\tan\alpha=\dfrac{w}{u}\\ \sin\beta=\dfrac{v}{V}\\ V=\sqrt{u^2+v^2+w^2}\end{cases} \tag{3.86}$$

由式（3.85）可得：

$$\begin{cases} \dot{u} = \dot{V}\cos\alpha\cos\beta - \dot{\alpha}\cdot V\sin\alpha\cos\beta - \dot{\beta}\cdot V\cos\alpha\sin\beta \\ \dot{v} = \dot{V}\sin\beta + \dot{\beta}\cdot V\cos\beta \\ \dot{w} = \dot{V}\sin\alpha\cos\beta + \dot{\alpha}\cdot V\cos\alpha\cos\beta - \dot{\beta}\cdot V\sin\alpha\sin\beta \end{cases} \quad (3.87)$$

联立式（3.86）和式（3.87）得：

$$\begin{cases} \dot{V} = \dfrac{u\dot{u} + v\dot{v} + w\dot{w}}{V} \\ \dot{\alpha} = \dfrac{u\dot{w} - w\dot{u}}{u^2 + w^2} \\ \dot{\beta} = \dfrac{\dot{v}V - v\dot{V}}{V^2 \cos\beta} \end{cases} \quad (3.88)$$

根据上述结果改写运动学方程中的线运动方程组，将合力在气流系中分解可得：

$$\begin{cases} m\dot{V} = T\cos\alpha\cos\beta - D - mg\sin\theta_a \\ mV\cos\beta\dot{\alpha} = -T\sin\alpha - L + mV(-p\cos\alpha\sin\beta + q\cos\beta - r\sin\alpha\sin\beta) + mg\cos\theta_a\sin\phi_a \\ mV\dot{\beta} = -T\cos\alpha\sin\beta + Y - mV(-p\sin\alpha + r\cos\alpha) + mg\cos\theta_a\cos\phi_a \end{cases} \quad (3.89)$$

需要说明的是，以机体坐标轴系的速度分量(u,v,w)作为状态量建立的运动方程和以速度V、迎角α和侧滑角β作为状态量建立的运动方程是等价的。当滚转角和侧滑角满足条件$\phi = \beta = 0$时，存在着代数关系：

$$\theta = \theta_a + \alpha \quad (3.90)$$

此时，无人机进行无滚转和无侧滑的飞行运动。当俯仰角、滚转角、航迹角和迎角满足条件$\theta = \phi = \theta_a = \alpha = 0$时，存在代数关系：

$$\psi = \phi_a + \beta \quad (3.91)$$

3.6 运动方程的小扰动线性化

无人机的运动方程是运动参数的非线性函数，用解析法求解是非常困难的，通常只能用数值积分法求解。运动方程的解析解对于分析无人机的构型参数与飞行稳定性和操纵性之间的关系更加方便有效，也更具有普遍意义。因此，需要对非线性的运动方程进行线性化处理，希望获得线性的飞行运动方程。而且，线性化的运动方程也更适合于以成熟的线性控制系统理论为基础的飞行控制系统的设计，而非线性运动方程多用于对所设计的控制律进行仿真验证。小扰动法是非线性方程线性化的一种典型方法，本节即使用小扰动线性化方法建立线性化的无人机飞行运动方程。

3.6.1 小扰动线性化原理

小扰动线性化是相对于基准运动进行的。通常选取"定常直线无侧滑飞行"为无人机的基准运动，定常表示无人机的飞行速度和状态量随时间变化较小，直线无侧滑飞行可包括直线平飞($\mu_0 = 0$)、直线爬升和下滑($\mu_0 = C$)等状态。若无人机的扰动运动与基准运动之间的差别较小，则称为小扰动运动。一般讲小扰动限制不太严格，用小扰动原理简化的运动方程，在大多数情况下能够满足工程上的精度要求。

设运动方程组的某一方程为：

$$f(x_1, x_2, \cdots, x_n) = 0 \tag{3.92}$$

式中：变量 $x_i(i=1,2,\cdots,n)$ 可以是运动参数或其导数。在某一时刻，变量 x_i 可以表示为基准运动的参数 x_{i0} 与偏离量 Δx_i 之和，即有：

$$x_i = x_{i0} + \Delta x_i \tag{3.93}$$

无论是基准运动还是扰动运动都应该满足运动方程 $f(x_1, x_2, \cdots, x_n) = 0$，因此有：

$$\begin{cases} f(x_{10}, x_{20}, \cdots, x_{n0}) = 0 \\ f(x_{10} + \Delta x_1, x_{20} + \Delta x_2, \cdots, x_{n0} + \Delta x_n) = 0 \end{cases} \tag{3.94}$$

将扰动方程的左边展开成泰勒级数，在小扰动假设前提下，可以忽略二阶和二阶以上的高阶小量，可得：

$$\begin{aligned} & f(x_{10} + \Delta x_1, x_{20} + \Delta x_2, \cdots, x_{n0} + \Delta x_n) \\ & \approx f(x_{10}, x_{20}, \cdots, x_{n0}) + \left(\frac{\partial f}{\partial x_1}\right)_0 \Delta x_1 + \left(\frac{\partial f}{\partial x_2}\right)_0 \Delta x_2 + \cdots + \left(\frac{\partial f}{\partial x_n}\right)_0 \Delta x_n = 0 \end{aligned} \tag{3.95}$$

从上式中减去基准运动，则得：

$$\left(\frac{\partial f}{\partial x_1}\right)_0 \Delta x_1 + \left(\frac{\partial f}{\partial x_2}\right)_0 \Delta x_2 + \cdots + \left(\frac{\partial f}{\partial x_n}\right)_0 \Delta x_n = 0 \tag{3.96}$$

这就是线性化的小扰动运动方程，式中系数 $(\partial f / \partial x_1)_0, \cdots, (\partial f / \partial x_n)_0$ 是已知的。

3.6.2 运动方程的线性化处理

选取定常直线无侧滑飞行为无人机的基准运动，其状态参数为：

$$\begin{cases} \beta_0 = p_0 = q_0 = r_0 = \phi_0 = \psi_0 = y_{g0} = 0 \\ \theta_{a0} = C \end{cases} \tag{3.97}$$

此时无人机受到的合外力和力矩分别为：

$$\begin{cases} \sum X_0 = \sum Y_0 = \sum Z_0 = 0 \\ \sum M_{x0} = \sum M_{y0} = \sum M_{z0} = 0 \end{cases} \tag{3.98}$$

根据小扰动原理，扰动运动的状态参数由基准运动参数附加小扰动量来表示，即有：

$$\begin{cases} V = V_0 + \Delta V, & \phi = \Delta \phi \\ \alpha = \alpha_0 + \Delta \alpha, & \theta = \theta_0 + \Delta \theta \\ \beta = \Delta \beta, & \psi = \Delta \psi \\ p = \Delta p, & \theta_a = \theta_{a0} + \Delta \theta_a \\ q = \Delta q, & x_g = x_{g0} + \Delta x_g \\ r = \Delta r, & y = \Delta y_g \\ h_g = h_{g0} + \Delta h_g \end{cases} \tag{3.99}$$

将上述状态量代入无人机的 12 个运动方程，进行泰勒级数展开，并减掉基准运动，即可得到无人机的线性化小扰动运动方程。以式（3.89）中的第一式为例进行小扰动线性化分析。由于基准运动为定常直线无侧滑飞行，则 $\cos\beta_0=1$，写出基准运动方程为：

$$m\frac{dV_0}{dt}=T_0\cos\alpha_0-D_0-mg\sin\theta_{a0} \tag{3.100}$$

则小扰动条件下的运动方程为：

$$m\frac{d(V_0+\Delta V)}{dt}=(T_0+\Delta T)\cos(\alpha_0+\Delta\alpha)\cos\Delta\beta-(D_0+\Delta D)-mg\sin(\theta_{a0}+\Delta\theta_a) \tag{3.101}$$

因为 $\Delta\alpha$ 为小量，故取 $\cos\Delta\alpha\approx1,\sin\Delta\alpha\approx\Delta\alpha$。同样有：$\cos\Delta\theta_a\approx1,\sin\Delta\theta_a\approx\Delta\theta_a$，$\cos\Delta\beta\approx1,\sin\Delta\beta\approx\Delta\beta$，运用三角公式展开式（3.101），减去基准运动，忽略高阶小量得：

$$m\Delta\dot{V}=-T_0\sin\alpha_0\cdot\Delta\alpha+\Delta T\cos\alpha_0-\Delta D-mg\cos\theta_{a0}\cdot\Delta\theta_a \tag{3.102}$$

通常，推力 $T=f(V,\delta_T)$，阻力 $D=f(V,\alpha,\delta_e)$，将其展开为泰勒级数，并仅取一阶导数项，可得：

$$\begin{cases}T=T_0+\left(\dfrac{\partial T}{\partial V}\right)_0\Delta V+\left(\dfrac{\partial T}{\partial\delta_T}\right)_0\Delta\delta_T\\ D=D_0+\left(\dfrac{\partial D}{\partial V}\right)_0\Delta V+\left(\dfrac{\partial D}{\partial\alpha}\right)_0\Delta\alpha+\left(\dfrac{\partial D}{\partial\delta_T}\right)_0\Delta\delta_T\end{cases} \tag{3.103}$$

在上式中减去基准运动下无人机所受到的推力和阻力，得：

$$\begin{cases}\Delta T=\left(\dfrac{\partial T}{\partial V}\right)_0\Delta V+\left(\dfrac{\partial T}{\partial\delta_T}\right)_0\Delta\delta_T\\ \Delta D=\left(\dfrac{\partial D}{\partial V}\right)_0\Delta V+\left(\dfrac{\partial D}{\partial\alpha}\right)_0\Delta\alpha+\left(\dfrac{\partial D}{\partial\delta_T}\right)_0\Delta\delta_T\end{cases} \tag{3.104}$$

代入式（3.102）可得：

$$\begin{aligned}\Delta\dot{V}=&-\frac{T_0}{m}\sin\alpha_0\cdot\Delta\alpha+\frac{1}{m}\left(\frac{\partial T}{\partial V}\right)_0\Delta V\cos\alpha_0+\frac{1}{m}\left(\frac{\partial T}{\partial\delta_T}\right)_0\Delta\delta_T\cos\alpha_0\\ &-\frac{1}{m}\left(\frac{\partial D}{\partial V}\right)_0\Delta V-\frac{1}{m}\left(\frac{\partial D}{\partial\alpha}\right)_0\Delta\alpha-\frac{1}{m}\left(\frac{\partial D}{\partial\delta_T}\right)_0\Delta\delta_T-g\cos\theta_{a0}\cdot\Delta\theta_a\end{aligned} \tag{3.105}$$

小扰动情况下无人机的轨迹角与俯仰角和迎角之间的关系满足：$\Delta\mu=\Delta\theta-\Delta\alpha$，故

$$\begin{aligned}\Delta\dot{V}=&\frac{1}{m}\left[\left(\frac{\partial T}{\partial V}\right)_0\cos\alpha_0-\left(\frac{\partial D}{\partial V}\right)_0\right]\Delta V+\frac{1}{m}\left[-T_0\sin\alpha_0-\left(\frac{\partial D}{\partial\alpha}\right)_0+g\cos\theta_{a0}\right]\cdot\Delta\alpha\\ &-g\cos\theta_{a0}\cdot\Delta\theta+\frac{1}{m}\left(\frac{\partial T}{\partial\delta_T}\right)_0\cos\alpha_0\Delta\delta_T-\frac{1}{m}\left(\frac{\partial D}{\partial\delta_e}\right)_0\Delta\delta_e\end{aligned} \tag{3.106}$$

取：

$$\begin{cases} X_V = -\dfrac{1}{m}\left(\dfrac{\partial D}{\partial V}\right)_0 \\ X_{TV} = -\dfrac{1}{m}\left(\dfrac{\partial T}{\partial V}\right)_0 \\ X_\alpha = -T_0 \sin\alpha_0 - \left(\dfrac{\partial D}{\partial \alpha}\right)_0 + g\cos\theta_{a0} \\ X_{\delta_T} = \dfrac{1}{m}\left(\dfrac{\partial T}{\partial \delta_T}\right)_0 \\ X_{\delta_e} = -\dfrac{1}{m}\left(\dfrac{\partial D}{\partial \delta_e}\right)_0 \end{cases} \quad (3.107)$$

则有：

$$\Delta \dot V = (X_{TV}\cos\alpha_0 + X_V)\Delta V + X_\alpha \Delta\alpha + X_{\delta_T}\cos\alpha_0 \Delta\delta_T + X_{\delta_e}\Delta\delta_e - g\cos\theta_{a0}\cdot\Delta\theta \quad (3.108)$$

可以看出，上述运动方程中再没有横侧向的状态量出现。对其他的 11 个方程采用类似的方法进行处理，共可以得到 12 个基于小扰动变化量的无人机线性化运动方程，这就是小扰动线性化的无人机飞行运动方程。分析这 12 个线性化方程可以发现，这些运动方程可分解为两组相对独立的微分方程，组内各方程间气动力交联较强，组间交联很弱。为此，将其重新排列成式（3.109）和式（3.110）的两组方程如下：

$$\begin{cases} m\Delta\dot V = (-T_0\sin\alpha_0 + mg\cos\theta_{a0})\cdot\Delta\alpha + \Delta T\cos\alpha_0 - \Delta D - mg\cos\theta_{a0}\cdot\Delta\theta \\ mV_0\Delta\dot\alpha = (-T_0\cos\alpha_0 + mg\sin\theta_{a0})\cdot\Delta\alpha + \Delta T\sin\alpha_0 - \Delta L + mV_0 q - mg\sin\theta_{a0}\Delta\theta \\ \Delta\dot q = \dfrac{\Delta M}{I_y} \\ \Delta\dot\theta = q \\ \Delta\dot x_g = \Delta V\cos\theta_{a0} - V_0\sin\theta_{a0}\cdot(\Delta\theta - \Delta\alpha) \\ \Delta\dot h = \Delta V\sin\theta_{a0} + V_0\cos\theta_{a0}\cdot(\Delta\theta - \Delta\alpha) \end{cases} \quad (3.109)$$

$$\begin{cases} mV_0\Delta\dot\beta = \Delta Y - \Delta p\sin\alpha_0 + \Delta r\cos\alpha_0 \\ \Delta\dot p = c_3\Delta\overline{L} + c_4\Delta N \\ \Delta\dot r = c_4\Delta\overline{L} + c_9\Delta N \\ \Delta\dot\phi = \Delta p + \Delta r\tan\theta_0 \\ \Delta\dot\psi = \dfrac{\Delta r}{\cos\theta_0} \\ \Delta\dot y_g = V_0\Delta\psi_a \end{cases} \quad (3.110)$$

其中：

$$\begin{cases} \Delta T = \left(\dfrac{\partial T}{\partial V}\right)_0 \Delta V + \left(\dfrac{\partial T}{\partial \delta_T}\right)_0 \Delta \delta_T \\ \Delta D = \left(\dfrac{\partial D}{\partial V}\right)_0 \Delta V + \left(\dfrac{\partial D}{\partial \alpha}\right)_0 \Delta \alpha + \left(\dfrac{\partial D}{\partial \delta_T}\right)_0 \Delta \delta_T \\ \Delta L = \left(\dfrac{\partial L}{\partial V}\right)_0 \Delta V + \left(\dfrac{\partial L}{\partial \alpha}\right)_0 \Delta \alpha + \left(\dfrac{\partial L}{\partial q}\right)_0 \Delta q + \left(\dfrac{\partial L}{\partial \delta_T}\right)_0 \Delta \delta_T + \left(\dfrac{\partial L}{\partial \delta_e}\right)_0 \Delta \delta_e \\ \Delta M = \left(\dfrac{\partial M}{\partial V}\right)_0 \Delta V + \left(\dfrac{\partial M}{\partial \alpha}\right)_0 \Delta \alpha + \left(\dfrac{\partial M}{\partial q}\right)_0 \Delta q + \left(\dfrac{\partial M}{\partial \delta_e}\right)_0 \Delta \delta_e \end{cases} \quad (3.111)$$

$$\begin{cases} \Delta Y = \left(\dfrac{\partial Y}{\partial \beta}\right)_0 \Delta \beta + \left(\dfrac{\partial Y}{\partial p}\right)_0 \Delta p + \left(\dfrac{\partial Y}{\partial r}\right)_0 \Delta r + \left(\dfrac{\partial Y}{\partial \delta_a}\right)_0 \Delta \delta_a + \left(\dfrac{\partial Y}{\partial \delta_r}\right)_0 \Delta \delta_r \\ \Delta \overline{L} = \left(\dfrac{\partial \overline{L}}{\partial \beta}\right)_0 \Delta \beta + \left(\dfrac{\partial \overline{L}}{\partial p}\right)_0 \Delta p + \left(\dfrac{\partial \overline{L}}{\partial r}\right)_0 \Delta r + \left(\dfrac{\partial \overline{L}}{\partial \delta_a}\right)_0 \Delta \delta_a + \left(\dfrac{\partial \overline{L}}{\partial \delta_r}\right)_0 \Delta \delta_r \\ \Delta N = \left(\dfrac{\partial N}{\partial \beta}\right)_0 \Delta \beta + \left(\dfrac{\partial N}{\partial p}\right)_0 \Delta p + \left(\dfrac{\partial N}{\partial r}\right)_0 \Delta r + \left(\dfrac{\partial N}{\partial \delta_a}\right)_0 \Delta \delta_a + \left(\dfrac{\partial N}{\partial \delta_r}\right)_0 \Delta \delta_r \end{cases} \quad (3.112)$$

式（3.109）中包含的状态变量为 $\Delta V, \Delta \alpha, \Delta q, \Delta \theta, \Delta x_g, \Delta h$，恰好是在无人机在对称平面 Oxz 内运动的变量，即为纵向运动的状态量，包括前后平移、上下升降和俯仰。式（3.110）中所包含的变量为 $\Delta \beta, \Delta p, \Delta r, \Delta \varphi, \Delta \psi, \Delta y_g$，恰好是横侧向运动的状态变量，包括左右侧移、横滚和偏航。这样就可以将无人机的运动方程分为纵向运动方程组和横侧向运动方程组。以上两式的结论说明无人机的运动方程可以实现解耦，这就给研究无人机的运动规律带来很大的方便。需要强调的是，这种解耦是以无人机的定常直线无侧滑飞行作为基准运动的。若基准运动不是这种情况，则无人机的纵向运动和横侧向运动之间必然存在一定的耦合。例如：当侧滑角 $\beta_0 \neq 0$ 时，由式（3.89）可知，侧滑角的变化必然会引起飞行速度和迎角的变化，纵向运动和横侧向运动之间就存在一定的耦合。

3.6.3 无人机的线性状态方程组

无人机是典型的多变量系统，为表述和分析方便，将微分方程形式的飞行运动方程式（3.109）和式（3.110）写成下列状态方程的形式：

$$E\dot{X} = AX + BU \quad (3.113)$$

选择纵向运动方程的状态量为 $X = \begin{bmatrix} \Delta V & \Delta \alpha & \Delta q & \Delta \theta \end{bmatrix}^T$，输入 $U = \begin{bmatrix} \delta_T & \delta_e \end{bmatrix}^T$，则无人机纵向线性状态方程的雅可比矩阵 E, A, B 分别为：

$$\begin{cases} E = \begin{bmatrix} 1 & 0 & 0 & 0 \\ 0 & V_0 & 0 & 0 \\ 0 & 0 & 1 & 0 \\ 0 & 0 & 0 & 1 \end{bmatrix}, \quad B = \begin{bmatrix} X_{\delta_T} \cos \alpha_0 & X_{\delta_e} \\ -X_{\delta_T} \sin \alpha_0 & Z_{\delta_e} \\ M_{\delta_T} & M_{\delta_e} \\ 0 & 0 \end{bmatrix} \\ A = \begin{bmatrix} X_V + X_{TV} \cos \alpha_0 & X_\alpha & 0 & -g \cos \theta_{a0} \\ Z_V - X_{TV} \sin \alpha_0 & Z_\alpha & V + Z_q & -g \sin \theta_{a0} \\ M_V + M_{TV} & M_\alpha & M_q & 0 \\ 0 & 0 & 1 & 0 \end{bmatrix} \end{cases} \quad (3.114)$$

选取横侧向运动方程的状态量为 $X = \begin{bmatrix} \Delta\beta & \Delta p & \Delta r & \Delta\varphi \end{bmatrix}^T$，输入 $U = \begin{bmatrix} \delta_a & \delta_r \end{bmatrix}^T$，则无人机横侧向运动的雅可比矩阵分别为：

$$\begin{cases} E = \begin{bmatrix} V_0 & 0 & 0 & 0 \\ 0 & 1 & 0 & 0 \\ 0 & 0 & 1 & 0 \\ 0 & 0 & 0 & 1 \end{bmatrix}, \quad B = \begin{bmatrix} Y_{\delta a} & Y_{\delta_r} \\ L^*_{\delta a} & L^*_{\delta_r} \\ N^*_{\delta a} & N^*_{\delta_r} \\ 0 & 0 \end{bmatrix} \\ A = \begin{bmatrix} Y_\beta & Y_p & Y_r - V & g\cos\theta_{a0} \\ L^*_\beta & L^*_p & L^*_r & 0 \\ N^*_\beta & N^*_p & N^*_r & 0 \\ 0 & \dfrac{\cos\theta_{a0}}{\cos\theta_0} & \dfrac{\sin\theta_{a0}}{\cos\theta_0} & 0 \end{bmatrix} \end{cases} \quad (3.115)$$

式中：$L^*_\beta = c_3\overline{L}_\beta + c_3 N_\beta$，$L^*_p = c_3\overline{L}_p + c_4 N_p$，$L^*_r = c_3\overline{L}_r + c_4 N_r$，$N^*_\beta = c_4\overline{L}_\beta + c_9 N_\beta$，$N^*_p = c_4\overline{L}_p + c_9 N_p$，$N^*_r = c_4\overline{L}_r + c_9 N_r$。这些雅可比矩阵中的元素均为无人机受到的力或力矩对某一状态量的偏导数，通常称为气动导数。气动导数对于无人机及其控制律的设计是非常重要的，通常通过对风洞试验获取的数据进行处理获得。

3.7 航模无人机的线性运动方程

为结合实践说明无人机建模与控制律的设计方法，本书后续将以图 3-23 所示的某小型航模无人机为例，介绍纵向和横侧向控制律的设计原理。为此，本节根据前述的无人机建模方法，建立该航模无人机的运动方程，作为后续章节控制律设计的模型用例。

图 3-23 航模无人机的气动布局

该航模无人机采用采用倒 V 式的气动布局，它结合了升降舵和方向舵的功能，可以有效地减小机体重量，但在进行控制律的分析和设计时，仍可以将升降舵和方向舵分别当作独立的控制输入。航模无人机的飞行高度为 0～800m，飞行速度的范围为 22m/s～35m/s。航模无人机的主要构造参数如表 3-1 所示。

表 3-1 航模无人机的主要构造参数

质量	17kg	机翼面积	1.3536m²
翼展	3.2m	平均气动弦长	0.423m
x 轴转动惯量	I_x=1.71kg·m²	y 轴转动惯量	I_y=3.74kg·m²
z 轴转动惯量	I_z=5.13kg·m²	交叉轴转动惯量	I_{zx}=−0.15kg·m²
巡航速度	27m/s	配平迎角	3.35°
速度调节范围	(22~35) m/s	滚转角调节范围	±20°

取：$h_0 = 500\mathrm{m}, V_0 = 27.6\mathrm{m/s}, V_{i0} = 27\mathrm{m/s}$ 作为该航模无人机的基准飞行状态。为产生足够的升力以克服无人机的重力，飞行迎角应为 $\alpha_0 = 1.72°$。为克服迎角产生的阻力，发动机油门开度为 $\delta_T = 42\%$。为平衡迎角产生的俯仰力矩，升降舵面的偏转值应为 $\delta_e = -0.26°$。具体来说，该航模无人机的基准运动参数为：$V_0 = 27.6\mathrm{m/s}, \alpha_0 = 1.72°, \beta_0 = 0°$，$p_0 = q_0 = r_0 = 0°/\mathrm{s}$，$\theta_0 = 1.72°$，$\phi_0 = 0°$，$\psi_0 = 0°$，$h_{g0} = 500\mathrm{m}$，$x_{g0} = V_0$，$y_{g0} = 0$。

此时无人机的输入量为：$[\delta_{T0} \quad \delta_{e0} \quad \delta_{a0} \quad \delta_{r0}] = [0.42 \quad -0.26° \quad 0° \quad 0°]$。

根据前述的无人机建模方法，可得到该航模无人机的纵向小扰动线性运动方程为：

$$\begin{bmatrix} \Delta \dot{V} \\ \Delta \dot{\alpha} \\ \Delta \dot{q} \\ \Delta \dot{\theta} \end{bmatrix} = \begin{bmatrix} -0.0688 & 5.699 & 0 & -9.8 \\ -0.0243 & -5.7808 & 0.9518 & 0 \\ 0.0249 & -22.343 & -2.932 & 0 \\ 0 & 0 & 1 & 0 \end{bmatrix} \begin{bmatrix} \Delta V \\ \Delta \alpha \\ \Delta q \\ \Delta \theta \end{bmatrix} + \begin{bmatrix} 6.018 & 0 \\ -0.006 & -0.008 \\ 0.738 & -0.464 \\ 0 & 0 \end{bmatrix} \begin{bmatrix} \Delta \delta_T \\ \Delta \delta_e \end{bmatrix} \quad (3.116)$$

以及该航模无人机的横侧向小扰动线性运动方程为：

$$\begin{bmatrix} \Delta \dot{\beta} \\ \Delta \dot{p} \\ \Delta \dot{r} \\ \Delta \dot{\phi} \end{bmatrix} = \begin{bmatrix} -0.6873 & 0.0325 & -0.9697 & 0.3456 \\ -132.84 & -11.199 & 0.7575 & 0 \\ 20.374 & 0.1988 & -1.0599 & 0 \\ 0 & 1 & 0 & 0 \end{bmatrix} \begin{bmatrix} \Delta \beta \\ \Delta p \\ \Delta r \\ \Delta \phi \end{bmatrix} + \begin{bmatrix} 0.0004 & 0.003 \\ -1.3644 & 0.0741 \\ 0.0235 & -0.1394 \\ 0 & 0 \end{bmatrix} \begin{bmatrix} \delta_a \\ \delta_r \end{bmatrix} \quad (3.117)$$

第4章 制导方式与导引控制原理

无人机系统种类丰富，功用各异，制导方式和导引原理各有特色。在第1章已对无人机系统的制导控制特点进行了介绍，可以把无人机从制导控制角度分为自杀式攻击无人机、可重复使用无人机和空天无人机。本章在简要介绍无人飞行器各种制导方式概念的基础上，重点阐述不同类型无人机的几种主要的导引控制原理。关于目标探测和导航定位的具体问题，请参阅其他相关文献资料。

4.1 无人飞行器的制导方式

根据制导系统中目标探测或信息获取环节的技术原理的不同，可将无人机的制导方式分为自主制导、遥控制导、寻的制导和复合制导四大类，如图4-1所示。自主制导具体划分为程序制导（标准航迹制导）、卫星制导、惯性制导、地图匹配制导、天文制导等方式。遥控制导可分为遥控指令制导和波束制导两大类，遥控指令制导根据遥控指令的生成方式又可分为无线电遥控指令制导、光学遥控指令制导和直接遥控指令制导三种形式。寻的制导根据被探测的特征能量物理特性的不同，可分为雷达寻的制导、红外寻的制导、电视寻的制导和激光寻的制导等方式。复合制导是两种以上其他制导方式的组合使用，也是目前无人机普遍采用的制导方式。

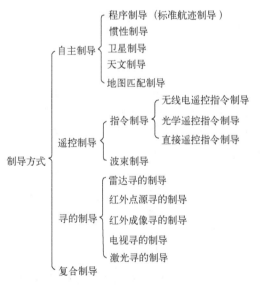

图4-1 无人飞行器的制导方式

4.1.1 自主制导技术

自主制导是指仅由机载制导设备根据感知装置测得的无人机位置等信息，按照一定的制导律解算形成飞行控制指令的一种制导技术。根据感知设备工作原理的不同，自主制导可分为程序制导、惯性制导、卫星制导、天文制导和地形匹配制导等方式。采用自主制导方式的无人机在整个飞行过程中基本不需要与地面指挥站联系，因而隐蔽性较好。

程序制导是根据预选设定的飞行航线，或是标准航迹，结合无人机的实时状态信息形成无人机飞行控制指令的制导方式。

惯性制导是利用无人机上的惯性导航系统测量出的无人机的实时位置和速度等信息，在给定的初始运动条件下，按照预定的制导律形成飞行控制指令的制导方式。

卫星制导就是利用卫星导航系统给出的无人机在空间的实时位置和速度等信息，按照一定的制导律形成飞行控制指令的制导方式。

天文制导就是利用天体量测装置（星光跟踪器、空间六分仪等）对星体的观测和星体在天空的固有运动规律提供的信息来确定无人机在空间的运动参数，控制无人机飞行的一种自主制导方式。

地图匹配制导是利用地图信息及图像识别技术进行制导的一种自主制导方式。地图匹配制导有两种：地形匹配制导和景象匹配制导，分别利用地形信息和景象信息进行制导。地形匹配制导利用某一已知地区地形特征为标志，根据无人机飞行过程中实测地形特征和预先获取的地形特征，用最佳匹配算法进行相关处理，并取得制导信息的一种地匹配制导。常见的有地形等高线匹配制导。系统主要由雷达高度表、气压高度表、制导计算机及地形数据库等组成。景象匹配制导是利用机载设备上的传感器获得目标区景物图像或无人机飞向目标沿途景物图像，并与预存的基准图进行配准比较，获得制导信息的一种地图匹配制导技术。主要由传感器、处理机、制导计算机等组成。景象匹配制导系统的制导精度高于地形匹配制导系统一个数量级，圆概率偏差为米量级，主要用于自杀式无人机或导弹的末段制导。

4.1.2 遥控制导技术

遥控制导是指地面站（或载机等其他载体）向无人机发出引导信息，将无人机引向目标的一种制导技术。遥控制导系统分为波束引导与指令控制两大类。无线电指令制导常用于有人驾驶飞机近距离的导航系统当中，与其他制导方法相比，它是最早开始应用也是最直接的一种制导方法。遥控制导的特点是作用距离较远，受天气的影响较小，机上制导设备简单，精度较高，但是易受外界无线电的干扰，且随着制导距离的增加而使精度迅速下降。遥控制导系统主要由导引头探测装置、引导指令形成装置、指令传输和无人机飞行控制系统等组成，图 4-2 是遥控指令制导的示意图，图 4-3 是波束引导指令制导的示意图。

遥控指令制导系统中，由地面指挥控制站的导引设备同时测量目标、无人机的位置和其他运动参数，并在制导站形成制导指令，通过无线电传送至无人机，无人机上控制系统执行地面指挥控制站发出的指令，操纵无人机飞向目标。当无人机工作在指令控制方式下时，均采用遥控指令制导。波束制导系统中，地面指挥站发出无线电波束，无人机在波束内飞行，机载设备感受无人机偏离波束重心的方向和距离，并产生相应的控制指令，控制系统操纵无人机飞行。该制导方式多用于无人机在自动着陆过程中的下滑段，称为下滑波束引导系统。

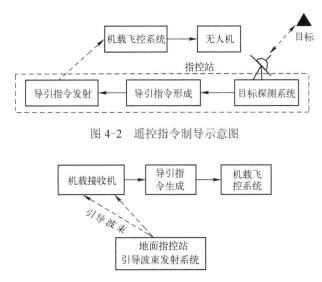

图 4-2 遥控指令制导示意图

图 4-3 波束引导指令制导示意图

波束制导和遥控指令制导虽然都由无人机之外的制动控制站引导飞行，但波束制导中制导站的波束只给出无人机的方位信息，控制指令由在波束中飞行的无人机感受其在波束中的位置偏差自动生成，是无人机保持在波束中心飞行。而遥控指令制导系统中的控制指令，是由地面指挥控制站根据无人机、目标的位置等相关参数形成，通过无线电链路发给无人机的。

4.1.3 寻的制导技术

寻的制导是利用装在无人机上的导引头接收目标辐射的或反辐射的某种特征能量，确定目标和无人机的相对位置，进而按照预设的制导律形成控制指令，自动将无人机导向目标的制导技术。寻的制导是无人机实现对运动目标的精确自动跟踪、精确打击的重要技术基础。

一、寻的制导的方式

按照获取目标特征能量的方式不同，寻的制导可分为主动、半主动和被动等三种方式，如图 4-4 所示。主动寻的制导是指无人机上装有主动导引头。该导引头上装有探测信号发射机，发射机主动发射探测信号对目标进行照射，照射信号由目标反射后被无人机上的导引头接收，输出制导律要求的信号。经处理计算形成控制指令，导引无人机飞行并完成对目标的攻击。半主动寻的制导是指目标照射信号由载机之外的照射源发出，无人机上的导引头仅接收目标反射信号，输出制导需要的信息，并按照制导律形成控制指令。被动寻的制导系统中，不用专门的设备和波束对目标进行照射。无人机上的导引头接收目标本身辐射的能量或自然界的电磁波在目标上的反射能量，输出制导律要求的信息，进而形成控制指令的制导方式。按照能源的物理特性不同，寻的制导又可分为雷达制导、红外制导、电视制导、激光制导等方式。

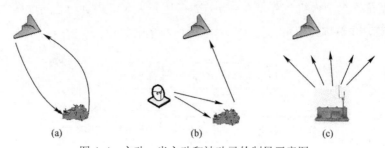

图 4-4　主动、半主动和被动寻的制导示意图

(a) 主动寻的制导；(b) 半主动寻的制导；(c) 被动寻的制导。

二、雷达寻的制导

雷达寻的制导也叫无线电寻的制导，它是利用装在无人机上的探测雷达发射探测电磁波，机载导引头接收目标辐射或反射的无线电波，实现对目标的跟踪并形成制导指令，控制无人机飞向目标的一种导引方法。无线电寻的制导系统工作时，需要接收目标辐射或反射的无线电波。这种无线电波，可以是由无人机上的探测设备发射的电波经目标反射的，也可以是由其他地方的雷达发射经目标反射的，或者由目标直接辐射的。根据目标信息来源的位置不同，无线电寻的制导可分为主动式寻的制导、半主动式寻的制导和被动式寻的制导三种。

采用主动式雷达寻的制导的无人机上装有探测装置。机载探测装置主动向目标发射无线电波。制导系统根据目标反射回来的电波，确定目标的坐标及运动参数，形成控制信号，送给无人机上的飞行控制系统，控制无人机飞向目标。此制导方式的优点是制导过程不需要地面设备提供任何能量或信息，可做到"发射后不管"。缺点是无人机上需安装复杂的探测设备，增加了重量，工作的隐蔽性不好。

半主动式雷达寻的制导指雷达发射机装在地面（或飞机、舰艇）上，雷达发射机向目标发射无线电波，而装在无人机上的导引头接收目标反射的电波确定目标的坐标及运动参数后，形成控制信号，输送给无人机飞行控制系统，操纵无人机准确飞向目标。这种方式的优点是无人机上的设备需求简单，工作隐蔽性好。缺点是攻击目标前的整个飞行过程需要依靠地面照射源，必须始终"照射"目标，易受到干扰。

被动式雷达寻的制导是利用目标自身辐射的无线电波进行工作的。无人机上的导引头用来接收目标辐射的无线电波。在导引过程中，寻的制导系统根据目标辐射的无线电波，确定目标的坐标及运动参数，形成控制信号，确保无人机准确飞向目标。被动式寻的制导的优点是不易被目标发现，工作隐蔽性好。主要缺点是它只能制导无人机攻击正在辐射能量的目标，若目标关机，则会束手无策。由于受到目标辐射能量限制，作用距离比较近。

三、红外点源寻的制导

红外寻的制导是利用目标辐射的红外线作为探测与跟踪信号源的一种被动式寻的制导。它是把所探测与跟踪到的目标辐射的红外线作为点光源处理，故称为红外点源寻的制导，或称红外非成像寻的制导。红外点源寻的制导利用安装在无人机上的红外导引头接收目标红外线辐射能量,通过光电转换和滤波处理,把目标从背景中识别出来,自动探测、识别和跟踪目标,引导无人机飞向目标。我们知道,不同的目标和背景的温度不同,它们辐射的红外特性就不同。如人体和地面背景温度为 300K 左右,最大辐射波长为 9.7μm。涡轮喷气发动机热尾管的有效温度为 900K,最大辐射波长为 3.2μm。红外寻的制导系统正是根据目标和背景红外辐射能量的不同,把目标从背景中区分出来的。

红外寻的制导的主要优点:一是制导精度高,不受无线电干扰的影响;二是可采用被动寻的工作方式,"发射后不管",攻击隐蔽性好。红外寻的制导的缺点:一是受气候影响大,不能全天候运用,雨、雾天气红外辐射被大气吸收和衰减的现象很严重,在有烟、尘、雾的地面背景中其有效性也大为下降;二是容易受到激光、阳光、红外诱饵等干扰和其他热源的诱骗,偏离和丢失目标;三是作用距离有限。

四、电视寻的制导

电视寻的制导是由装在无人机上的电视导引头,利用目标反射的可见光信息,形成引导指令,实现对目标跟踪和对攻击飞行器控制的一种被动寻的制导技术。电视寻的制导的核心是电视导引头,它能在接近目标的飞行过程中发现、提取和捕获目标,同时计算出目标距光轴位置的偏差,依据该偏差量进行控制,可使光轴瞬时对准目标。

电视制导有着自己独特的优点,一是电视制导对目标的探测是被动的,隐蔽性好,不易受到干扰,有利于自身的安全和对目标的打击;二是电视制导设备的造价相对较低,性价比较高;三是适应性强,电视制导系统与电视制式兼容的红外热成像仪相配合,不但可用于昼间和晴好天气,而且还可用于夜间和雾气、烟尘等恶劣天气环境。

电视制导系统也可与地面指控站交连,在地面人员的指挥下实现对目标的攻击或自主着陆。无人机在飞行过程中通过机载摄像机拍摄任务地域的影像,通过下行链路传回地面指控站。地面操控与指挥人员根据接收到的图像识别目标,并可根据目标情况操控无人机调整飞行状态,控制无人机完成对指定目标的准确攻击或在指定地点的自动着陆。

五、红外成像寻的制导

红外成像寻的制导是利用无人机上安装的红外成像设备获取目标的红外图像进行目标捕获与跟踪,并将无人机或机载武器引向目标的制导方法。

红外成像又称热成像,就是把物体表面温度的空间分布情况变为按时间顺序排列的电信号,并以可视的形式显示出来,或将其数字化存储在存储器中。利用数字信号处理方法对这些图像信息进行分析处理,按照制导律得到制导指令。红外成像能够探测目标和背景间微小的温差或辐射频率差引起的热辐射分布情况,具备在各种复杂战术环境下自主搜索、捕获、识别和跟踪目标的能力,代表了当代红外制导技术的发展趋势。

红外成像导引头分为实时红外成像器和视频信号处理器两部分,一般由红外摄像头、图像处理电路、图像识别电路、跟踪处理器和摄像头跟踪系统等部分组成。实时红外成像器用来获取和输出目标与背景的红外图像信息。视频信号处理器用来对视频信号进行处理,对背景中可能存在的目标,完成探测、识别和定位。视频信号处理器还向红外成像器反馈信息,以控制它的增益和偏置。

红外成像制导的主要优点有:一是抗干扰能力强。红外成像制导系统探测目标和背景间微小的温差或辐射率差引起的热辐射分布图像，制导信号源是热图像，有目标识别能力，可以在复杂干扰背景下探测、识别目标。二是空间分辨率和灵敏度较高。红外成像制导系统一般采用二维扫描，它比一维扫描的分辨率和灵敏度高，很适合探测远程小目标。三是探测距离大，具有准全天候功能。与可见光成像相比，红外成像系统工作在 8μm～14μm 远红外波段，该波段能穿透雾、烟尘等，其探测距离比电视制导大了 3 倍~6 倍，克服了电视制导系统难以在夜间和低能见度下工作的缺点，可昼夜工作，是一种能在恶劣气候条件下工作的准全天候探测的制导系统。四是制导精度高。该类导引头的空间分辨率很高。它把探测器与微型计算机处理结合起来，不仅能进行信号探测，而且能进行复杂的信息处理，如果将其与模式识别装置结合起来，就完全能自动从图像信号中识别目标，具有很强的多目标鉴别能力。

六、激光寻的制导

激光寻的制导是由机载或非机载的激光照射器发射照射激光束打到目标上，再由无人机上的激光寻的器接收目标反射的激光，形成制导指令，实现对目标的跟踪和将飞行器引向攻击目标的一种制导方式。

按照照射激光源所在位置的不同，激光寻的制导有主动和半主动之分。激光主动寻的制导系统由无人机上的激光寻的器和目标指示器组成。在制导过程中，目标指示器发射激光照射目标，无人机上的激光寻的器接收从目标反射的激光波束作为制导信息，形成控制指令，送给飞行器控制系统，控制引导飞行器实时对准目标，直至命中目标。激光半主动寻的制导则是指激光目标指示器不在飞行器本机上，飞行器本机上仅有激光寻的器和指令形成装置的制导方式。

4.1.4 复合制导方式

复合制导技术是指由多种模式的导引头参与制导，共同完成对无人机或制导武器的寻的任务。从前文阐述的各种制导方式的特点可知，单独的一种制导技术均难以满足全天候、全天时的精确制导任务要求。例如，卫星制导尽管可以做到全天候全天时，但易受干扰，尤其是高对抗环境下的任务可靠性不容乐观；遥控制导作用距离远，但抗干扰能力较差，制导精度随作用距离的增加而降低；寻的制导虽然提高了制导系统的抗干扰能力、目标截获能力和制导精度，但作用距离有限，不适于远程飞行任务。为了提高精确制导系统的使用效能，采用复合制导是一种有效的途径。复合制导技术在充分利用现有寻的制导技术的基础上，能够获取目标的多种频谱信息，通过信息融合技术提高寻的可靠性与精度，以弥补单方式制导的缺陷。综合来看，复合制导通过综合多种传感器的优点，可以提高目标的捕捉概率和数据可信度，提高系统的稳定性和可靠性，有效识别目标的伪装和欺骗，成功进行目标要害部位的识别，并可以提高寻的制导的精度。

目前应用较广的寻的复合制导技术是双模寻的制导，如被动雷达/红外双模寻的制导系统、毫米波主/被动双模寻的制导系统、被动雷达/红外成像双模寻的制导系统等。对于无人机、巡航导弹等的中段制导，采用的复合制导方式主要有卫星/惯性复合制导、星光/惯性复合制导、多普勒/惯性复合制导、景象匹配/惯性复合制导等复合制导体制，其中 GPS/惯性复合制导是目前应用最为广泛的一种复合制导方式。GPS 系统能实时提供从地面到高空任何机动目标的高精度三维位置、三维速度和时间信息。GPS/INS 复合制导在保持了惯性制导系统特性的基础上，兼有了两系统的优点。

4.2 航线飞行的导引控制原理

沿着预定航线飞行对于自主控制的无人机来说是最基本的要求。预定航线通常是由任务规划系统中的航路规划软件生成的，由一系列的航路点构成。这些预定航线数据通过地面设备或是上行遥控通信链路装载到机载制导控制计算机作为制导系统的期望输入，导航系统提供无人机当前的运动状态信息，按照预定的导引算法形成控制指令信号。导引算法包括直飞段的导引和转弯段的导引。

直飞是指使无人机沿着两个航路点的连线进行直线飞行，要求无人机与期望航线之间的航迹方位角误差和侧向偏差为零。定义大地坐标系 $O_g x_g y_g$ 的 x_g 轴指向正北方向，y_g 轴指向正东方向，原点 O_g 一般为起飞点。$A(x_a, y_a)$ 为大地坐标系下的起始航路点，$B(x_b, y_b)$ 为目标航点，航向坐标系 $Ax_\varphi y_\varphi$ 以航段的起点 A 为原点，起点和目标航点 B 的连线为纵轴。$O(x_o, y_o)$ 为无人机重心的当前位置，如图 4-5 所示。在航向坐标系内，无人机重心相对于纵轴的距离称为无人机航线侧偏误差，记为 Z，而沿着纵轴的直线距离即为无人机的已飞距离，记为 L。φ 和 φ_{AB} 分别为无人机和航段 AB 的航迹方位角。

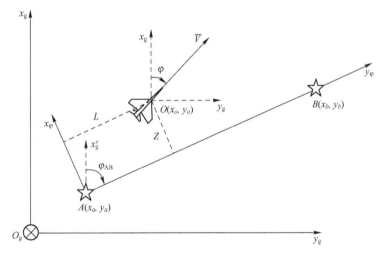

图 4-5 无人机直线飞行的导引原理示意图

根据图 4-5 中的坐标位置关系，容易得到：

$$\begin{cases} Z = -(x_o - x_a)\sin\varphi_{AB} + (y_o - y_a)\cos\varphi_{AB} \\ L = (x_o - x_a)\cos\varphi_{AB} + (y_o - y_a)\sin\varphi_{AB} \end{cases} \quad (4.1)$$

若要求无人机沿着预定航线直飞，则侧偏给定值 $Z_c = 0$，可得侧偏误差为：$\Delta Z = Z - Z_c$。在航段 AB 上已飞距离为 L，待飞距离为：$\Delta L = \sqrt{(x_b - x_a)^2 + (y_b - y_a)^2} - L$。另外，在直飞状态下，航迹方位角给定值 $\varphi_c = \varphi_{AB}$，相应的航迹方位角误差为：

$\Delta \varphi = \varphi - \varphi_c$。则直飞导引的最终要求即是 $\Delta Z = 0$，$\Delta \varphi = 0$。

为了实现上述要求，一种方法就是根据侧偏和航迹方位角的误差形成副翼的偏转控制信号，其导引控制原理如式（4.2）所示。这样，只要存在侧偏或是航迹方位角误差，控制系统就会产生相应的副翼舵面，使无人机发生滚转运动，产生侧向运动的向心力，达到消除侧偏和航迹方位误差的目的。在此过程中，方向舵起阻尼与协调作用。

$$\begin{cases} \delta_a = K_a^{\gamma}(\phi - \phi_c) + K_a^p p + K_a^{\varphi}(\varphi - \varphi_c) + K_a^z(Z - Z_c) + K_a^{Iz}\int(Z - Z_c)\mathrm{d}t \\ \delta_r = K^r r \end{cases} \quad (4.2)$$

当遇到需要转弯的航点时，无人机通常采用提前转弯的方式完成航线的切换，以减少在航线切换过程中的侧偏超调量，如图 4-6 所示。

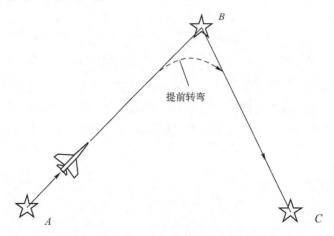

图 4-6　无人机转弯方式示意图

为了提高航线切换的快速性，在切换时通常切断侧偏和航迹方位角误差反馈，并将滚转角给定值设为最大滚转角，即 $\phi_c = \phi_{\max}$。此时的导引控制律表达式如下：

$$\begin{cases} \delta_a = K_a^{\phi}(\phi - \phi_{\max}) + K_a^p p \\ \delta_r = K^r r \end{cases} \quad (4.3)$$

4.3　寻的制导的导引控制原理

自杀式攻击无人机和导弹一样，最终都是期望与目标交会。为了提高命中目标的准确度，其在末段的制导通常采用某种形式的寻的制导、卫星制导等方式，在这一阶段，无人机不再沿着一条预定的轨迹飞行，而是要根据目标的运动情况对其自身的运动轨迹进行修正。为此，无人机不论采用哪种制导方式，都是需要根据目标的实时运动信息和预定的导引控制律形成自身的飞行控制信号，以确保最终能够准确击中目标。常见的导引控制方法主要有追踪法、平行接近法、比例接近法等，其基本思想都是通过改变无人机速度矢量的大小和方向来达到交会目标的目的。追踪法要求无人机的速度矢量与目标线重合，平行接近法要求目标线在空间仅作平行移动，比例接近法的出发点是让无人机速度矢量的转动角速度与目标线的转动角速度成比例。本节主要对这三种导引控制方法的基本原理进行介绍，首先建立描述攻击无人机与目标相对运动关系的方程。

4.3.1 相对运动关系描述

攻击无人机寻的制导的过程实质是攻击无人机跟踪目标并与之交会的过程，在这一过程中，常采用极坐标系(r,ε)来表示无人机和目标的相对位置关系，如图4-7所示。其中，r表示无人机重心与目标之间的相对距离，当无人机与目标点交会时，$r=0$。无人机重心与目标点的连线称为目标瞄准线，或称目标线或视线。

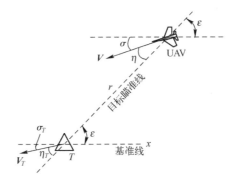

图4-7 无人机与目标的相对运动关系示意图

ε表示目标线与平面内基准线x之间的夹角，称为目标线方位角（简称视角），从基准线逆时针转向目标线为正。基准线也称为参考线，可以任意选择，基准线的不同不会影响无人机与目标的相对运动关系，只影响相对运动方程的繁简程度。为简单起见，通常选取攻击平面内的水平线作为基准线。若目标水平运动，则选取目标的飞行方向为基准线。σ、σ_T分别表示无人机速度矢量、目标速度矢量与基准线x之间的夹角，从基准线逆时针转向速度矢量为正。若攻击平面为铅垂面，σ就是无人机的航迹倾斜角μ；若为水平面，则σ与无人机的航迹方位角存在关系$\sigma=90°-\varphi$。η、η_T分别表示无人机速度矢量、目标速度矢量与目标线之间的夹角，称为无人机前置角和目标前置角，速度矢量逆时针转到目标线时，前置角为正。

无人机速度矢量V在目标线上的分量为$V\cos\eta$，是指向目标的，它使得相对距离r缩短。而目标速度矢量V_T在目标线上的分量为$V_T\cos\eta_T$，它使r增大。显然，相对距离的变化率$\mathrm{d}r/\mathrm{d}t$等于目标速度矢量和导弹速度矢量在目标线上分量的代数和，即：

$$\frac{\mathrm{d}r}{\mathrm{d}t}=V_T\cos\eta_T-V\cos\eta \tag{4.4}$$

无人机速度矢量V在垂直于目标线方向上的分量为$V\sin\eta$，使目标线逆时针旋转，ε角增加。而目标速度矢量V_T在垂直于目标线方向上的分量则使目标顺时针旋转，ε角减小。则有：

$$\frac{\mathrm{d}\varepsilon}{\mathrm{d}t}=\frac{1}{r}(V\sin\eta-V_T\sin\eta_T) \tag{4.5}$$

基于上述分析，我们可以得到寻的制导过程中攻击无人机与目标的的相对运动方程为：

$$\begin{cases} \dfrac{dr}{dt} = V_T \cos\eta_T - V\cos\eta \\ \dfrac{d\varepsilon}{dt} = \dfrac{1}{r}(V\sin\eta - V_T\sin\eta_T) \\ \varepsilon = \sigma + \eta \\ \xi = 0 \end{cases} \quad (4.6)$$

其中，方程 $\xi=0$ 表示不同的导引方法所建立的导引关系。求解上述相对运动方程，即可得到攻击无人机的相对运动轨迹。

4.3.2 追踪导引法

所谓追踪导引法是指无人机在追踪交会目标的过程中，其速度始终指向目标的一种导引方法。显然，这种方法要求无人机速度矢量的前置角 η 始终等于零。因此，采用追踪法引导无人机攻击目标的过程中，无人机与目标之间的相对运动方程变为：

$$\begin{cases} \dfrac{dr}{dt} = V_T \cos\eta_T - V \\ \dfrac{d\varepsilon}{dt} = -\dfrac{1}{r}V_T\sin\eta_T \\ \varepsilon = \sigma_T + \eta_T = \sigma \\ \xi = \eta = 0 \end{cases} \quad (4.7)$$

将无人机实际飞行时的 η 与零做比较，偏差信号作为制导指令送给无人机的飞行控制回路，即可保证无人机以飞行速度始终指向目标的状态实现与目标的最终交会。如果无人机和目标均做匀速直线运动，并且目标运动速度的方向与基准线重合，即 $\sigma_T = 0$，则 $\varepsilon = \eta_T$，此时相对运动方程可以改写为：

$$\begin{cases} \dfrac{dr}{dt} = V_T \cos\varepsilon - V \\ \dfrac{d\varepsilon}{dt} = -\dfrac{1}{r}V_T\sin\varepsilon \end{cases} \quad (4.8)$$

上式表明，$\dot{\varepsilon}$ 总和 ε 的符号相反。也就是说，不论无人机开始追踪目标时的 ε_0 为何值，无人机在追踪的过程中 $\dot{\varepsilon}$ 总是不断减小的。所以，无人机总是绕到目标的正后方去交会目标，最终使 $\varepsilon \to 0$。根据上式亦可得到：

$$\dfrac{dr}{r} = \dfrac{V_T\cos\varepsilon - V}{-V_T\sin\varepsilon} d\varepsilon \quad (4.9)$$

令 $k = V/V_T$，称为速度比，则有：

$$\dfrac{dr}{r} = \dfrac{-\cos\varepsilon + k}{\sin\varepsilon} d\varepsilon \quad (4.10)$$

若无人机和目标均做匀速直线运动，则 k 为常值。设 (r_0, ε_0) 为跟踪开始瞬时无人机相对目标的位置，对两边积分可得：

$$r = r_0 \frac{\tan^k \frac{\varepsilon}{2} \sin \varepsilon_0}{\tan^k \frac{\varepsilon_0}{2} \sin \varepsilon} = c \frac{\tan^k \frac{\varepsilon}{2}}{\sin \varepsilon} = c \frac{\sin^{k-1} \frac{\varepsilon}{2}}{2 \cos^{k+1} \frac{\varepsilon}{2}} \tag{4.11}$$

其中：$c = r_0 \dfrac{\sin \varepsilon_0}{\tan^k \frac{\varepsilon_0}{2}}$。

分析上式可以得到如下结论：

（1）若 $k>1$，且 $\varepsilon \to 0$，则 $r \to 0$。

（2）若 $k=1$，且 $\varepsilon \to 0$，则 $r \to r_0 \dfrac{\sin \varepsilon_0}{2 \tan \frac{\varepsilon_0}{2}}$。

（3）若 $k<1$，且 $\varepsilon \to 0$，则 $r \to \infty$。

这些结论说明，只有当攻击无人机的速度大于目标的运动速度时，无人机才有可能与目标交会。若无人机的速度等于或小于目标的速度，则无人机与目标最终将保持一定的距离，或距离越来越远，不能与目标交会。由此可见，采用追踪法引导无人机攻击目标的必要条件是无人机的飞行速度要大于目标的运动速度，即 $k>1$。

另外，追踪过程中无人机的过载大小直接影响制导系统的工作条件和误差，也是计算无人机结构强度时的必要条件。无人机飞行过程中需要的法向过载必须要小于可用的法向过载，否则，无人机将无法实现交会目标。无人机的法向过载定义为法向加速度和重力加速度之比，即 $n = a_\text{n}/g$。其中，a_n 为作用在无人机上的所有外力的合力产生的法向加速度。按照追踪法的导引原理，对应的无人机的法向加速度为：

$$a_\text{n} = V \frac{\mathrm{d}\sigma}{\mathrm{d}t} = V \frac{\mathrm{d}\varepsilon}{\mathrm{d}t} = -\frac{VV_T \sin \varepsilon}{r} \tag{4.12}$$

将式（4.11）代入上式，得：

$$a_\text{n} = -\frac{VV_T \sin \varepsilon}{r_0 \dfrac{\tan^k \frac{\varepsilon}{2} \sin \varepsilon_0}{\tan^k \frac{\varepsilon_0}{2} \sin \varepsilon}} = -\frac{VV_T \tan^k \frac{\varepsilon_0}{2}}{r_0 \sin \varepsilon_0} \frac{4 \cos^k \frac{\varepsilon}{2} \sin^2 \frac{\varepsilon}{2} \cos^2 \frac{\varepsilon}{2}}{\sin^k \frac{\varepsilon}{2}}$$

$$= -\frac{4VV_T}{r_0} \frac{\tan^k \frac{\varepsilon_0}{2}}{\sin \varepsilon_0} \cos^{k+2} \frac{\varepsilon}{2} \sin^{2-p} \frac{\varepsilon}{2} \tag{4.13}$$

考虑法向过载的绝对值，则有：

$$n = \frac{4VV_T}{gr_0} \left| \frac{\tan^k \frac{\varepsilon_0}{2}}{\sin \varepsilon_0} \cos^{k+2} \frac{\varepsilon}{2} \sin^{2-p} \frac{\varepsilon}{2} \right| \tag{4.14}$$

考虑到无人机与目标交会时，$\varepsilon \to 0$，则由上式可以得出以下结论：

（1）若 $k>2$，$\lim\limits_{\varepsilon \to 0} n = \infty$。

(2）若 $k=2$，$\lim\limits_{\varepsilon \to 0} n = \dfrac{4VV_T}{gr_0}\left|\dfrac{\tan^k \dfrac{\varepsilon_0}{2}}{\sin \varepsilon_0}\right|$。

(3）若 $k<2$，$\lim\limits_{\varepsilon \to 0} n = 0$。

可见，在考虑所需法向过载的情况下，只有当速度比满足 $1<k\leqslant 2$ 时，采用追踪法导引无人机才有可能与目标交会。

追踪法是最早提出的一种导引方法，技术上实现也比较简单。但这种引导方法的轨迹特性存在较大局限，需用的法向过载较大，对无人机的机动性要求较高，对速度比也有较大的限制，要求 $1<k\leqslant 2$，这些使用中的局限性使得追踪法目前应用很少。

4.3.3 平行接近导引法

平行接近法是指在整个寻的交会过程中，使目标瞄准线始终保持在空间沿给定方向平行移动的一种导引方法，其方法原理如图 4-8 所示。显然，平行接近法的导引关系方程为：

$$\xi = \dfrac{\mathrm{d}\varepsilon}{\mathrm{d}t} = 0 \tag{4.15}$$

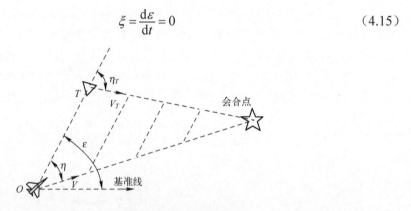

图 4-8 平行接近导引法的原理示意图

为了使目标线仅进行平行移动而不发生转动，就要求无人机的速度矢量和目标速度矢量在与目标视线垂直方向上的投影必须保持相等。所以，按照平行接近法引导无人机时，无人机与目标的相对运动方程变为：

$$\begin{cases} \dfrac{\mathrm{d}r}{\mathrm{d}t} = V_T\cos\eta_T - V\cos\eta \\ V\sin\eta = V_T\sin\eta_T \\ \varepsilon = \sigma + \eta \\ \varepsilon = \sigma_T + \eta_T \\ \xi = \dfrac{\mathrm{d}\varepsilon}{\mathrm{d}t} = 0 \end{cases} \tag{4.16}$$

用平行接近法导引时，根据瞬时前置角的表达式可知，若无人机的速度与目标的速度比 $k=V/V_T$ 保持不变，并且目标的运动方向 η_T 保持不变，则无人机的前置角 η 保持不变,即目标做匀速直线运动时,无人机的飞行轨迹为直线。

当目标做机动运动时,无人机的前置角 η 必须要相应变化,其追踪飞行轨迹就将是一条曲线。但用平行接近法导引时,无人机的需用法向过载总是比目标的法向过载要小。设目标与无人机运动速度的大小均不发生变化,目标仅在运动方向上进行机动,对相对运动方程组的第二式两边分别求导可得:

$$V\dot{\eta}\cos\eta = V_T \cdot \dot{\eta}_T \cos\eta_T \tag{4.17}$$

考虑到:$\sigma = \varepsilon - \eta$,$\sigma_T = \varepsilon_T - \eta_T$,则无人机的法向加速度为:

$$a_n = V\frac{d\sigma}{dt} = V\frac{d(\varepsilon - \eta)}{dt} = -V\dot{\eta} \tag{4.18}$$

同理,可得目标的加速度为:$a_T = -V_T\dot{\eta}_T$。则有:

$$a_n = \frac{a_T \cos\eta_T}{\cos\eta} \tag{4.19}$$

根据相对运动方程亦可得:

$$k^2 \sin^2\eta = \sin^2\eta_T \tag{4.20}$$

$$\cos\eta_T = \sqrt{1 - \sin^2\eta_T} \tag{4.21}$$

则有:

$$a_n = \frac{a_T\sqrt{1 - k^2\sin^2\eta}}{\cos\eta} = a_T \cdot \sqrt{1 - \frac{(k^2-1)\sin^2\eta}{1 - \sin^2\eta}} \tag{4.22}$$

一般情况下,无人机从空中打击目标,俯冲速度通常比较大,设 $k > 1$,则有:

$$\frac{(k^2-1)\sin^2\eta}{1 - \sin^2\eta} > 0 \tag{4.23}$$

因此:$a_n < a_T$,即按平行接近法导引时,无人机的法向加速度总小于目标的法向加速度,所以无人机的航迹曲率总比目标的轨迹曲率要小。

平行接近法是一种较理想的导引方法,它具有以下优点:第一,飞行航迹较平直,曲率较小。当目标保持匀速直线运动时,无人机的飞行航迹将变成直线;当目标进行机动时,无人机的飞行航迹曲率亦较小。第二,飞行航迹需用法向加速度不大于目标的机动加速度,即受目标机动影响较小。保证这些优点的前提是,无人机在飞行过程中的任何时刻都要严格准确地实现导引方程,但是这些方程中所需要测量的参数一般不易获得,因此导致制导系统较为复杂,成本较高,因此在实际应用上存在一定的困难。

4.3.4 比例导引法

比例导引法是指无人机在飞行过程中速度矢量 V 的转动角速度 $\dot{\sigma}$ 与目标线的转动角速度 $\dot{\varepsilon}$ 成比例的一种导引方法。所以,比例导引法对应的导引关系方程为:

$$\frac{d\sigma}{dt} = K\frac{d\varepsilon}{dt} \tag{4.24}$$

$$\xi = \frac{d\sigma}{dt} - K\frac{d\varepsilon}{dt} = 0 \tag{4.25}$$

式中：K 为比例系数。假设 K 为常数，则上式两边积分可得：

$$\xi = (\sigma - \sigma_0) - K(\varepsilon - \varepsilon_0) = 0 \tag{4.26}$$

由上式不难看出，如果比例系数 $K=1$，且 $\sigma_0 = \varepsilon_0$，即无人机的初始前置角 $\eta_0 = 0$，则比例导引法即为追踪导引法。若 $K \to \infty$，则 $d\varepsilon/dt \to 0$，说明目标线仅做平行移动，此时的比例导引法就变成了平行接近法。所以我们可以认为，追踪法、平行接近法都可以看作比例导引法的特殊情况。比例导引法是介于追踪法和平行接近法之间的一种制导方法，它的追踪轨迹特性也会介于追踪法和平行接近法之间。按照比例导引法的机理，无人机和目标的相对运动方程组如下：

$$\begin{cases} \dfrac{dr}{dt} = V_T \cos\eta_T - V\cos\eta \\ \dfrac{d\varepsilon}{dt} = \dfrac{1}{r}(V\sin\eta - V_T \sin\eta_T) \\ \varepsilon = \sigma + \eta \\ \varepsilon = \sigma_T + \eta_T \\ \dfrac{d\sigma}{dt} = K\dfrac{d\varepsilon}{dt} \end{cases} \tag{4.27}$$

假设目标做匀速直线运动，考察在比例导引过程中无人机的需用法向过载为：

$$n = \frac{V\dot{\sigma}}{g} = \frac{VK}{g}\dot{\varepsilon} \tag{4.28}$$

显然，采用比例导引法时，在无人机追击目标的过程中，无人机在其航迹上各点所需的法向过载是变化的。为进一步分析其变化规律，做以下分析：

对相对运动关系式 $\dot{\varepsilon}r = V\sin\eta - V_T \sin\eta_T$ 的两边同时求导得：

$$\dot{r}\dot{\varepsilon} + r\ddot{\varepsilon} = V\sin\eta + V\dot{\eta}\cos\eta - \dot{V}_T\sin\eta_T - V_T\dot{\eta}_T\cos\eta_T \tag{4.29}$$

因为目标做匀速直线运动，则 $\sigma_T = C$。根据上述关系式，可以导出：$\dot{\eta} = \dot{\varepsilon} - \dot{\sigma} = (1-K)\dot{\varepsilon}$，$\dot{\eta}_T = \dot{\varepsilon} - \dot{\sigma}_T = \dot{\varepsilon}$。代入上式整理可得：

$$r\ddot{\varepsilon} = -(KV\cos\eta + 2\dot{r})(\dot{\varepsilon} - \dot{\varepsilon}^*)$$
$$\dot{\varepsilon}^* = \frac{\dot{V}\sin\eta - \dot{V}_T\sin\eta_T + V_T\sigma T\cos\eta T}{KV\cos\eta + 2\dot{r}} \tag{4.30}$$

若目标做匀速直线运动，并且无人机做匀速运动，则 $\dot{\varepsilon}^* = 0$，上式可以改写为：

$$\ddot{\varepsilon} = -\frac{(KV\cos\eta + 2\dot{r})}{r}\dot{\varepsilon} \tag{4.31}$$

由上式可知，若 $(KV\cos\eta + 2\dot{r}) > 0$，$\ddot{\varepsilon}$ 与 $\dot{\varepsilon}$ 的符号相反，即有 $\dot{\varepsilon} > 0$ 时，$\ddot{\varepsilon} < 0$，$\dot{\varepsilon}$ 的数值将减小；反之，若 $\dot{\varepsilon} < 0$ 时，$\ddot{\varepsilon} > 0$，$\dot{\varepsilon}$ 的绝对值仍是减小。所以，此时 $|\dot{\varepsilon}|$ 总是减小的，$\dot{\varepsilon}$ 随时间的变化规律是趋近于零，无人机的飞行轨迹变得平直，这种情况下称 $\dot{\varepsilon}$ 是收敛的，如图 4-9(a)所示。若 $(KV\cos\eta + 2\dot{r}) < 0$，则 $\ddot{\varepsilon}$ 与 $\dot{\varepsilon}$ 的符号相同，$|\dot{\varepsilon}|$ 随时间的变化总是增大的。所以此时 $\dot{\varepsilon}$ 随时间的变化规律是逐渐发散，无人机的飞行轨迹将变得弯

曲，称这种情况 $\dot{\varepsilon}$ 是发散的，如图 4-9(b)所示。

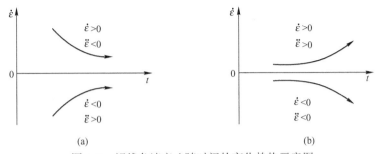

图 4-9　视线角速率 $\dot{\varepsilon}$ 随时间的变化趋势示意图

(a) $(KV\cos\eta + 2\dot{r}) > 0$；(b) $(KV\cos\eta + 2\dot{r}) < 0$。

按照上述分析，若要求无人机在追击目标的过程中航迹转弯较为平缓，就必须使 $\dot{\varepsilon}$ 收敛，此时应满足条件：

$$K > \frac{2|\dot{r}|}{V\cos\eta} \tag{4.32}$$

由此可以得出结论，只要比例系数 K 选得足够大，满足上式的关系，则 $\dot{\varepsilon}$ 就是收敛的。反之，如果不能满足上述关系，则 $\dot{\varepsilon}$ 将会发散，使得无人机在接近目标时，转弯速率将变得无穷大，这实际上是无法实现的，最终将无法击中目标。

若目标和无人机均做变速机动飞行，则 $\dot{\varepsilon}^*$ 不再为零。但当 $(KV\cos\eta + 2\dot{r}) \neq 0$ 时，$\dot{\varepsilon}^*$ 为有限值。由式（4.30）可知，当 $(KV\cos\eta + 2\dot{r}) > 0$ 时，若 $\dot{\varepsilon} < \dot{\varepsilon}^*$，则 $\ddot{\varepsilon} > 0$，这时，$\dot{\varepsilon}$ 将不断增大；若 $\dot{\varepsilon} > \dot{\varepsilon}^*$，则 $\ddot{\varepsilon} < 0$，则 $\dot{\varepsilon}$ 将不断减小。所以此时 $\dot{\varepsilon}$ 将逐渐趋向于 $\dot{\varepsilon}^*$，使得在追击目标的末段，无人机的轨迹将变得较为平缓。若 $(KV\cos\eta + 2\dot{r}) < 0$，$\dot{\varepsilon}$ 有逐渐离开 $\dot{\varepsilon}^*$ 的趋势，当接近目标时，无人机要以极大的速率转弯。

由上述讨论可知，对于比例导引法来说，比例系数 K 的大小将直接影响无人机的航迹特性，选择合适的比例系数显得尤为重要。$K > 2|\dot{r}|/V\cos\eta$ 是一个重要条件，满足此条件，可保证 $\dot{\varepsilon}$ 收敛，使得无人机追击航迹的前段较为弯曲，对无人机的机动能力要求较高，而航迹的后段则较为平直，可以给无人机提供较大的机动余量。相比于平行接近导引法，比例导引法在实现时只需测量 $\dot{\sigma}$ 和 $\dot{\varepsilon}$，相对较为容易，而且，通过设计合理的参数，可使无人机在整个飞行过程中的需用法向过载均小于可用法向过载，因而对攻击过程限制较小。另外，比例系数的选取不仅要考虑无人机的航迹特性，还要考虑无人机结构强度所允许承受的过载，以及制导系统能否稳定工作等因素。

寻的制导是实现对目标自动追击的有效技术手段，导引规律是确保无人机准确击中目标的关键要素之一。本节介绍的追踪法、平行接近法、比例导引法等导引方法，是比较传统和基础的导引方法。多年来，人们为了不断提高包括导弹、无人机和灵巧炸弹等精确打击武器的打击精度，改善制导系统的可靠性和稳定性，不断研究着新的导引技术原理。比如广义比例导引法、修正的比例导引法等，就是对传统比例导引法的不断改进。另外还有最优导引、预测轨迹导引等新型的导引原理，都是结合不同的制导需求提出的新方法，在此不做更多的介绍。

4.4 遥控制导的导引控制原理

遥控制导是指地面站（或制导站）向飞行器发出引导信息，将飞行器引导到目标区的一种制导技术。遥控制导是一种三点制导技术，根据制导站提供的信息导引攻击飞行器飞向目标，是最早开始应用也是最直接的一种制导方法。其优点是作用距离较远，受天气的影响较小，缺点是易受外界无线电的干扰。遥控制导方式主要应用于导弹的制导，对于无人机等飞行器，也同样适用。遥控制导常用的导引方法有三位置法、前置角法等，本节主要以三位置法为例介绍遥控制导的导引原理。

位置导引是对飞行器在空间的运动位置直接给出某种特殊约束，并据此构成各种导引律，最具代表性的为三位置导引法。三位置导引法是要求飞行器在飞行过程中始终位于制导站 M 和目标 T 的连线上，此时飞行器和目标的运动参数都由制导站进行测量。制导站可以是活动的，比如机载制导站；也可以是固定不动的，如地面固定制导站。在研究导引方法时，需要考虑制导站相对飞行器运动的影响。为此，假设飞行器、目标和制导站都为质点，目标和制导站的运动规律是已知的，而且目标、飞行器始终在同一个平面内运动。三位置导引法的原理可用图 4-10 说明，图中，r 为飞行器相对于制导站的距离，r_T 为目标相对于制导站的距离。

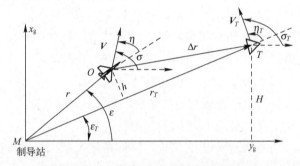

图 4-10 三位置导引法的空间位置关系

根据三位置导引法的要求，使飞行器始终沿着制导站 M 和目标 T 的连线 MT 飞行，则其对应的导引关系方程为：

$$\xi = \varepsilon = \varepsilon_T \tag{4.33}$$

根据三位置导引法的空间位置关系可以写出此时的飞行器和目标的相对运动方程组为：

$$\begin{cases} \dfrac{dr}{dt} = V\cos\eta \\ \dfrac{d\varepsilon}{dt} = -\dfrac{1}{r}V\sin\eta \\ \varepsilon = \sigma + \eta \\ \dfrac{dr_T}{dt} = V_T\cos\eta_T \\ \dfrac{d\varepsilon_T}{dt} = -\dfrac{1}{r_T}V_T\sin\eta_T \\ \varepsilon_T = \sigma_T + \eta_T \end{cases} \tag{4.34}$$

飞行器与制导站和目标连线的侧向偏差为：$h = r\sin(\varepsilon_T - \varepsilon)$。按照三位置法对飞行器进行导引控制时，飞行器应始终位于目标和制导站连线的附近，可以认为：$h \approx r(\varepsilon_T - \varepsilon)$。所以，通过侧向偏差的控制可以使飞行器最终沿着制导站 M 和目标 T 的连线 MT 飞行。

下面分析一下采用三位置法导引时的飞行器的航迹特性。假设目标做匀速水平直线运动，根据相对运动方程可得：

$$r\frac{d\varepsilon}{dt} = V\sin(\varepsilon - \sigma) \tag{4.35}$$

对上式的两边分别进行求导：

$$\dot{r}\dot{\varepsilon} + r\ddot{\varepsilon} = V(\dot{\varepsilon} - \dot{\sigma})\cos(\varepsilon - \sigma) \tag{4.36}$$

将相对运动方程的第一式代入，整理后得：

$$\dot{\sigma} = 2\dot{\varepsilon} + \frac{r}{\dot{r}}\ddot{\varepsilon} \tag{4.37}$$

根据导引关系 $\varepsilon = \varepsilon_T$，在理想情况下有 $\dot{\varepsilon} = \dot{\varepsilon}_T$。考虑到 $H = r_T \sin\varepsilon_T$，则有：

$$\dot{\varepsilon} = \dot{\varepsilon}_T = \frac{V_T}{r_T}\sin\varepsilon_T = \frac{V_T}{H}\sin^2\varepsilon_T \tag{4.38}$$

$$\ddot{\varepsilon} = \frac{V_T \dot{\varepsilon}_T}{H}\sin 2\varepsilon_T \tag{4.39}$$

$$\dot{r} = V\cos\eta = V\sqrt{1-\sin^2\eta} = V\sqrt{1-\left(\frac{r\dot{\varepsilon}}{V}\right)^2} \tag{4.40}$$

将以上三式代入式（4.37），整理后即可得到：

$$\dot{\sigma} = \frac{V}{H}\sin^2\varepsilon_T\left(2 + \frac{r\sin 2\varepsilon_T}{\sqrt{k^2 H^2 - r^2\sin^4\varepsilon_T}}\right) \tag{4.41}$$

其中，$k = V/V_T$ 为速度比。飞行器的法向加速度 $a_n = V\dot{\sigma}$。可见，当目标做水平等速直线飞行时，若采用三位置导引法，飞行器的法向加速度与飞行器的速度、飞行器所处的位置以及目标所处的位置有关。利用数值仿真工具箱，可以方便地做出采用三位置法导引飞行器飞向目标时飞行器的航迹，如图 4-11 所示。从图中可以看出，飞行器对目标的追击航迹是一条曲率较大的曲线，对飞行器的机动能力要求较高。如果无人机采用三位置法进行导引，可能会由于无人机机动能力的限制导致其难以与目标交会。

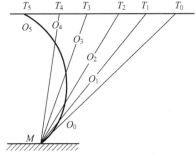

图 4-11 采用三位置法导引时飞行器的轨迹示意图

4.5 空天无人飞行器制导控制原理

空天无人飞行器是一种无人驾驶可重复使用的空间往返飞行器，是可重复使用空间运载器（Reusable Launch Vehicle，RLV）的一种重要形式。RLV 是指可以重复使用的、跨空天飞行的多用途航天飞行器，它可以快速、方便地向太空运送载荷，也可以较长时间在轨停留和机动，完成任务后又可以像飞机一样安全地进场着陆。空天无人飞行器实现了航空、航天、升力式再入飞行和自主无人驾驶技术的完美结合，其制导控制技术是目前各类飞行器中最为复杂的制导控制问题，也是美国空军实验室提出的空天无人飞行器的五大核心技术之一。本节以空天飞行器 RLV 的飞行阶段为线索，侧重介绍空天无人飞行器制导控制的基本原理。若无特别说明，书中将 RLV 特指为空天无人飞行器。

4.5.1 空天飞行器及其制导控制

空天无人飞行器是 RLV 的一种主要发展形式，它能像普通飞机一样水平起飞，以每小时 1.6 万 km～3 万 km 的高超声速在大气层内飞行，可以直接加速进入地球轨道，成为航天飞行器，返回大气层后，像飞机一样在机场着陆，成为可自由往返天地间的运输工具。空天无人飞行器不仅实现了航空航天技术的融合，而且实现了无人驾驶，达到了完全重复使用和大幅度降低航天运输费用的目的，大大拓展了无人飞行器的任务空间和任务领域。

美国在 RLV 研究方面起步早、投入大，一直走在世界各国的前面。20 世纪 80 年代美国"哥伦比亚"号试飞成功，航天飞机作为第一代 RLV 实现了可重复使用，但是存在发射费用过高、准备时间太长、安全性低等缺陷。为大幅度降低进入空间的成本，美国、日本等在总结航天飞机经验教训的基础上，积极开展新一代 RLV 研究，并先后制定了各自的发展计划，提出了不同的 RLV 方案。第二代 RLV 计划项目主要包括 X-33 先进技术验证机、X-34 小型重复使用运载器、X-37 轨道试验飞行器等。X-33 由洛克希德·马丁公司著名的"臭鼬"团队负责研制，采用垂直起飞单级入轨水平着陆方式。1999 年 NASA 曾组织了以 X-33 的上升段、再入段为背景的先进制导与控制课题（Advanced Guidance and Control，AG&C）的研究，大量先进制导与控制的方法被提出。2001 年 X-33 项目被停止。X-34 是由轨道科技公司（Orbital Science Corporation，OSC）设计制造的亚轨道验证机，采用载机投放水平着陆。由于项目超支，2001 年 X-34 计划被 NASA 取消。X-34 返回段的制导控制系统是由麻省理工的 Draper 实验室负责开发的。

X-37 是继 X-33、X-34 后 NASA 的第三个 RLV 计划，是首个要进行两级入轨、再入返回水平着陆的验证机。X-37 由波音的"鬼怪"工厂研制。2000 年初，美国空军加入 X-37 计划，后在美国空军的支持下，X-37 更名为 X-37B 轨道试验飞行器（Orbital Test Vehicle，OTV）。2010 年 4 月 23 日，首架空天无人机 X-37B 由"阿特拉斯"5 号火箭成功发射升空，并在太空执行了 7 个多月的试验飞行任务后，顺利地自主返回了美国的范登堡空军基地，完成了人类航空航天史上的一次里程碑式的飞行。未来，空天无人机将成为 RLV 的主要形式。

本书第 1 章已经简要介绍了空天无人机 X-37B 的飞行过程，它代表了目前典型的空天无人飞行器的一般飞行过程。根据飞行特点的不同，可将空天无人飞行器的飞行过程分为发射段、上升入轨段、在轨飞行段、离轨过渡段、再入返回段和自动着陆段等阶段。在这些阶段，空天无人飞行器分别呈现着航天器、升力式再入飞行器和无人飞机的飞行特性，其制导控制系统的设计也必然需要满足不同飞行阶段的飞行控制特点，实现航空航天、升力式再入和无人驾驶等各类飞行器的制导控制技术的完美融合。因此，空天无人飞行器的制导控制需要解决迄今为止人类发明的各类飞行器中最为复杂的制导控制问题，其技术原理也相当复杂。结合本书的研究范畴和目的，本节后续将侧重介绍空天无人飞行器在轨飞行、离轨过渡、初期再入、能量管理和返场着陆等阶段制导控制的基本原理。

需要说明的是，与航天飞机相比，空天无人飞行器更强调制导控制系统的自主性、自适应性和鲁棒性。一是制导控制系统在没有地面设备支持的条件下就能完成全部的制导控制功能，二是制导控制系统应能适应更宽的再入窗口，具有故障重构能力和在线任务规划能力，减小不确定条件下事故发生的概率。这是对空天无人飞行器制导控制系统提出的新挑战。

4.5.2 轨道机动过程的制导控制

空天无人飞行器在轨飞行段的制导与卫星等航天器类似，其运动规律符合天体力学，主要的运动是轨道机动和轨道保持。轨道机动是指航天器在制导控制系统作用下，依靠轨控发动机的作用改变轨道参数，使轨道发生有意改变的过程，即控制航天器从当前运行轨道运动到另一条轨道上的整个飞行过程。当前的轨道称为初轨道或停泊轨道，目的轨道称为终轨道。航天器的轨道机动分为轨道改变和轨道转移两种形式。当初轨道与预定轨道相交（切）时，在交（切）点施加一次冲量即可使航天器由初轨道进入终轨道，这种方式称为轨道改变。当终轨道与初轨道不相交（切）时，则至少要施加两次冲量才能使航天器由初轨道进入终轨道，这种方式称为轨道转移。在进入了预定轨道之后，由于地球扁率的影响、太阳和月球的干扰作用、太阳辐射压以及稀薄大气的影响，航天器的轨道将在这些外界干扰的作用下逐渐偏离预定轨道，因此需要进行轨道保持。轨道保持和轨道机动所采用的轨道修正方法是相同的，本节主要介绍航天器轨道机动过程的制导控制的基本原理。

航天器在太空运行期间，可以有两种轨道，即圆形轨道和椭圆轨道。当航天器运行在椭圆轨道上时，由开普勒第三定律可知，其运动速度大小由式（4.42）给出，其中 r 为椭圆轨道上的飞行器距离重心引力体的距离，μ 为引力参数，对于不同的重心引力体，μ 值不相同。飞行器绕地球飞行，$\mu = 3.986012 \times 10^3 \text{km}^2/\text{s}^2$。$r = h + R_e$ 为飞行器到地心的距离，h 为飞行器到地球表面的距离，地球平均半径 $R_e = 6370 \text{km}$。

$$V = \sqrt{2\mu\left(\frac{1}{r} - \frac{1}{2a}\right)} \tag{4.42}$$

圆形轨道是椭圆轨道的特殊情况，在圆形轨道任意点处飞行器的运动速度均为：

$$V = \sqrt{\frac{\mu}{r}} \tag{4.43}$$

根据以上速度关系可知，航天器与地心的距离决定了它在运行轨道上任意点的瞬时速度。也可以说，航天器的绕轨运动速度决定了它的运行轨道。如果在圆形轨道上某一点处使飞行器的速度增加 ΔV，如图 4-12 所示，不会导致飞行器在原先的圆形轨道上以更快的速度运行，而是会使该飞行器从在圆形轨道上飞行改变成在新的椭圆轨道上飞行，新轨道的近地点位于速度突然增加的那一点处，而这一点离地心的距离仍为 r。椭圆轨道的主轴通过地心，主轴的两端端点即是新的椭圆轨道的近地点和远地点，且远地点与地心的距离将大于 r，其大小由速度增量 ΔV 的值来决定，即远地点距离地心的距离增量 Δr 与飞行速度增量 ΔV 存在关系：$\Delta r = 4r\Delta V/V$。所以，对于航天器来说，较小的速度改变将会使轨道远地点高度发生显著变化。例如，轨道高度 400km 的航天飞行器，飞行速度增加 0.1km/s 将会导致远地点高度变成 750km，其间的距离变化达到 350km。

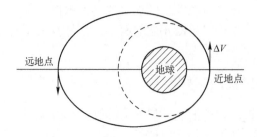

图 4-12　速度增加 ΔV 时航天器轨道由圆形转变为椭圆轨道

若航天器在两个不相交轨道之间的转移，需要经过两次轨道改变，相应的也就需要有两次速度调整。如图 4-13 所示，以飞行器从圆形轨道 A 转移到圆形轨道 B 为例。第一步是增加速度 ΔV_1 来产生远地点高度为 r_B 的椭圆轨道，速度增加 ΔV_1 的点 Q_1 是该椭圆轨道的近地点，高度为 r_A。此时，飞行器在远地点的速度将小于轨道高度为 r_B 的圆轨道时的速度。为此，需要在远地点再适当增加速度 ΔV_2 使飞行器从椭圆轨道转变成高度为 r_B 的圆轨道，这就需要选择合适的速度增量，以保证椭圆轨道远地点的高度变为 r_B，且飞行器的速度矢量与椭圆轨道在图中的 Q_2 点处相切。在轨道转移过程中，总的速度的变化为 $\Delta V = \Delta V_1 + \Delta V_2$，两个圆形轨道之间的速度满足：$V_A = V_B + \Delta V$。用于轨道转移过渡的椭圆轨道称为霍曼变轨轨道，它与两个圆轨道都相切。

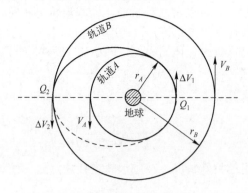

图 4-13　航天器轨道转移原理示意图

对于空天无人飞行器来说，在不同轨道之间进行转移和机动是其在太空执行任务过程中必须具备的一项关键能力。其基本过程可以用图 4-14 来说明。假设空天无人飞行器当前运行在大圆轨道 2 上，高度为 h_2，根据任务要求需要转移到小圆轨道 1 上。根据上述原理，这一过程可以经过两次轨道改变来完成，首先从大圆轨道 2 变轨进入到椭圆轨道 3，再从椭圆轨道 3 变轨进入小圆轨道 1。具体过程如下：当空天无人飞行器运行到远地点 Q 时，启动自身的轨控发动机使无人机制动减速，这样，空天无人飞行器就会脱离原来的大圆运行轨道 2，变为沿着椭圆轨道 3 运行。随着空天无人飞行器高度的不断降低，其速度将会越来越大。当到达近地点 P 时，空天无人飞行器再次启动轨控发动机使自己制动减速，当速度减小到沿小圆轨道 1 飞行所需的速度时，空天无人飞行器就会脱离椭圆轨道 3，开始沿着小圆轨道 1 飞行。这样，就完成了从大圆轨道 2 向小圆轨道 1 的转移。空天无人飞行器从小圆轨道向大圆轨道的变轨过程是上述过程的逆过程，这里不再赘述。

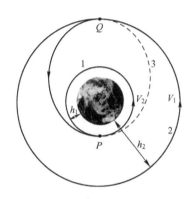

图 4-14 RLV 从大圆轨道向小圆轨道的转移过程

4.5.3 离轨再入过程的制导控制

空天无人飞行器完成在轨飞行任务后，需要返回地球进行维修和调整。或是在轨飞行期间，根据任务要求，也需要再入大气层冲向地球表面。在美国"星球大战"计划中就规划有"上帝之杖"一类的从太空实施对地打击的项目。空天无人飞行器从太空轨道回到地球表面，需要完成离轨再入的过程，如图 4-15 所示。通常情况下，空天无人飞行器在外层空间轨道上接收到离轨指令后，首先进行姿态调整，为制动做好准备。当到达离轨点 B 时启动制动发动机减速，使飞行器开始脱离原运行轨道，并不断降低高度。当到达再入点 C 后，空天无人飞行器开始再入大气层，并最终到达目标点 D，实施预期的对地打击或是运载任务。

空天无人飞行器的离轨飞行段始于制动前的调姿阶段，在其进入稠密大气边界时结束。调姿是为了使飞行器的姿态达到制动火箭发动机的工作要求，以发挥最佳的制动效能，一般要求制动发动机的推力矢量与飞行器的纵轴重合。制动点始于制动火箭发动机的开始工作点，在制动火箭发动机的作用下，飞行器开始减速，当飞行速度小于第一宇宙速度时，在地球引力的作用下，飞行器将离开原来的运行轨道进入通向地面的飞行轨道。当制动火箭发动机工作结束后,飞行器开始进入大气层外的自由飞行段,如图 4-15 中的 B-C 段。此时一般不对飞行器的质心轨道进行控制,飞行器仅在地球引力作用下自由下降飞行,直至进入 80km～120km 的地球稠密大气层边界时结束,称为过渡飞行阶段。此阶段的飞行轨迹由空天无人飞行器在制动点的速度、位置和在地球引力作用下的运动规律确定。完成大气层外的过渡飞行后,空天无人飞行器即开始进入无动力的初期再入飞行(Reentry)。

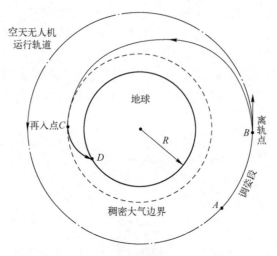

图 4-15 空天无人飞行器变轨再入过程示意图

初期再入过程从空天无人飞行器进入大气层开始,到完全可以依赖气动舵面进行控制时结束,高度范围约是 30km～120km。初期再入时的飞行马赫数一般较大,整个过程中飞行器的气动特性和飞行环境具有很大的不确定性,控制响应慢,难以实现精确制导,其任务是将空天无人飞行器从再入初始点引导进入能量管理阶段(TAEM)。空天无人飞行器到达大气层再入点时的速度 V_E 称为再入速度,V_E 与当地水平面所成的夹角 θ_E 称为再入角。飞行器在再入点 E 处的位置、再入速度 V_E 和再入角 θ_E 决定了它的再入状态。对飞行器再入的基本要求是安全,确保飞行器能够在再入走廊内进入大气层,通过大气层时的过载峰值和热流峰值不能超过允许值,不能对飞行器的内部结构等造成危害。再入状态与最大过载、最大热流和总吸热量有直接关系,为此,需要确定合适的再入速度 V_E 和再入角 θ_E。

由于初期再入段的大气层空气稀薄,大气密度极小使得动压很低,造成飞行器气动舵面的控制力和力矩的操纵效率很低,因此,尽管不同的空天无人飞行器的气动外形可能不一样,但在此阶段都不能仅仅依靠飞行器的气动舵面实现对空天无人飞行器的操控。通常,初期再入段的执行机构除了常规的气动舵面外,还需要配置反作用推力控制系统(Reaction Control System,RCS)。RCS 是一种安装在机身上的小型喷射推力器,通过喷射产生的反作用力使飞行器获得控制力矩,推动飞行器运动,达到精确控制飞行器姿态的目的。图 4-16 是美国的实验空天飞行器 X-33 的 RCS 布局示意图。通过安装在机身不同位置的 RCS 为飞行器的运动提供控制推力,可以很好地弥补空天飞行器在此阶段的气动舵面控制效率不足的难题。

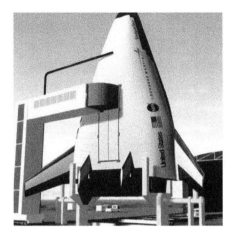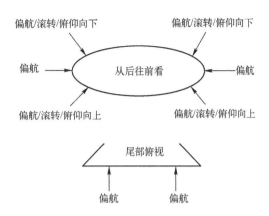

图 4-16 空天飞行器 X-33 及其 RCS 布局示意图

RCS 是通过喷射方式工作的，具有离散工作特性，其开启状态需要根据空天无人飞行器的操控力矩需求来确定。冲量等效是 RCS 开启控制的基本原理，即在一个控制律解算周期内，RCS 产生的非连续力矩 M_{rcs} 的力矩冲量与连续力矩 M_c 所需要的力矩冲量应当等效。

$$M_{rcs} \cdot t_{on} = M_c \cdot T \tag{4.44}$$

式中：t_{on} 为 RCS 的脉冲宽度，表征 RCS 每次的开启工作时间；T 为控制律解算周期。对于 RCS 的控制律来说，其形式与气动舵面的控制律形式相似，可以表示为

$$\begin{cases} 俯仰\text{Pitch}：\text{RCS} = -K_\alpha^{rcs}(\alpha - \alpha_c) - K_q^{rcs}q \\ 滚转\text{Roll}：\text{RCS} = -K_\phi^{rcs}(\phi - \phi_c)\cos\alpha - K_p^{rcs}p \\ 偏航\text{Yaw}：\text{RCS} = -K_r^{rcs}r + K_\beta^{rcs}\beta \end{cases} \tag{4.45}$$

式中：α_c 为迎角指令；α 为实际迎角值；ϕ_c 为滚转角指令；ϕ 为实际滚转角；p,q,r 分别为三轴角速率；β 为侧滑角。

随着空天无人飞行器不断下降高度，大气密度和动压逐渐增加，RCS 的控制效率开始降低，同时，气动舵面的操控效率开始提高并逐步接入操控。通常首先是飞行器的副翼接入控制回路，然后是升降舵开始参与姿态控制，方向舵一般是最后接入控制回路。随着气动舵面接入控制回路，滚转、俯仰和偏航通道的 RCS 控制机构也将按顺序逐步退出对飞行器姿态的控制。直至初期再入段结束，气动舵面将会完全接管对空天无人飞行器的姿态控制。在飞行过程中，RCS 与气动舵面的切换时机取决于气动舵面的操控效率，即其产生的控制力矩的大小，而控制力矩又直接与动压相关，动压由飞行速度和空气密度决定，所以，需要根据飞行器动压的大小来确定气动舵面与 RCS 的切换时机。初期再入段制导控制的总体目标是通过对飞行器姿态和速度的控制，在满足热约束、动压约束、机体约束的条件下，引导空天无人飞行器顺利进入能量管理窗口，所以在此阶段制导控制的主要任务就是解算出空天无人飞行器的迎角、侧滑角和滚转角指令，控制空天无人飞行器的动压和过载达到预期要求。图 4-17 是空天无人飞行器初期再入段的制导控制系统原理图。

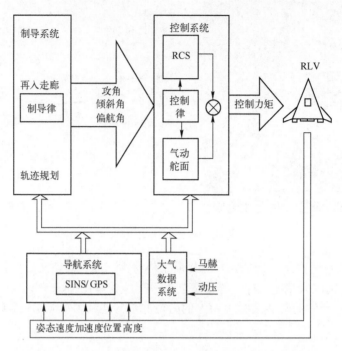

图 4-17 空天无人飞行器初期再入段的制导控制系统原理图

再入初期阶段空天无人飞行器的动压、过载变化可以通过下面的简单分析来说明。首先对动压 Q 的变化进行分析。

$$Q = \frac{1}{2}\rho V^2 \tag{4.46}$$

$$\dot{Q} = 2Q\frac{\dot{V}}{V} + Q\frac{\dot{\rho}}{\rho} \tag{4.47}$$

其中空气密度 ρ 随高度降低按指数规律增大：

$$\begin{cases} \rho = \rho_0 e^{-Kh} \\ \dfrac{\dot{\rho}}{\rho} = -K\dot{h} \end{cases} \tag{4.48}$$

视空天无人飞行器为质点，忽略其横侧向的运动。由于初期再入段时间很短，可以不考虑地球自转和重力加速度变化对空天无人飞行器运动的影响，故可将空天无人飞行器纵向的动力学运动方程描述为：

$$\begin{cases} m\dot{V} = -D - mg\sin\mu \\ mV\dot{\mu} = L - mg\cos\mu \end{cases} \tag{4.49}$$

式中：m 为空天无人飞行器的质量；D，L 分别表示气动阻力和升力，$D = QSC_D$，$L = QSC_L$，其中，Q 为动压，S 为参考机翼面积，C_L 为升力系数，C_D 为阻力系数。C_L 和 C_D 均为迎角 α 和马赫数 Ma 的函数，$C_D = C_D(\alpha, Ma)$，$C_L = C_L(\alpha, Ma)$。将上下两式

相除，并代入以上各式可得：

$$\dot{Q} = -2Q\frac{g\sin\mu}{V} - 2Q\frac{D}{mV} - QK\dot{h} = Q(-2\frac{g\sin\mu}{V} - 2\frac{D}{mV} - K\dot{h}) \qquad (4.50)$$

可见，空天无人飞行器的动压变化率 $\dot{Q}$ 由三项组成：第一项 $2Qg\sin\mu/V$ 是重力分量引起的动压变化率，通常很小，可以忽略；第二项 $2QD/mV$ 是气动阻力引起的动压变化率，会随动压的增加而增加；第三项 $QK\dot{h}$ 是空气密度变化引起的动压变化率。

相关的实验数据分析表明，在高度 45km 以上，动压较小，同时，由于空天飞行器重力的加速作用，会使得飞行器的下沉率显著增加，$QK\dot{h}$ 项将呈指数增大，而 $2QD/mV$ 项仍然较小；而在高度 45km 以下，飞行器的下沉率减小，$QK\dot{h}$ 迅速减小，而 $2QD/mV$ 项逐渐增大，当 $2QD/mV > QK\dot{h}$ 时，动压变化率的极性开始发生改变，出现动压的峰值。

再来看空天无人飞行器的垂直加速度 $\ddot{h}$ 和过载：

$$\begin{cases} \ddot{h} = (L\cos\mu - D\sin\mu - g)/m \\ n = (L\cos\alpha + D\sin\alpha)/mg \end{cases} \qquad (4.51)$$

从以上计算公式可以看出，下降过程中空天无人飞行器的航迹俯仰角 $\theta_a < 0$，升力和阻力都提供垂直向上的力。若不考虑空天无人飞行器的临界迎角，则迎角越大，升力和阻力就越大，其垂直向上的分量也越大，就会减小垂直向下的加速度，从而有利于抑制飞行器动压的增加。另外，过载表达式表明，增大迎角会使得飞行器的过载增加。所以，如果在下降过程中保持大迎角，虽然可以有效抑制空天飞行器动压的增大，但同时会使空天飞行器的过载增加，可能导致过载超出空天飞行器的限制，从而破坏空天飞行器的结构设计。为解决这一矛盾，通常要为空天无人飞行器设置过载限制功能，即当飞行器的过载达到预定值时，将其设置为固定过载，同时，还可以保持飞行器以大迎角下滑。图 4-18 为 X-37B 在初期再入段以大迎角下滑的模拟图。

图 4-18　X-37B 在初期再入段以大迎角下滑的模拟图

以上分析表明，初期再入段空天无人飞行器的飞行状态变化剧烈，无法通过单一飞行阶段同时满足动压、过载等进入能量管理阶段的约束条件，为此，通常将初期再入段细分为三个控制阶段，即迎角恢复段、过载保持段和迎角过渡段。迎角恢复段从返回最高点开始，空天无人飞行器纵向先建立大迎角飞行状态，并固定常值迎角下降，动压随着高度降低而增大，过载随之增大。当过载达到预定值时转入过载保持段，此阶段保持固定过载飞行。当空天飞行器的下沉率达到预定值时即可转入迎角过渡段，开始调整迎角和过载，以小轨迹角继续下降飞行，进一步消耗飞行器能量，引导空天无人飞行器转入 TAEM 段。

4.5.4 能量管理过程的制导控制

能量管理是末端区域能量管理（Terminal Area Energy Management）的简称，英文缩写为 TAEM，它从初期再入过程结束处开始，至空天飞行器开始进入着陆过程时结束，一般的高度范围在 30km～3km，初始飞行马赫数在 2.5～3。空天飞行器能量管理阶段的主要操纵机构是飞行器的气动舵面，这一飞行过程的主要目的是通过对飞行器状态和航线的控制，进一步消除初期再入过程结束时飞行器的能量偏差和位置偏差，使空天飞行器达到安全返场着陆所要求的能量条件，并具备开始进入返场着陆的飞行状态。所以，在能量管理阶段，制导控制的主要任务是两方面，一是对空天飞行器进行轨迹控制，二是对空天飞行器进行能量控制。

这里介绍一个能量高度的概念。不计飞行器转动运动产生的能量，则空天无人飞行器无动力下降过程的总能量由其动能和势能决定，即：

$$E = \frac{1}{2}mV^2 + mgH \tag{4.52}$$

空天无人飞行器的重量 $W = mg$，则定义空天飞行器的单位重量所具有的能量 E/W 为其能量高度 H_E：

$$H_E = \frac{E}{W} = \frac{1}{2g}V^2 + H = \frac{Q}{\rho g} + H \tag{4.53}$$

显然，能量高度 H_E 表征了在当前的能量状态下，空天飞行器在速度为零时对应的高度状态。进一步分析能量高度的变化率，即有：

$$\dot{H}_E = -V\frac{D}{mg} = -\frac{VQSC_D}{mg} \tag{4.54}$$

可以看出，在飞行器外形结构一定的情况下，能量高度变化率与飞行器的动压 Q、速度 V 和阻力系数 C_D 等相关。若希望飞行器保持较大的能量衰减，则需要具有较大的动压、速度和阻力系数。由空气动力学知识可知，阻力系数与飞行器的迎角、阻力板、速度、升降舵和高度等因素有关，在其他条件不变的情况下，增大阻力系数的直接手段就是使用阻力板。所以，在能量管理阶段，通过控制飞行器阻力板的偏转，就可以实现对能量高度变化率 $\dot{H}_E$ 的调整。

通常,单纯依靠飞行器纵向的机动,无法完全消除空天飞行器过高的剩余能量。此时,可以配合使用横侧向的S转弯机动,通过增加飞行器的飞行距离来进一步消耗掉过剩能量。所以,在能量管理阶段,空天飞行器的制导控制是由纵向和横侧向的轨迹制导共同实现的。纵向制导控制的主要目的是跟踪飞行器的能量剖面。空天飞行器在下降过程中,总能量的损失主要来自于空气阻力对速度的阻滞和飞行器高度的降低,随着飞行器速度、高度的持续减小,制导控制系统需要根据可用的操控机构控制飞行器的运动,使其满足总能量的要求。如果仅使用升降舵进行控制,则可根据飞行器的能量高度反馈来控制升降舵面,实现对高度和速度的控制。但这种控制方式的实质是通过调整俯仰角改变飞行器的重力在速度方向上的投影分量,从而达到控制速度改变的效果。这种对速度的控制效果是有限的,往往难以保证在期望的高度达到返场着陆条件。如果飞行器的升降舵和阻力板同时可用,则可通过阻力板改变空天无人飞行器的阻力系数,达到控制飞行速度的目的。但考虑到阻力板强度的限制,一般只在亚声速阶段使用阻力板。所以,在空天飞行器的超声速飞行阶段,阻力板一般处于闭合状态,进入亚声速飞行后,可将阻力板开启到最大偏转状态。横侧向制导的目的是引导空天飞行器完成S转弯,满足能量控制要求。同时,引导空天飞行器在能量管理阶段结束时,能够从任意方向转入返场着陆状态,完成对航向的校正,对准跑道。

通常,按照轨迹特征可将空天无人飞行器在能量管理阶段的飞行分为以下阶段。首先是S转弯,通过S形的航线来增加飞行距离以消耗多余的能量,但为了减小空天飞行器制导控制的复杂性,在能量状态允许的情况下,应尽量避免实施S转弯。之后,是引导空天无人飞行器捕获预先设定的航向校准圆柱,使飞行器的地轨迹方向与预先设定的航向校准圆相切,即使空天无人飞行器沿着航向校准圆柱的切线方向飞行。这里所说的地轨迹是指三维轨迹剖面在地面的投影。当空天飞行器完成对航向校准圆柱的捕获并沿其切线飞行后,即可采用圆弧航迹控制模式,开始航向校准飞行,使空天飞行器逐渐对准跑道中心线。之后,采用直线段航迹控制方式,使空天无人飞行器的高度、速度等飞行状态满足无动力返场着陆的要求。

4.5.5 返场着陆阶段的制导控制

返场着陆阶段从能量管理阶段结束开始,高度距离地面约 3km,直到空天无人飞行器安全降落到跑道上为止。这一阶段是空天无人飞行器整个飞行过程的最后阶段,也是整个空天飞行任务圆满结束的重要体现。自主、精确、安全、可靠是这一飞行过程的追求目标,也是对返场着陆阶段制导控制能力的基本要求。在这一阶段,空天飞行器的气动舵面已能够产生足够的气动力和力矩,其飞行方式和控制原理与常规飞机在自动着陆段的飞行已没有根本的区别,主要的不同在于对飞行器轨迹剖面的设计。对于空天无人飞行器来说,返场着陆段的轨迹通常是事先设计的,制导控制的任务就是按照设定的高度剖面和速度剖面对飞行器的高度、速度进行精确跟踪和控制,以保证空天无人飞行器进场着陆时的飞行状态指标达到要求,从而确保飞行器进场着陆的安全性。

返场着陆段的轨迹设计一般包括 4 个部分,即陡下滑段、圆弧段、指数过渡段和浅下滑段，如图 4-19 所示。

陡下滑段的主要目的是继续消除能量管理过程结束时的飞行器能量误差，建立空天无人飞行器的飞行速度，因此飞行器在陡下滑段的速度很大程度决定了空天飞行器着陆时的触地速度。在此阶段，空天无人飞行器应保持恒定的动压，但随着高度的下降，空气密度不断增加，这就要求空速随高度的降低而减小。由于空天飞行器是无动力自动着陆，所以在选取陡下滑角时要使重力分量与阻力平衡。

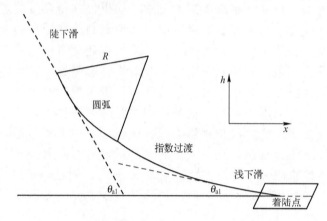

图 4-19 返场着陆段的轨迹设计示意图

在陡下滑阶段，空天飞行器的轨迹倾斜角 θ_{a1} 与飞行器的升阻比有密切关系。假设空天无人飞行器沿陡下滑段下滑时，保持恒定的动压和轨迹倾斜角，则由纵向的力平衡方程可得：

$$\begin{cases} L = QSC_L = mg\cos\theta_{a1} \\ D = QSC_D = m\sin\theta_{a1}\left(\dfrac{1}{\rho^2}\dfrac{\mathrm{d}\rho}{\mathrm{d}H} - g\right) \end{cases} \quad (4.55)$$

考虑空天飞行器已进入返场着陆阶段，在较小的高度变化范围内，忽略空气密度随高度的变化，令 $\mathrm{d}\rho/\mathrm{d}H = 0$，可得

$$\begin{cases} L = QSC_L = mg\cos\theta_{a1} \\ D = QSC_D = -mg\sin\theta_{a1} \end{cases} \quad (4.56)$$

要求动压保持恒定不变，则有

$$\tan\theta_{a1} = -\dfrac{C_D}{C_L} \quad (4.57)$$

可见，在陡下滑段的轨迹倾斜角 θ_{a1} 与空天飞行器的升阻比成反比，升阻比越小，轨迹倾斜角 $|\theta_{a1}|$ 越大。考虑到空天无人飞行器一般采用三角翼气动布局，具有较小的升阻比，所以其陡下滑段的轨迹倾斜角一般比较大，通常在 $-20°\sim-30°$ 的范围内。

陡下滑段完成后，为了减小轨迹倾斜角，平滑着陆飞行轨迹，空天无人飞行器紧接着需要进行两个过渡飞行阶段，即圆弧过渡阶段和指数过渡阶段的飞行。圆弧过

渡段的主要作用是逐渐减小飞行器原本较大的轨迹倾斜角，使其从较大的陡下滑轨迹倾斜角 θ_{a1} 变为较小的浅下滑轨迹倾斜角 θ_{a2}。同时，为了使圆弧段的飞行轨迹能够连续平滑地接入浅下滑段，还需要通过一个指数过渡阶段，如图 4-19 所示。通过增加指数过渡段，可避免圆弧段直接接入浅下滑轨迹时产生加速度不连续的问题，达到软化加速度变化过程的目的。圆弧过渡段的半径主要根据法向加速度的约束来确定。

对于浅下滑段的轨迹倾斜角 θ_{a2}，需要根据飞行器接地时的速度和允许的下沉率来确定，即有：$\dot{H}=V\sin\theta_{a2}$。显然，轨迹倾斜角 $|\theta_{a2}|$ 越小，飞行器的下沉率就越小。考虑到使飞行器触地时的下沉率保持合适的值，通常取轨迹倾斜角 θ_{a2} 在 -1°～-5° 的范围内。

第 5 章 无人机纵向运动的稳定与控制

通过对无人机运动的建模已经知道，无人机的空间运动可以分解为纵向运动与横侧向运动，本章将侧重讨论对于无人机纵向运动的稳定和控制问题。通常，对于无人机运动的控制包括两部分，首先是控制无人机的角运动，使其飞行姿态发生变化。而后才能控制重心轨迹发生变化，所以，控制角运动是首要的。本章将在分析无人机纵向运动模态的基础上，首先将无人机看作刚体，对其绕机体系 y 轴的纵向俯仰运动进行控制。之后，讨论并控制其重心的纵向平移运动。控制律的设计和分析将以第 3 章给出的航模无人机为用例对象。

5.1 无人机纵向运动特性分析

无人机在瞬时外部干扰的作用下，其纵向受扰运动随时间变化的基本特性可由纵向运动响应的模态来说明。根据自动控制原理的知识，模态对应于系统的特征方程的特征根。本书第 3 章已经建立了无人机纵向运动的线性状态方程，由此可以得到无人机纵向运动的传递函数和特征根。结合本书用例无人机的特征方程和特征根，可以看出无人机纵向运动具有两种典型运动模态，即短周期运动模态和长周期运动模态。

5.1.1 纵向特征方程与模态

在第 3 章，我们选取"定常水平无侧滑直线飞行"作为基准运动，已经建立了无人机的纵向线性化运动方程 $E\dot{X} = AX + BU$。定义：

$$\begin{cases} X = \begin{bmatrix} \Delta V & \Delta \alpha & \Delta q & \Delta \theta \end{bmatrix}^\mathrm{T} \\ U = \begin{bmatrix} \delta_\mathrm{T} & \delta_\mathrm{e} \end{bmatrix}^\mathrm{T} \end{cases} \tag{5.1}$$

则无人机的纵向线性化运动方程可以写为

$$\begin{bmatrix} 1 & 0 & 0 & 0 \\ 0 & V_0 & 0 & 0 \\ 0 & 0 & 1 & 0 \\ 0 & 0 & 0 & 1 \end{bmatrix} \begin{bmatrix} \Delta \dot{V} \\ \Delta \dot{\alpha} \\ \Delta \dot{q} \\ \Delta \dot{\theta} \end{bmatrix} = \begin{bmatrix} X_V + X_{TV}\cos\alpha_0 & X_\alpha & 0 & -g \\ Z_V - X_{TV}\sin\alpha_0 & Z_\alpha & V + Z_q & 0 \\ M_V + M_{TV} & M_\alpha & M_q & 0 \\ 0 & 0 & 1 & 0 \end{bmatrix} \begin{bmatrix} \Delta V \\ \Delta \alpha \\ \Delta q \\ \Delta \theta \end{bmatrix}$$

$$+ \begin{bmatrix} X_{\delta_\mathrm{T}}\cos\alpha_0 & X_{\delta_\mathrm{e}} \\ -X_{\delta_\mathrm{T}}\sin\alpha_0 & Z_{\delta_\mathrm{e}} \\ M_{\delta_\mathrm{T}} & M_{\delta_\mathrm{e}} \\ 0 & 0 \end{bmatrix} \begin{bmatrix} \Delta \delta_\mathrm{T} \\ \Delta \delta_\mathrm{e} \end{bmatrix} \tag{5.2}$$

上述纵向运动方程的特征行列式为：

$$\Delta_L = |sE - A| = \begin{vmatrix} s - (X_V + X_{TV}\cos\alpha_0) & -X_\alpha & 0 & g \\ -(Z_V - X_{TV}\sin\alpha_0) & Vs - Z_\alpha & -(V + Z_q) & 0 \\ -(M_V + M_{TV}) & -M_\alpha & s - M_q & 0 \\ 0 & 0 & -1 & s \end{vmatrix} \quad (5.3)$$

将上式展开，令 $\Delta_L = 0$ 即可以得到无人机纵向运动的特征方程：

$$\Delta_L = s^4 + a_1 s^3 + a_2 s^2 + a_3 s + a_4 = 0 \quad (5.4)$$

纵向运动的特征方程描述了无人机纵向运动的固有稳定性，其结构和系数完全取决于无人机本身的构造参数、气动参数和飞行状态，而与初始扰动条件无关。当纵向运动方程组的输入量为零时，即在无操纵和无控制输入的情况下，特征方程的根可以描述无人机纵向扰动运动的特点。一般来说，上述无人机的纵向运动特征多项式 Δ_L 具有两个二次因式之积的形式，可以得到两对共轭复根形式的特征根，它们分别代表了无人机纵向运动的两种典型运动模态，即短周期运动模态（Short Period Mode）和长周期运动模态（Phugoid Mode）。根据控制系统运动响应的基本知识可知，实部较小的一对共轭复根将会引起一种长周期的运动模态，其特点是振荡周期长、衰减较慢。而实部较大的一对共轭复根则对应着一种短周期运动模态，特点是振荡周期很短、衰减很快。无人机的纵向扰动运动即为长周期模态和短周期模态的叠加。

以第 3 章给出的航模无人机为例，我们来具体分析该用例无人机的特征根和运动模态。按照第 3 章给出的建模条件，取航模无人机的基准运动参数为：$V_0 = 27.6\text{m/s}, \alpha_0 = 1.72°, \beta_0 = 0°$，$p_0 = q_0 = r_0 = 0\text{rad/s}, \theta_0 = 1.72°, \varphi_0 = 0°, \psi_0 = 0°, h_0 = 500\text{m}, x_{g0} = V_0, y_{g0} = 0$。为克服迎角产生的阻力，发动机油门开度应为 $\delta_T = 42\%$。为平衡迎角产生的俯仰力矩，升降舵偏转角应为 $\delta_e = -0.26°$。则此时系统的输入量为：$[\delta_{T0} \quad \delta_{e0} \quad \delta_{a0} \quad \delta_{r0}] = [0.42 \quad -0.26° \quad 0° \quad 0°]$，得到航模无人机的纵向小扰动线性运动方程如下：

$$\begin{bmatrix} \Delta\dot{V} \\ \Delta\dot{\alpha} \\ \Delta\dot{q} \\ \Delta\dot{\theta} \end{bmatrix} = \begin{bmatrix} -0.0688 & 5.699 & 0 & -9.8 \\ -0.0243 & -5.7808 & 0.9518 & 0 \\ 0.0249 & -22.343 & -2.932 & 0 \\ 0 & 0 & 1 & 0 \end{bmatrix} \begin{bmatrix} \Delta V \\ \Delta\alpha \\ \Delta q \\ \Delta\theta \end{bmatrix} + \begin{bmatrix} 6.018 & 0 \\ -0.006 & -0.008 \\ 0.738 & -0.464 \\ 0 & 0 \end{bmatrix} \begin{bmatrix} \Delta\delta_T \\ \Delta\delta_e \end{bmatrix} \quad (5.5)$$

对应的特征多项式为：

$$\Delta_L = s^4 + 8.782s^3 + 39.570s^2 + 3.187s + 6.892 = 0 \quad (5.6)$$

特征根为：

$$\lambda_{1,2} = -4.370 \pm 4.460\text{j}, \quad \lambda_{3,4} = -0.021 \pm 0.421\text{j} \quad (5.7)$$

这两个特征根分别对应着航模无人机的两种扰动运动模态，$\lambda_{1,2}$ 对应短周期运动模态，具有振荡周期短和衰减快的特点，$\lambda_{3,4}$ 对应长周期运动模态，具有振荡周期长和衰减慢的特点。

必须指出，不少文献书籍中在列写控制规律及绘制相应的控制系统结构图时，往往

在 $\Delta\delta_e$、$\Delta\alpha$、Δq、$\Delta\theta$ 等物理量前省略增量符号 Δ，记作全量形式。在第 3 章中介绍了小扰动线性化的概念，线性化的基础是基准运动，则有：无人机的全量运动参数=基准运动参数+扰动运动参数，式（5.5）为扰动运动的状态方程。因此，为了突出物理概念，本书中不省略 Δ 这一增量符号。

为了更好地考察所得线性系统的长周期模态和短周期模态的特性，对纵向模型的零输入响应进行仿真。假设航模无人机在基准飞行运动条件下受到外界俯仰力矩的干扰，使飞行迎角产生了 2° 的扰动，即 $\Delta\alpha=2°$，考察该扰动作用使航模无人机产生的运动响应情况。此时，初始的扰动运动条件为 $\Delta V=0\text{m/s}, \Delta\theta=0°, \Delta\alpha=2°, \Delta p=0°/\text{s}$。

应用 Matlab 编制仿真程序，得到在此条件下纵向扰动运动的过渡曲线，如图 5-1 所示。

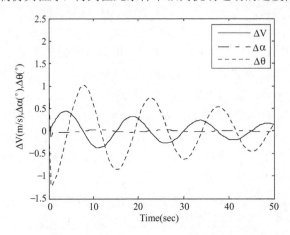

图 5-1　ΔV，$\Delta\alpha$，$\Delta\theta$ 过渡过程曲线

从图中可以看出，迎角 $\Delta\alpha$ 在扰动运动的开始阶段变化剧烈，之后则变化不大，因此迎角的扰动运动主要体现的是短周期运动模态。速度 ΔV 在开始阶段基本不变，以后则作缓慢变化，故飞行速度的扰动运动主要体现的是长周期运动模态。俯仰角 $\Delta\theta$ 开始变化很剧烈，随后进入缓慢变化的周期运动，因此 $\Delta\theta$ 的扰动运动中长、短周期运动均占一定的分量。实际上，在外界扰动作用下，无人机的各运动参数随时间变化的规律均是这两种典型运动模态的叠加。

5.1.2　纵向运动的传递函数

基于航模无人机的纵向小扰动线性化状态方程，可以得到以 $\Delta\delta_e$ 为输入，以 $\Delta V, \Delta\alpha, \Delta\theta$ 为输出的无人机的纵向运动传递函数分别为：

$$\begin{cases} \dfrac{\Delta V}{\Delta\delta_e} = \dfrac{-0.045(s-52.12)(s+10.35)}{(s^2+0.042s+0.177)(s^2+8.74s+39.02)} \\ \dfrac{\Delta\alpha}{\Delta\delta_e} = \dfrac{-0.457(s+58.36)(s^2+0.065s+0.242)}{(s^2+0.042s+0.177)(s^2+8.74s+39.02)} \\ \dfrac{\Delta\theta}{\Delta\delta_e} = \dfrac{-26.61(s+5.359)(s+0.095)}{(s^2+0.042s+0.177)(s^2+8.74s+39.02)} \end{cases} \quad (5.8)$$

画出上述传递函数对应的幅频特性曲线和相频特性曲线，如图 5-2 所示。根据自动控制原理的知识，频率特性是控制系统的单位脉冲响应的傅里叶变换。根据无人机纵向运动的频率特性，可以分析纵向运动各状态量的单位脉冲响应的特点。由图 5-2 可知，航模无人机的短周期固有频率 $\omega_s = 6.25\text{rad/s}$，阻尼比为 $\zeta_s = 0.7$；长周期固有频率 $\omega_p = 0.42\text{rad/s}$，阻尼比为 $\zeta_p = 0.5$。

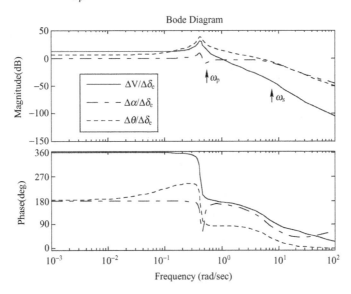

图 5-2 无人机纵向运动的幅频和相频曲线

从图 5-2 中的 $\Delta V/\Delta \delta_e$ 曲线可看出，在短周期固有频率 $\omega_s = 6.25\text{rad/s}$ 处的 $\Delta V/\Delta \delta_e$ 远远小于在长周期固有频率 $\omega_p = 0.42\text{rad/s}$ 处的 $\Delta V/\Delta \delta_e$，相差约 70dB，说明航模无人机在短周期运动期间速度的变化很小。

分析 $\Delta \alpha/\Delta \delta_e$ 的频率特性可以看出，在短周期频率范围内，$\Delta \alpha$ 的频率特性非常接近 2 阶振荡环节的频率特性，说明 $\Delta \alpha$ 主要反映短周期的频率特性，基本上没有反映长周期的频率特性。这主要是因为位于分母上的 $\Delta \alpha/\Delta \delta_e$ 的长周期二次因式与分子上的二次因式比较相近，几近于相互抵消，使得 $\Delta \alpha/\Delta \delta_e$ 的特性近似于一个典型的二阶系统模型，这是由航模无人机本身的物理特性决定的。所以，在图 5-2 中也可以看出 $\Delta \alpha$ 的过渡过程中长周期振荡并不明显。

在 $\Delta \theta/\Delta \delta_e$ 的频率特性曲线中，长周期和短周期的固有频率的 $\Delta \theta/\Delta \delta_e$ 均有相当的数值，说明无论是在长周期运动还是短周期运动的过程中，$\Delta \theta$ 均会产生较大的变化。

5.2 纵向姿态的稳定与控制

纵向姿态的稳定与控制就是对无人机俯仰角的稳定与控制。稳定是指使无人机不受外部干扰的影响而始终保持期望运动状态的过程。控制则是指使无人机响应给定的控制指令，由原先的运动状态转移到新的期望运动状态的过程。这两种过程的控制原理是一致的，都是小扰动条件下的负反馈控制原理。在平飞时，通过对俯仰角运动的控制，使无人机的俯仰姿态发生变化，进而可以稳定和控制无人机的飞行高度。在爬升或下滑时，通过对角运动的控制，可以改变无人机的轨迹角，改变重力在飞行速度方向上的投影，从而达到控制速度的目的。因此，俯仰姿态的控制是高度控制和速度控制等纵向轨迹控制的内回路。

5.2.1 俯仰角的控制原理

对于无人机来说，俯仰姿态的稳定与控制是由机载自动控制系统自动完成的，其原理与飞行员人工操纵飞机保持俯仰姿态稳定的原理是一致的，都是自动控制理论中的负反馈控制原理。为此，我们先来了解一下飞行员是如何操纵飞机进行俯仰角的稳定与控制的。假设在飞行过程中，由于某种干扰因素的作用，使飞机的俯仰角增加了 $\Delta\theta$。飞行员通过座舱仪表板上的地平仪发现飞机抬头，于是推驾驶杆，使升降舵偏转角从 δ_{e0} 的位置下偏 $\Delta\delta_e$，此时，总的升降舵偏转角为 $\delta_e = \delta_{e0} + \Delta\delta_e$。$\Delta\delta_e$ 会使飞机产生低头力矩，在该力矩的作用下使飞机的俯仰角逐渐回到 θ_0 位置。在此过程中，飞行员逐渐收回驾驶杆，直到 $\theta = \theta_0, \Delta\delta_e = 0, \delta_e = \delta_{e0}$，飞机又恢复到扰动发生前的基准飞行状态。如果要操纵飞机爬升，就需要俯仰角在 θ_0 的基础上增大 $\Delta\theta$。为此，飞行员会拉驾驶杆使升降舵上偏 $\Delta\delta_e$，使飞机产生一个抬头力矩。在抬头力矩的作用下，飞机的俯仰角会逐渐增大，飞行员根据地平仪的指示逐渐收回驾驶杆。当飞机的姿态角达到 $\theta = \theta_0 + \Delta\theta$ 时，舵面又回到起始的 δ_{e0} 位置，此时，飞机以新的基准按 $\theta = \theta_0 + \Delta\theta$ 爬升。为了补偿由于爬升所造成的速度损失，还必须推油门。上述过程的原理可用图 5-3 来说明。

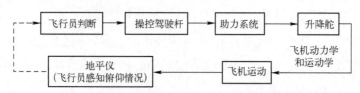

图 5-3 飞行员操控飞机控制俯仰姿态的原理

无人机俯仰姿态的稳定与控制也是通过升降舵的偏转来实现的。但此时升降舵的偏转角增量 $\Delta\delta_e$ 必须要由飞行控制计算机给出，而不是依靠飞行员的操控。其原理如图 5-4 所示，是由自动控制装置代替飞行员实现的闭环反馈控制系统。为此，需要用三类装置实现飞行员的眼、脑、手的功能，分别就是传感器、控制器和执行机构，这些部件和装置的总和就构成了无人机的自动驾驶仪。当无人机俯仰姿态发生变化时，俯仰姿态传感器将无人机的实际俯仰角测出并传送给控制器，由控制器根据俯仰角基准和俯仰控制律计算出俯仰控制信号，再经过执行机构放大产生升降舵偏转角信号，驱动升降舵产生期望的偏转，使无人机的姿态发生期望的变化。由于整个系统是按负反馈原理工作的，其结果是使无人机趋向原始状态。当无人机回到原始状态时，传感器输出信号为零，舵机和升降舵也回到原位，无人机重新按原始状态飞行。所以说，无人机俯仰姿态控制的基本原理就是负反馈控制原理，核心控制功能由俯仰姿态控制律实现，任务就是给出 $\Delta\delta_e$ 的表达式，使无人机能够按照预定的状态飞行。其中，δ_{e0} 可以通过对无人机非线性数学模型进行配平获得。根据无人机的俯仰操控原理，要使无人机的俯仰角增加，即使无人机抬头，$\Delta\delta_e$ 必须为负，以产生所需的抬头力矩。反之，若要使无人机低头，俯仰角减小，则 $\Delta\delta_e$ 必须为正，以使无人机产生所需的低头力矩。

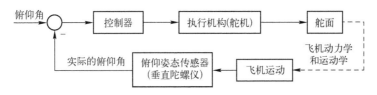

图 5-4 俯仰姿态的自动控制原理示意图

在进行控制参数的设计时,通常将舵回路看作一阶环节。它相当于低通滤波器,即只有当控制系统的信号在一定频率范围内才能通过,防止设计的控制参数过大舵机响应不过来而导致系统发散。

5.2.2 俯仰角控制律设计

在俯仰姿态的稳定与控制问题中,俯仰角是被控量,升降舵偏转角为控制量。若无人机飞行在基准状态,没有任何干扰力或力矩,则使用基准状态下的升降舵偏转角(δ_{e0})和油门(δ_{T0})就可以保持无人机稳定飞行。但由于建模误差或者环境干扰,无人机会偏离基准运动状态,此时,为了保持无人机的姿态和速度,需要在δ_{e0}和δ_{T0}的基础上根据负反馈的原理产生一个增量和$\Delta\delta_T$,使得无人机能够保持在基准状态飞行。为了实现俯仰角的自动调整,应当以实际俯仰角的负反馈值与期望俯仰角进行比较,求得两者的偏差,根据偏差信号形成控制量,即可实现对俯仰姿态的自动稳定与控制,如图 5-5 所示。

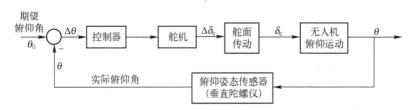

图 5-5 俯仰角稳定与控制原理框图

对于控制律的设计和分析来说,我们通常将舵机的运动特性用一个惯性环节描述。有些书籍中为了介绍方便,通常在俯仰角控制反馈增益设计时将俯仰运动简化为以短周期运动为基础的二阶环节,不考虑反馈系数对长周期模态造成的影响。但实际上这一影响是存在的,而且对于某些气动布局较为独特的无人机,长短周期的特征根可能区别不大,因此本书在选取反馈增益时不采用简化的传递函数。直观上理解,在进行姿态控制时,$\Delta\delta_e$应该跟无人机实际的俯仰角与期望俯仰角之间的误差有关,可以假设它们之间满足一定的比例关系,根据自控原理可知,这种控制器为最简单的比例式控制。从后面的分析可知,这种控制器存在一定的问题,从而引出更加复杂的控制结构。首先,画出采用比例式控制的俯仰角控制通道的传递函数方框图,如图 5-6 所示。

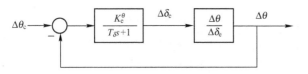

图 5-6 俯仰角控制通道传递函数方框图

根据图 5-6 可以得到俯仰角控制律为：

$$\Delta \delta_e = \frac{K_e^\theta}{T_e s + 1}(\Delta \theta - \Delta \theta_c) \tag{5.9a}$$

式中：K_e^θ 为俯仰角到升降舵偏转角之间的传递系数，称为俯仰角传动比。T_e 为舵回路的时间常数。在控制系统设计时，一般要适当选择舵回路的时间常数 T_e，使舵回路的带宽比无人机短周期运动的自然频率 ω_d 大 3～5 倍。这样，就可以在分析俯仰角控制通道的基本性能时，忽略掉舵回路时间常数的影响，从而可以大大简化控制律分析和设计的复杂度。所以，俯仰角的比例式控制律即为：

$$\Delta \delta_e = k_e^\theta (\Delta \theta - \Delta \theta_c) \tag{5.9b}$$

上式的控制律也称为硬反馈式俯仰控制律。其工作原理是：设无人机处于等速水平直线飞行状态，$\theta = \theta_0, \Delta \theta = \Delta \theta_c = 0$。假设在飞行过程中受到俯仰干扰力矩作用使无人机抬头，俯仰姿态偏离基准状态，出现俯仰角偏差 $\Delta \theta - \Delta \theta_c > 0$，则控制器输出与俯仰角偏差 $\Delta \theta$ 成比例的控制信号，$\Delta \delta_e = K_e^\theta (\Delta \theta - \Delta \theta_c) > 0$，升降舵向下偏转产生低头力矩，使无人机的俯仰角逐渐回到 θ_0 的位置，同时，$\Delta \delta_e \to 0$。这一过程体现了自动驾驶仪产生稳定力矩的作用。同理，若 $\Delta \theta_c > 0$，即希望增加无人机的俯仰角，此时有 $\Delta \theta - \Delta \theta_c < 0$，$\Delta \delta_e < 0$，升降舵向上偏转产生抬头力矩，当俯仰角增加到期望值后，则有：$\Delta \delta_e \to 0$，这一过程体现了自动驾驶仪产生控制力矩的作用。

在无人机飞行控制律的设计实践中，比例式控制律对于低空低速状态下的飞行控制还是可行的。但如果增大俯仰角传动比 K_e^θ，则会降低系统的短周期运动的阻尼比，严重时会使俯仰角的控制过程出现较大的振荡。通常，在稳定和控制俯仰角的过程中，无人机在自动驾驶仪的稳定力矩与自身稳定力矩的共同作用下，迅速向减小偏离的方向运动，使俯仰角恢复到基准值，同时会产生较大的俯仰角速度 $q = \Delta \dot{\theta}$。当俯仰角回到原位时，升降舵偏转角也趋于零。此时，若无人机自身的阻尼较小，且 K_e^θ 取得过大，则无人机的俯仰角虽能很快地回复到基准值，但由于无人机的俯仰运动惯性过大，俯仰角会冲过基准值，导致俯仰角的调整过程发生振荡。这一过程可用俯仰角在扰动作用下的零输入响应曲线来说明，由于考虑零输入响应，$\Delta \theta_c = 0$，故有 $\Delta \delta_e = K_e^\theta \Delta \theta$，对应的相应曲线如图 5-7 所示。在不考虑舵回路惯性的条件下，$\Delta \delta_e$ 跟随 $\Delta \theta$ 的变化，其相位与 $\Delta \theta$ 一致，不能阻尼飞机的运动。增大 K_e^θ 只能使振荡过程中 t_1 时间减小，但振荡次数和过渡过程时间 t_s 反而增加。另外，对于高空高速飞行的无人机，其短周期运动的自然阻尼比不足，比例式控制律难以保证系统具有良好的飞行控制性能。

为克服上述问题，可在俯仰角控制律中引入俯仰角速率的补偿项，得到比例微分形式（PD）的俯仰角控制律如下：

$$\Delta \delta_e = K_e^q \Delta q + k_e^\theta (\Delta \theta - \Delta \theta_c) \tag{5.10}$$

引入俯仰角速度信号后，会产生一个附加的舵偏角控制项，形成附加操纵力矩。此力矩与俯仰角速度方向相反，对飞机运动起阻尼作用。在式（5.10）中，令 $\Delta \delta_{e1} = k_e^\theta \Delta \theta$，$\Delta \delta_{e2} = K_e^q \Delta q$，根据俯仰角在扰动作用下的零输入响应，分别做出相应的舵偏角 $\Delta \delta_{e1}$，$\Delta \delta_{e2}$

及 $\Delta\delta_e$ 曲线，如图 5-8 所示。由图可知，$\Delta\theta$ 在由正值减小的过程中，由于 $\Delta q = \Delta\dot\theta$ 为负值，它所产生的舵偏角 $\Delta\delta_{e2}$ 亦为负值，因而在 t_1 时刻 $\Delta\theta$ 还处于正值，升降舵就提前回到基准位置，即 $\Delta\delta_e = 0$。而在 t_2 时刻 $\Delta\theta = 0$ 时，增量舵偏角已为负值，产生抬头力矩，阻止飞机继续向下俯冲，这就相当于增加了人工阻尼。由于速度陀螺所提供的微分信号，使升降舵偏转角增量的相位超前于俯仰角信号 $\Delta\theta$，故称为"提前反舵"。这就是在俯仰角控制系统中引入俯仰角速度信号增加系统阻尼、抑制俯仰角振荡的物理本质。

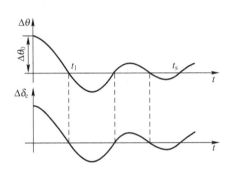

图 5-7 比例控制的俯仰角响应曲线

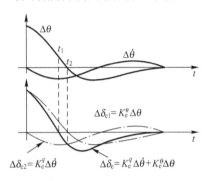

图 5-8 角速率信号产生的阻尼作用

但是，式（5.10）给出的控制律（即 PD 控制）也存在一定的问题。无人机的纵向运动主要体现为短周期模态和长周期模态，因此系统的型别较低，俯仰角的阶跃响应会存在一定的误差。更重要的是，当有常值干扰力矩 M_f（干扰力矩可能来自于建模误差、风的干扰等因素）存在时，PD 控制也会使俯仰角产生一定的稳态误差，从而使无人机偏离设定的基准状态。设飞机做水平直线飞行，突然受到常值干扰力矩 M_f 而抬头，出现正的 $\Delta\theta$，由于此时的 $\Delta\theta_0$ 保持不变，则根据式（5.10）的俯仰角控制律，必然出现正的 $\Delta\delta_e$。在稳定过程结束后，$\Delta\delta_e$ 不再为零，以抵消干扰力矩的影响。最终的平衡条件为：

$$M_y^{\delta e}\Delta\delta_e + M_f = 0 \tag{5.11}$$

式中：$M_y^{\delta e} = C_{m\delta e}QS_w c_A$。得到抵消常值干扰力矩 M_f 的升降舵偏转角为：

$$\Delta\delta_e = \frac{-M_f}{C_{m\delta e}QS_w c_A} \tag{5.12}$$

将控制律 $\Delta\delta_e = K_e^q \Delta q + K_e^\theta(\Delta\theta - \Delta\theta_c)$ 代入上式，可以求出俯仰角稳态误差为：

$$\Delta\theta - \Delta\theta_c = -\frac{M_f}{C_{m\delta e}QS_w c_A K_e^\theta} \neq 0 \tag{5.13}$$

根据俯仰角静差的表达式，我们可以得出这样的结论：一是当存在常值干扰力矩 M_f 时，硬反馈式的俯仰角控制存在静差，这是因为需要由俯仰角控制的静差来提供克服常值干扰力矩所需的升降舵偏转角；二是常值干扰力矩 M_f 造成的俯仰角静差与常值干扰力矩同极性（$C_{m\delta e} < 0$）且成正比，并与反馈增益 K_e^θ 成反比；三是增大反馈增益 K_e^θ 可以减小俯仰角的静差，但过大的反馈增益 K_e^θ 会导致升降舵偏转角 δ_e 过大，易引发俯仰角的振荡。

为了解决上述问题，提高俯仰角控制的精度，可在控制律中增加积分环节，构成软

反馈式俯仰角控制律,如下式所示:

$$\Delta \delta_e = K_e^q \Delta q + K_e^\theta (\Delta\theta - \Delta\theta_c) + K_e^{I\theta} \int (\Delta\theta - \Delta\theta_c) \mathrm{d}t \tag{5.14}$$

按照自动控制原理的稳态误差理论,在控制律中引入的积分环节相当于在俯仰角控制通道的开环传递函数中增加了一个位于零点的极点,增加了开环系统的型别,有利于消除常值俯仰干扰力矩 M_f 引起的稳态误差,此时,克服 M_f 所需的升降舵偏转角不再需要由俯仰角的静差提供,而是由积分环节提供。但是积分会使闭环系统的特征根向右半平面移动,会降低系统的相对稳定性,尤其是进行高度控制时,通常在控制回路中还要引入高度误差的积分,会使得控制系统的型别进一步增加,容易导致系统不稳定。

总的来说,俯仰角控制律按照负反馈控制原理设计,分为硬反馈和软反馈两种形式。引入俯仰角偏离信号 $\Delta\theta$ 增大了系统的稳定力矩,其增加值与 K_e^θ 成正比,增大 K_e^θ 可以提高俯仰角阶跃响应的快速性。引入俯仰角速率信号可以增加纵向运动的阻尼力矩,抑制俯仰角的振荡,阻尼力矩的增加与 K_e^q 成正比。引入俯仰角的积分可以消除俯仰角的静差,但会影响系统的稳定性。控制律的设计应根据实际需要确定使用哪种控制律。

5.2.3 俯仰角控制律增益设计

上一节讨论了两种俯仰角控制律,即硬反馈式和软反馈式俯仰角控制律。两种控制律各有特点,但不论采用哪种控制律,一个重要的任务就是合理地确定控制律中的各项增益系数,使无人机具有良好的动态和稳态性能。本节采用软反馈式俯仰角控制律,相应的控制结构如图 5-9 所示。

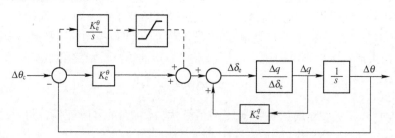

图 5-9 软反馈式俯仰角控制系统结构图

图中的限幅环节是为了限制积分产生的舵偏量,防止舵面饱和。积分环节会增加系统的型别,当接入高度控制等外回路时会使得系统的稳定裕度下降,因此,在接入高度控制回路的时候,可以断开俯仰角的积分环节。下面将结合本书用例的航模无人机,简要阐述如何合理地选择增益系数 K_e^θ、K_e^q 和 $K_e^{I\theta}$。基本的思路是遵循由内向外的设计原则,即先设计由俯仰角速率反馈构成的回路,称为俯仰角速率回路、内回路或阻尼回路,确定俯仰角速率增益 K_e^q 的取值。然后设计由俯仰角反馈构成的回路,称为外回路或俯仰角稳定回路,确定俯仰角比例增益 K_e^θ。最后,还需要进一步确定积分增益 $K_e^{I\theta}$ 的取值。

一、俯仰角速率增益的选取

对于航模无人机,虽然在配平情况下的短周期运动阻尼较好,$\zeta_s = 0.7$,但仍需要引入俯仰角速率反馈提高阻尼,以克服模型建立时的不确定性带来的影响。根据前文的分析,图 5-9 中控制结构对应的以升降舵为输入、以俯仰角速率为输出的开环传递函数为:

$$\frac{\Delta q}{\Delta \delta_e} = \frac{-26.601s(s+5.359)(s+0.095)K_e^q}{(s^2+0.042s+0.177)(s^2+8.74s+39.02)} \qquad (5.15)$$

依据上式，可计算出 $K_e^q=0$ 时的俯仰角速率通道的长周期和短周期模态的特征根、阻尼比等特征参量，见表 5-1。

表 5-1 $K_e^q=0$ 时的俯仰角速率通道的特征参量

模态	特征根	阻尼比	自然频率
长周期模态	$-0.021\pm0.421j$	0.05	0.42
短周期模态	$-4.370\pm4.460j$	0.70	6.25

通过俯仰角的初值扰动响应曲线，可以进一步了解俯仰角的运动特性。图 5-10 是存在初值扰动，$\Delta\theta=2°$ 时俯仰角的变化曲线，从 $K_e^q=0$ 对应的响应曲线看，此时的俯仰角阶跃响应仍然有着较大的振荡。为此，可以通过俯仰角速率反馈来增大阻尼，减小振荡。

利用 Matlab 控制系统工具箱，做出式（5.15）对应的闭环系统的根轨迹，如图 5-11 所示。根据根轨迹的指示，取 $K_e^q=0.2$，此时的俯仰角速率通道的特征参量如表 5-2 所示。

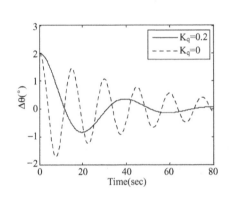

图 5-10 俯仰角初值扰动响应曲线

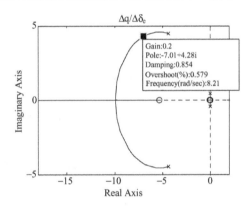

图 5-11 俯仰角控制系统内回路的根轨迹

表 5-2 $K_e^q=0.2$ 时的俯仰角速率通道的特征参量

模态	特征根	阻尼比	自然频率
长周期模态	$-0.03\pm0.32j$	0.10	0.32
短周期模态	$-7.01\pm4.28j$	0.854	8.21

从表 5-2 中可以看出，俯仰角速率反馈的引入，可以明显提高短周期运动的阻尼比，从而改善系统的振荡特性。这一点可从图 5-10 中 $K_e^q=0.2$ 对应的俯仰角阶跃扰动响应曲线看出，俯仰角对初值扰动的调节过程中振荡次数及过渡时间均明显减小，这是系统阻尼增加的结果。需要指出的是，按物理概念似乎 K_e^q 越大，阻尼效果越明显。但这是有前提的，即不考虑舵回路的惯性，将其看成传递函数为 1 的理想环节。若考虑舵回路的惯性，当 K_e^q 增大至一定值时，阻尼性能会开始恶化。另外，从表 5-1 和表 5-2 中的参量对

比可以看出，俯仰角速率反馈对长周期运动的影响不大。改善长周期模态的运动情况，需要俯仰角反馈。

二、俯仰角反馈增益的选取

在确定了俯仰角速率增益后，下面来选取确定俯仰角稳定回路的增益系数 K_e^θ。由于此时尚未接入积分环节，所以有：$\Delta\delta_e = K_e^q \Delta q + K_e^\theta(\Delta\theta - \Delta\theta_c)$。从图 5-12 可知，设计完 K_e^q 后，在设计俯仰角比例控制回路时，新的开环传递函数应为接入俯仰角速率反馈后所得的闭环传递函数，俯仰角控制回路的结构图可以简化成图 5-12。

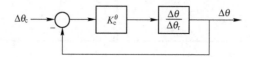

图 5-12 引入角速率反馈后俯仰角控制回路简化结构图

图 5-12 的控制回路中，则以 $\Delta\theta_c$ 为输入，以 $\Delta\theta$ 为输出的开环传递函数可以由式（5.10）中的开环传递函数，并结合 $K_e^q = 0.2$ 的反馈系数求得，结果如下：

$$\frac{\Delta\theta}{\Delta\theta_c} = \frac{42.314(s+4.994)(s+1.258)K_e^\theta}{(s^2+0.066s+0.102)(s^2+14.04s+67.56)} \tag{5.16}$$

绘制式（5.16）对应的闭环系统的根轨迹如图 5-13 所示：

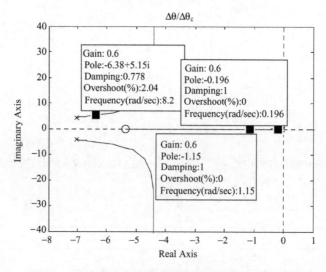

图 5-13 俯仰角控制回路根轨迹图

为了同时照顾无人机纵向长周期和短周期的运动性能，按照根轨迹图的指示，可以取 $K_e^\theta = 0.6$，此时，系统对应的长周期和短周运动的特征参量如表 5-3 所示。可见，通过引入 $K_e^\theta = 0.6$ 的俯仰角稳定回路，使系统长周期运动模态具有了两个负实根 $s_1 = -1.15, s_2 = -0.196$，而且阻尼比 $\xi = 1$。根据自动控制原理中系统时域响应的知识可知，此时的俯仰角长周期运动将不会出现明显的振荡问题。图 5-14 是引入俯仰角稳定回路后的俯仰角的阶跃响应曲线，可以看出系统的振荡已经被有效抑制。

表 5-3 $K_e^\theta = 0.6$ 时的系统闭环特征参量

模态	特征根	阻尼比	自然频率
长周期模态	$s_1 = -1.15$ $s_2 = -0.196$	1	1.15, 0.196
短周期模态	$-6.38 \pm 5.15j$	0.78	8.2

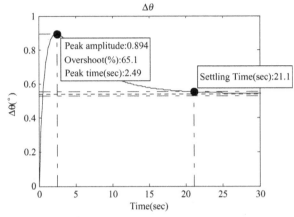

图 5-14 引入稳定回路后的俯仰角阶跃响应曲线

三、积分环节增益的选取

俯仰角的阶跃响应曲线虽然已经说明在引入 $K_e^\theta = 0.6$ 的俯仰角稳定回路后，系统呈现出良好的动态性能，但是，从该响应曲线也可以看出，俯仰角的控制存在稳态误差，这就是硬反馈式俯仰角控制律存在静差的固有缺陷。前文已经对此问题进行了分析，如果要消除俯仰角的静差，可以在控制律的构成中引入俯仰角误差的积分，即采用软反馈式的控制方式，控制律表达式为 $\Delta\delta_e = K_e^q \Delta q + K_e^\theta(\Delta\theta - \Delta\theta_c) + K_e^{I\theta} \int(\Delta\theta - \Delta\theta_c)\mathrm{d}t$。为此，需要选取确定积分环节的反馈增益系数 $K_e^{I\theta}$。

同样的方法，借助根轨迹来确定积分增益系数。利用 Matlab 的控制系统工具箱，可以很方便地绘制出引入积分环节后的系统的根轨迹，如图 5-15 所示。

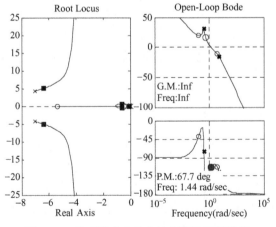

图 5-15 软反馈式俯仰角控制回路根轨迹图

随着反馈增益的增加，代表长周期运动的特征根往右半平面移动，长周期运动阻尼急剧变差。代表短周期运动的特征根先是向右半平面移动，后向左半平面移动。因此，$K_e^{I\theta}$ 不能取得太大，反之，若 $K_e^{I\theta}$ 取得太小，则积分的作用不够明显。选取积分反馈系数 $K_e^{I\theta} = 0.3$，对应的俯仰角运动的特征根如图中方块点标示的部分。从该图可以看出，加入积分环节后，系统增加了一个靠近原点的特征根。引入积分会使得系统的稳定裕度下降，因此不同于之前的根轨迹图，图 5-15 中右侧部分通过伯德图对引入积分环节后系统的幅值裕度和相位裕度进行考察。从右上角的图片可以看出，系统的幅值裕度为无穷大，相位裕度为 67.7°，满足系统的幅值裕度应大于 6dB，相位裕度应不小于 45°的稳定性要求。

根据自动控制原理的知识，由积分环节引入的接近原点的特征根可以有效消除系统的静差，图 5-16 中俯仰角的阶跃响应曲线也说明了这一点。

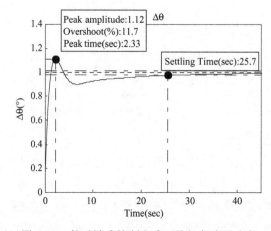

图 5-16　软反馈式控制方式下俯仰角阶跃响应

软反馈式俯仰角控制结构能够有效地消除俯仰角阶跃响应中的误差，同时对建模误差（如气动结构的不对称性带来的误差、重心位置不确定带来的误差等）和垂直气流扰动等外部环境变化带来的扰动力矩对俯仰角控制精度带来的影响具有抑制作用。特别适合于起飞、爬升等俯仰角控制精度要求较高的飞行阶段。但引入俯仰角积分会减小系统的稳定裕度，因此在进行高度控制时通常要切断积分环节。

5.3　飞行高度的稳定与控制

5.3.1　飞行高度控制原理

飞行控制的最终目的是使无人机以足够的准确度保持或跟踪预定的飞行轨迹，对于纵向运动主要是飞行高度的稳定与控制。无人机在执行编队飞行、巡航以及着陆时的初始阶段均需要对飞行高度进行精确控制。角稳定控制回路虽然能够在俯仰干扰力矩存在时保持俯仰角的稳定，当飞行速度变化时，例如无人机加速时，此时基准状态的飞行迎角将变小，若仅保持俯仰角不变，则无人机必然存在一定的航迹俯仰角（无人机飞行在配平得到的基准状态时，有：$\theta_a = \alpha + \theta$)，从而导致高度偏移，所以不能直接应用于飞行高度的稳定和控制系统中。

飞行高度的稳定与控制系统中需要使用高度传感器（例如气压式高度表、无线电高度表或大气数据高度表等）直接测量飞行高度。根据无人机的动力学方程可知，飞行高度变化率 $\dot{h}$ 与航迹俯仰角的关系为：

$$\dot{h} = V \sin \theta_a \tag{5.17}$$

可以看出，理论上，无人机的飞行高度可以通过航迹俯仰角 θ_a 来控制。但实际上，θ_a 很难通过测量获得，因而不易构成反馈控制回路，所以直接对航迹俯仰角进行控制比较困难。通常将高度差信息输入俯仰角控制系统，通过改变俯仰角的方式间接地改变无人机的航迹俯仰角。假设无人机的飞行迎角不变，则俯仰角的变化将会引起飞行高度的变化，从而达到控制无人机飞行高度的目的。因此，高度稳定与控制系统的组成一般如图5-17所示。

图5-17中，高度的给定装置负责给出高度参考信号，通常这一信号来自于预先装订的航路。从原理上讲，也可通过控制发动机推力的大小来控制飞行高度，但是当改变推力使飞行速度发生变化之后高度才开始发生变化，而无人机的飞行速度变化比较慢，因此通过发动机控制高度变化的过渡过程也十分缓慢。

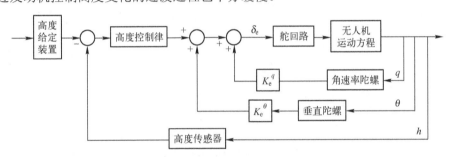

图5-17 高度稳定与控制系统的一般组成

单独进行姿态控制时，应将高度差测量装置断开。为便于转换飞行状态，设计高度稳定系统时通常不改变已设计完成的俯仰角控制系统，但如果采用软反馈式控制律时，需要断开俯仰角的积分环节。

5.3.2 飞行高度控制律设计

通常采用高度PI控制作为无人机的高度控制规律，如式（5.18）所示。俯仰角控制为高度控制的内回路，为其提供足够的阻尼。

$$\Delta \delta_e = K_e^q \Delta q + K_e^\vartheta (\Delta \theta - \Delta \theta_c) + K_e^h (\Delta h - \Delta h_c) + K_e^{Ih} \int (\Delta h - \Delta h_c) dt \tag{5.18}$$

式中：K_e^h 表示1m高度误差所产生的升降舵偏转角，若无人机的飞行高度低于预定高度，即 $\Delta h - \Delta h_c < 0$，则产生的升降舵偏转角为负，舵面上偏，无人机爬升，到达预定高度。因此上述控制规律中反馈系数的极性是符合控制要求的。通常，在高度误差较大时，并不接入高度误差的积分，目的是防止积分过快饱和，增加高度调节的相应时间。只有当高度误差到达一定范围之后才接入积分环节，保证无人机在要求的高度飞行。

我们以高度控制系统的阶跃响应过程为例，进一步分析高度控制律中反馈信号的作用，如图 5-18 所示即为高度控制系统的阶跃响应过程。假设在初始时刻，无人机在当前高度上以基准状态飞行，若期望无人机最终在新的高度上仍以基准状态平稳的飞行，假设无人机需要进行爬升时，则有：$\Delta \theta_c = 0$，$\Delta h_c > 0$。由于飞行高度的变化主要受长周期模态的支配，因此在初始时刻，飞行高度来不及变化，即 $\Delta h_0 = 0$，则 $\Delta h - \Delta h_c < 0$。此时，式（5.18）中的控制律将变为：

$$\Delta \delta_e = K_e^q \Delta q + K_e^\vartheta (\Delta \theta) + K_e^h (\Delta h - \Delta h_c) + K_e^{Ih} \int (\Delta h - \Delta h_c) \mathrm{d}t \tag{5.19}$$

将无人机的初始升降舵偏转角记为 δ_{e0}，初始迎角记为 α_0，对应的升力记为 L_0。为每一个阶段由式（5.19）产生的升降舵偏转角增量记为 $\Delta \delta_{ei}$，i 为每一阶段的下标，迎角和升力的增量也是如此。整个高度控制阶跃响应过程主要包括以下 6 个阶段：

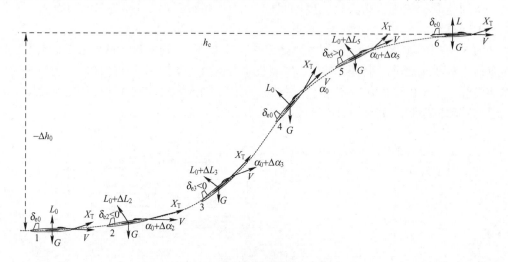

图 5-18 高度控制阶跃响应过程

状态 1：在初始时刻，$\Delta h - \Delta h_c < 0$，无人机以配平迎角 $\alpha = \alpha_0$ 作水平飞行，其升力等于重力，升降舵为 δ_{e0}。

状态 2：高度偏差信号使升降舵上偏，故 $\Delta \delta_{e2} < 0$，它与高度差 $\Delta h - \Delta h_c$ 成正比，从而使得迎角增加 $\Delta \alpha_2$，升力也伴随着增加 ΔL_2。

状态 3：在 ΔL_2 的作用下，产生正的航迹俯仰角速度 $\Delta \dot{\theta}_a$，使飞行轨迹向上弯曲。随着 $\Delta \theta_a$ 的增加，俯仰角也逐渐增加，$\Delta \theta > 0$，将会产生正的升降舵偏转角增量，体现了俯仰角控制作为高度控制内回路的阻尼作用。由控制律可知，由于 $\Delta \theta$ 的增加和高度误差的减小，升降舵偏转角也随之减小，与状态 2 相比，迎角增量，升力增量均减小。

状态 4：系统中的俯仰角偏离信号与高度差信号相平衡，升降舵回到 δ_{e0} 的位置，此时 $\alpha = \alpha_0$，$\Delta L = 0$，但由于俯仰角的增加使得航迹俯仰角 $\theta_a \neq 0$，无人机以一定的轨迹角 θ_a 爬升。

状态 5：高度差信号小于俯仰角偏离信号，使舵回路的输入信号极性反号，舵面向下偏转，即 $\Delta \delta_{e5} > 0$，从而使迎角增量 $\Delta \alpha_5$、升力增量 ΔL_5、航迹俯仰角速度增量 $\Delta \dot{\theta}_a$ 均出现负值，飞机的轨迹逐渐向下弯曲。

状态 6：当高度误差到达一定的范围之后，接通积分环节，使得高度误差最终变成零，无人机的俯仰角增量也为零，舵面又回到 δ_{e0} 位置，无人机在新的给定高度上以基准状态进行飞行。

由上述控制过程可以看出，相对于给定高度的偏差信号及俯仰角偏离信号是十分重要的。若控制律中无俯仰角偏离信号 $\Delta\theta$，则在高度稳定过程中升降舵总是向上偏转，导致升力增量为正，轨迹向上弯曲。当飞机达到给定高度时，由于速度向量不在水平位置而是向上使飞机越过给定高度，出现正 Δh，这时升降舵才下偏。这样就不可避免地出现在给定高度上的振荡。引入俯仰角偏离信号 $\Delta\theta$ 后，飞机在未达到给定高度时，就提前收回舵面，即状态 4 和 5，也是起到一种"提前返舵"的阻尼作用，从而减小了飞机的上升率，对高度控制系统起阻尼作用。所以高度控制通常在俯仰角控制系统的基础上形成。

对于某些无人机，在高度控制回路中，仅靠俯仰角控制系统不能提供足够的阻尼，因为 K_e^θ 在设计姿态稳定系统时就已经确定了，不宜再变。此时，可以采用引入高度微分信号 $\Delta\dot{H}$ 以增加系统的阻尼。

5.3.3 高度控制律增益设计

进行高度控制回路的设计时通常不改变俯仰角控制回路的反馈增益，即有：$K_e^q = 0.2$，$K_e^\theta = 0.6$。反馈增益设计的基础是小扰动线性化得到的纵向运动方程，接入姿态控制内回路后，根据图 5-19 中的控制系统结构图，首先将虚线框内的系统结合现代控制理论的知识简化为一个新的系统，然后可以得到高度控制系统的开环传递函数，以进行反馈增益的设计。

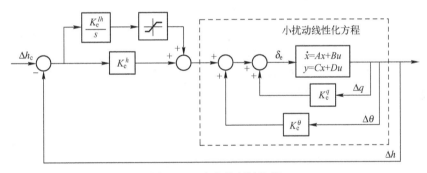

图 5-19 高度控制结构图

按照图 5-19 中控制结构，接入姿态控制内回路后，可以得到高度控制回路的开环传递函数为：

$$\frac{\Delta h}{\Delta \delta_e} = \frac{-0.226(s+17.78)(s-17.64)(s+0.05)}{s(s+1.144)(s+0.196)(s^2+12.76s+67.22)}\left(\frac{K_e^h(s+K_e^{Ih}/K_e^h)}{s}\right) \quad (5.20)$$

与俯仰角控制回路的积分环节和比例环节的反馈增益的设计方法不同，通常将高度的比例项和积分项的反馈系数一起设计，即写成 $K_e^h(s+K_e^{Ih}/K_e^h)/s$ 的形式，相当于在高度控制回路根轨迹图上增加了一个零点和一个极点。式（5.20）对应的闭环系统的根轨迹如图 5-20 所示。

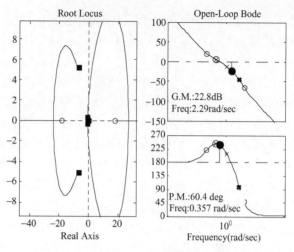

图 5-20　高度控制回路根轨迹图

随着反馈增益的增大，闭环系统的特征根将向右半平面的零点 $s=17.64$ 移动，系统的稳定性下降。当高度反馈增益达到一定值时，根轨迹穿过虚轴向右半平面延伸，当 $K_e^h>5$ 时，系统将变得不稳定。若新增的零点在开环根轨迹的左半平面的两个零点之间，其对根轨迹的改善作用较明显。零点向左半平面移动时，高度阶跃响应的超调量增加，调节时间减小；反之则超调量减小，调节时间增加。综合考虑高度控制的要求，取 $K_e^{Ih}=0.08$，$K_e^h=0.4$。此时幅值裕度为 22.8dB，相位裕度为 60.4°，满足系统的幅值裕度应大于 6dB，相位裕度应不小于 45° 的要求。

此时航模无人机高度的阶跃响应曲线如图 5-21 所示。

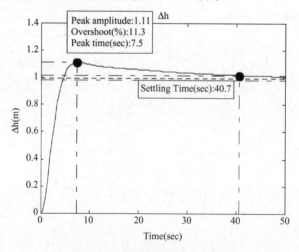

图 5-21　高度阶跃响应曲线

从图 5-21 中可以看出，在配平状态发生变化时，高度阶跃响应的超调量约为 11%，调节时间约为 40s，因此，反馈增益的设计较为合理。

5.3.4　自动着陆段的纵向控制方案

前面介绍了俯仰角控制回路和高度控制回路的控制原理和反馈增益设计方法，无人机之所以能够稳定地飞行，除了有赖于上述反馈增益之外，控制指令的选取、积分的断开与接入时机、积分限幅的设计也是功不可没的。下面以自动着陆段的控制方案为例进行介绍，以加深对控制系统作用原理的理解。

自动着陆段纵向控制机构主要有升降舵和油门。升降舵用于控制无人机的飞行高度；油门用于提供维持飞行速度所需的推力。无人机典型的着陆参考数据为：

（1）无人机在着陆前，先在300m～500m的上空做定高飞行。

（2）当捕获到下滑轨迹线后，按照一定的航迹俯仰角（一般为-2.5°～-5°）稳定下滑。

（3）一般规定的接地时的高度变化率为-0.5m/s～-1m/s，而在直线下滑段的高度变化率较大，因此需要末端拉起段通过增加无人机姿态角的方式减小高度变化率。

不同于稳定飞行时的情况，着陆过程中各个阶段的控制需求不同，纵向的控制策略也不尽相同。通常无人机自动着陆段纵向控制方案如图5-22所示。进场平飞段纵向采用高度控制，以保持无人机的飞行高度；轨迹捕获段纵向采用俯仰角比例控制，使无人机由平飞转为下滑，进入直线下滑段。

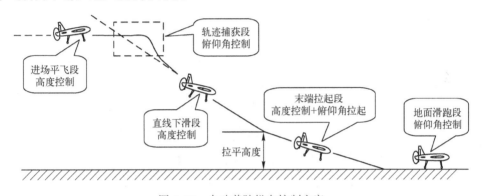

图5-22 自动着陆纵向控制方案

直线下滑段纵向采用高度跟踪控制。不同于空中平飞阶段，下滑段的高度给定为斜坡信号，需要采用较高的反馈增益，以提高高度跟踪的精度。通常无人机在直线下滑段的油门开度较小，能够调节的范围不大，因此不对下滑线上的飞行速度进行闭环控制。

末端拉起段纵向仍然采用高度控制，同时不断增大内回路俯仰角指令，从而减小无人机的飞行速度，同时拉起无人机的姿态角，使无人机以合适的速度和姿态接地。由于飞行速度逐渐减小，控制能力越来越差，高度控制律只能保证无人机具有沿轨迹剖面下滑的趋势，不能保证精确地跟踪高度剖面。

随着飞行速度的减小，重力将大于升力，无人机将与地面接触。在触地后，纵向改为姿态控制，切断高度控制回路，同时将俯仰角指令设置为0°，并通过刹车来降低无人机的滑行速度，以减小着陆滑跑距离。

纵向的高度控制几乎贯穿整个自动着陆过程，其控制精度直接决定了无人机能否精确地降落在预定的着陆点。可以通过两个方面保证自动着陆段的高度跟踪控制精度。首先，需要对下滑轨迹线的航迹俯仰角进行合理的设计，从而减小着陆质量不确定性带来的影响。一般无人机的下滑速度不大，升阻比较大，因此通常采用相对简单并且易于实现的"直线下滑段+浅直线拉起段"的着陆轨迹线，而且直线下滑段轨迹俯仰角θ_a不大，以色列"苍鹭"无人机直线下滑段的斜率为-3~-5°,根据无人机在着陆时的油量或搭载的任务设备不同而不同。下滑轨迹线的设计是一个寻优过程,需要根据非线性仿真的结果和实际的试飞数据进行修正。

其次,选择较大的高度差积分反馈增益可以提高高度控制的精度。高度差积分可以有效地克服俯仰干扰力矩对高度跟踪控制的影响,将无人机的飞行高度稳定在相应的指令上。假设俯仰干扰力矩体现为一个抬头力矩,最终需要升降舵在平衡舵面 δ_{e0} 的基础上有一个正的增量 $\Delta\delta_e$,产生用于克服干扰所需的低头力矩。高度差积分可以在保持高度跟踪误差为零的同时,通过积分的保持作用提供这一舵面。

5.4 飞行速度的稳定与控制

5.4.1 飞行速度控制原理

无人机纵向运动的控制量有两个,即升降舵和油门。为了进一步说明速度与两个控制舵面的关系,选取速度增量变化率 $\Delta \dot{V}$ 与其他变量和输入量的关系式:

$$[s-(X_V - X_{TV}\cos\alpha_0)]\Delta V - X_\alpha \Delta\alpha + g\cos\mu_0 \Delta\theta \\ = \bar{X}_{\delta T}\cos\alpha_0 \Delta\delta_T + X_{\delta e}\Delta\delta_e \tag{5.21}$$

选择基准运动条件 $\alpha_0 \approx 0, \mu_0 = 0$,由此可以得到纵向运动的切向力方程为:

$$\Delta\dot{V} - (X_V - X_{TV})\Delta V + (g - X_\alpha)\Delta\alpha = \bar{X}_{\delta T}\cos\alpha_0 \Delta\delta_T + X_{\delta e}\Delta\delta_e \tag{5.22}$$

可以看出,油门和升降舵均可以对无人机的飞行速度进行控制,因而导致了飞行速度控制的两种常见方案:通过控制升降舵来控制无人机的飞行速度;通过控制油门大小来改变无人机的飞行速度。

假定在无风和恒定飞行速度的情况下,高度变化率和飞行速度以及航迹俯仰角 μ 的关系如下式所示:

$$\dot{h} = V\sin\mu \tag{5.23}$$

可以看出,若不能保持无人机的航迹俯仰角为零,则飞行速度的变化会引起飞行高度的变化。假设无人机的质量不变,故平飞时所需的升力与重力相等。根据升力的表达式可知,当无人机的飞行速度增加时,若要保持升力不变,则升力系数必然要减小,故迎角将减小。因此,如要增加无人机的飞行速度 $\Delta V > 0$,又要保持飞行高度不变化($\Delta\dot\theta_a = 0$),则必须减小飞行迎角,即 $\Delta\alpha < 0$。所以,在平飞时,若要通过改变油门大小的方法来增加无人机的飞行速度,必须要通过升降舵使无人机低头,以减小飞行迎角,否则无人机的飞行轨迹必将向上发生弯曲,即 $\Delta\dot\theta_a > 0$。

下面分析升降舵对速度的控制作用。若要求无人机的飞行迎角($\Delta\alpha = 0$)不发生改变,并令 $\bar{X}_V = (X_V + X_{TV})$,单独考虑升降舵为控制舵面,则式(5.23)将变为:

$$\Delta\dot{V} - \bar{X}_V \Delta V = X_{\delta e}\Delta\delta_e \tag{5.24}$$

当无人机由基准运动转向爬升或下滑时,通常需要断开高度回路,用升降舵控制无人机的俯仰角,将式(5.10)所示的硬反馈式控制规律代入上式,可得:

$$\Delta \dot{V} - \overline{X}_V \Delta V = X_{\delta e}[K_e^q s\Delta\theta + K_e^\vartheta(\Delta\theta - \Delta\theta_e)] \quad (5.25)$$

上式中，$X_{\delta e}$ 表示升降舵产生的阻力，其值相对较小。因此上式中揭示了一个重要的物理概念，即：升降舵对速度的调节作用不是靠其产生的阻力来实现的，而主要是靠改变无人机的俯仰角来产生相应的控制作用。即：改变俯仰角将使得无人机的航迹俯仰角发生变化，从而改变重力在飞行方向上的投影，导致飞行速度的变化。可以看出，采用升降舵控制飞行速度时，航迹俯仰角必然发生变化，无人机必然不能保持现有高度。因而，通过升降舵改变俯仰角从而实现速度控制的方法常用于爬升、下滑等不要求对飞行高度进行精确控制的飞行阶段。

现有的速度控制方法通常采用同时调整油门和升降舵的方式来控制飞行速度，即所谓的自动油门系统，本书也将重点对这种方法进行介绍。

5.4.2 飞行速度控制律设计

无人机的速度控制律通常比较简单，在某些无人机上甚至并不对速度进行闭环控制。但是，有一个概念必须要建立，即：速度控制回路必须要建立在高度控制回路基础之上。这一点在上一节的速度控制原理已经指出。为了定量地说明上述关系，为飞行速度的控制律设计奠定基础，下面将采用数字仿真的方式对这一现象进行形象地说明。

考虑不接入高度控制的情况下，根据小扰动线性化方程可得以油门为输入、以飞行速度的变化量为输出的传递函数为：

$$\frac{\Delta V}{\Delta \delta_T} = \frac{6.018(s-0.183)(s^2+8.888s+39.88)}{(s^2+0.042s+0.176)(s^2+8.74s+39.02)} \quad (5.26)$$

考虑油门变化 10%时速度的阶跃响应曲线如图 5-23 所示。

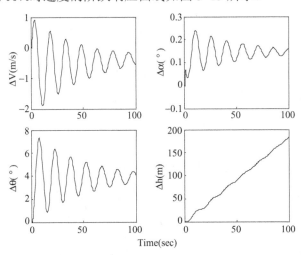

图 5-23 不接入高度控制时 $\Delta\delta_T$ 做阶跃变化时引起的纵向响应

由上述相应曲线可知，当油门变化 10%时，飞行速度仅变化了约 0.5m/s，飞行迎角变化了 0.15°，但俯仰角变化了 4°，无人机的飞行高度大概以 1.8m/s 的速度增加。上述仿真说明，仅对油门进行控制不能达到控制无人机飞行速度的效果，反而会使飞行姿态和高度发生不希望的变化。

考虑接入高度控制的情况。在接入高度控制回路之后,以油门为输入,以飞行速度的变化量为输出的传递函数变为:

$$\frac{\Delta V}{\Delta \delta_\mathrm{T}} = \frac{6.018(s+0.65)(s^2+0.418s+0.128)(s^2+12.96s+68.45)}{(s+0.205)(s+0.06)(s^2+0.989s+0.349)(s^2+12.85s+67.74)} \quad (5.27)$$

考虑油门增加 10%时速度的阶跃响应曲线如图 5-24 所示。

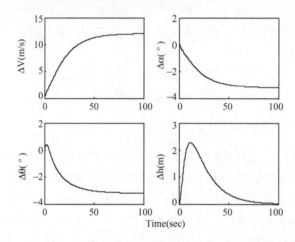

图 5-24 接入高度控制后 $\Delta\delta_\mathrm{T}$ 做阶跃变化时引起的纵向响应

可以看出,在接入高度控制后,油门做阶跃变化时无人机的飞行高度在稳态时不再发生改变,油门的增加最终导致了飞行速度的增加。具体来说,油门增加 10%时,飞行速度增加了约 12m/s 左右,飞行迎角变化量 $\Delta\alpha \approx -3.2°$,航模无人机的纵向静稳定系数为负,负的迎角增量将产生抬头力矩 $+\Delta M$,由气动数据可以算得,为了平衡该力矩,需要升降舵下偏 $\Delta\delta_\mathrm{e} \approx 3.6°$。由于飞行高度不变 $\Delta\mu = 0$,俯仰角变化量 $\Delta\theta = -3.2°$,此时俯仰角指令不变 $\Delta\theta_\mathrm{c} = 0$,因此比例环节产生的升降舵偏转角增量为 $\Delta\delta = -1.92°$,在调节过程结束后有 $\Delta h - \Delta h_\mathrm{c} = 0$,根据式(5.19)可知,其余的升降舵偏转角需要由高度差的积分提供。此时升降舵偏转角的分配情况如图 5-25 所示。

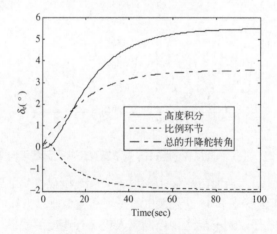

图 5-25 升降舵偏转角分配情况

建立了上述概念之后，给出典型的速度控制律如下：

$$\Delta \delta_\mathrm{T} = K_\mathrm{T}^V (\Delta V_\mathrm{c} - \Delta V) \tag{5.28}$$

当 $\Delta V_\mathrm{c} - \Delta V < 0$ 时，需要增大油门，因此 $K_\mathrm{T}^V > 0$。通常，油门舵机的带宽较小，无人机对速度控制的精度要求不高。但有一点需要明确，即：飞行速度控制系统总是同飞行高度控制系统一起工作的。

5.4.3 速度控制律增益设计

结合上一节中的内容，飞行速度控制律的典型结构图如图 5-26 所示。

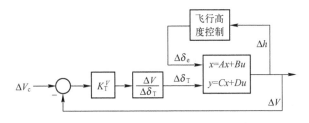

图 5-26 飞行速度控制结构图

根据图 5-26 中控制结构，在接入根据高度控制律之后，以油门为输入，以飞行速度为输出的开环传递函数如下式所示：

$$\frac{\Delta V}{\Delta \delta_\mathrm{T}} = \frac{6.018(s+0.65)(s^2+0.418s+0.128)(s^2+12.96s+68.45)K_\mathrm{T}^V}{(s+0.205)(s+0.06)(s^2+0.989s+0.349)(s^2+12.85s+67.74)} \tag{5.29}$$

式（5.29）对应的根轨迹如图 5-27 所示。

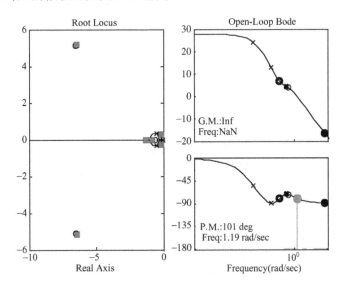

图 5-27 飞行速度控制系统的轨迹

选择反馈系数 $K_\mathrm{T}^V = 0.2$，红色的点为对应的特征根，此时飞行速度的阶跃响应如图 5-28 所示。

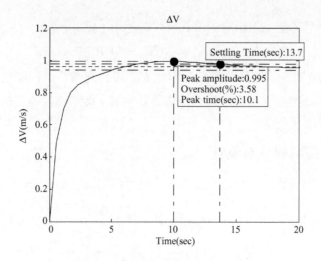

图 5-28　飞行速度的阶跃响应曲线

采用式（5.28）中所示的控制律对油门舵机的要求较高，因此，有些无人机上也采用开环的油门控制，即只根据不同巡航速度下的配平结果给出发动机的油门开度。

第 6 章 无人机横侧向运动的稳定与控制

横侧向运动包括了无人机绕两个轴的转动,即滚转运动和偏航运动。由于滚转角速度会产生偏航力矩,偏航角速度也会引起滚转力矩,因此,无人机本身的航向与滚转运动是交联的。同时,横侧向运动的控制是通过副翼和方向舵两个控制舵面实现的,使得滚转和偏航的操纵也是交联的。所以说,严格意义上讲,无人机的横侧向运动系统不能再看作单输入单输出的系统,它应该是一个多变量控制系统。但为了易于阐述和理解,我们仍将横侧向系统简化为单输入单输出系统,采用经典方法来研究。横侧向运动主要有三种模态,即荷兰滚模态、快速滚转模态和螺旋模态。控制的目的就是针对不同的模态采取相应的措施来保证无人机的横侧向运动性能,如提高螺旋运动的稳定性、提高荷兰滚运动的阻尼等。

6.1 无人机横侧向运动特性分析

6.1.1 横侧向特征方程与模态

以本书的用例无人机为对象,具体分析横侧向运动的特征根和运动模态。仍选取"定常水平无侧滑直线飞行"作为基准运动。由于基准运动为"水平"飞行,因此 $\mu_0 = 0$,横侧向线性化运动方程 $E\dot{X} = AX + BU$ 如下:

$$\begin{bmatrix} V_0 & 0 & 0 & 0 \\ 0 & 1 & 0 & 0 \\ 0 & 0 & 1 & 0 \\ 0 & 0 & 0 & 1 \end{bmatrix} \begin{bmatrix} \Delta\dot{\beta} \\ \Delta\dot{p} \\ \Delta\dot{r} \\ \Delta\dot{\varphi} \end{bmatrix} = \begin{bmatrix} Y_\beta & Y_p & Y_r-V & g \\ L_\beta^* & L_p^* & L_r^* & 0 \\ N_\beta^* & N_p^* & N_r^* & 0 \\ 0 & \dfrac{1}{\cos\theta_0} & 0 & 0 \end{bmatrix} \begin{bmatrix} \Delta\beta \\ \Delta p \\ \Delta r \\ \Delta\varphi \end{bmatrix} + \begin{bmatrix} Y_{\delta a} & Y_{\delta r} \\ L_{\delta a}^* & L_{\delta r}^* \\ N_{\delta a}^* & N_{\delta r}^* \\ 0 & 0 \end{bmatrix} \begin{bmatrix} \delta_a \\ \delta_r \end{bmatrix} \quad (6.1)$$

该线性方程的特征行列式为 $\Delta_L = |sE - A|$,具体如下:

$$\Delta_L = |sE - A| = \begin{vmatrix} s - \dfrac{Y_\beta}{V} & -\dfrac{Y_p}{V} & -\dfrac{(Y_r - V)}{V} & -\dfrac{g}{V} \\ -L_\beta^* & s - L_p^* & -L_r^* & 0 \\ -N_\beta^* & -N_p^* & s - N_r^* & 0 \\ 0 & -\dfrac{1}{\cos\theta_0} & 0 & s \end{vmatrix} \quad (6.2)$$

控制矩阵为:

$$\boldsymbol{B} = \begin{bmatrix} \dfrac{Y_{\delta a}}{V} & \dfrac{Y_{\delta r}}{V} \\ L^*_{\delta a} & L^*_{\delta r} \\ N^*_{\delta a} & N^*_{\delta r} \\ 0 & 0 \end{bmatrix} \qquad (6.3)$$

按照本书用例无人机的建模条件,取其基准运动参数为:$V_0 = 27.6\text{m/s}, \alpha_0 = 1.72°$,$\beta_0 = 0°$,$p_0 = q_0 = r_0 = 0\text{rad/s}, \theta_0 = 1.72°, \varphi_0 = 0°, \psi_0 = 0°, h_0 = 500\text{m}, x_{g0} = V_0, y_{g0} = 0$。假设无人机的惯性主轴与 Ox 轴重合,并且无人机的气动外形关于 Oxz 平面完全对称。通过配平可以得到此时无人机的4个控制舵面的值分别为:$[\delta_{T0} \quad \delta_{e0} \quad \delta_{a0} \quad \delta_{r0}] = [0.42 \quad -0.26° \quad 0° \quad 0°]$。在理想状态下,作用在无人机上的横侧向力和力矩均为零,因此基准运动下的副翼和方向舵均为零。根据前文我们对用例无人机在基准点上的小扰动线性化结果,可得到该无人机的横侧向线性运动方程为:

$$\begin{bmatrix} \Delta\dot\beta \\ \Delta\dot p \\ \Delta\dot r \\ \Delta\dot\varphi \end{bmatrix} = \begin{bmatrix} -0.6873 & 0.0325 & -0.9697 & 0.3456 \\ -132.84 & -11.199 & 0.7575 & 0 \\ 20.374 & 0.1988 & -1.0599 & 0 \\ 0 & 1 & 0 & 0 \end{bmatrix} \begin{bmatrix} \Delta\beta \\ \Delta p \\ \Delta r \\ \Delta\varphi \end{bmatrix} + \begin{bmatrix} 0.0004 & 0.003 \\ -1.3644 & 0.0741 \\ 0.0235 & -0.1394 \\ 0 & 0 \end{bmatrix} \begin{bmatrix} \delta_a \\ \delta_r \end{bmatrix} \qquad (6.4)$$

其对应的特征多项式为:

$$\Delta_{\text{LD}} = \sigma^4 + 12.94\sigma^3 + 44.23\sigma^2 + 253.4\sigma + 45.35 = 0 \qquad (6.5)$$

特征根为:

$$\begin{cases} \lambda_1 = -10.98 \\ \lambda_2 = -0.193 \\ \lambda_{3,4} = -0.884 \pm 4.656\text{j} \end{cases} \qquad (6.6)$$

可见,无人机的横侧向运动通常由两个非周期的运动模态和一个振荡模态组成。大的负实根对应于滚转运动模态,衰减很快。小的实根对应于螺旋模态,这种运动比较缓慢,是一种大时间常数的"弱"模态。这个小实根可能为正,也可能为负,所以螺旋模态可以是稳定的,也可以是不稳定的。如果具有小的正实根,则对应于缓慢发散的不稳定螺旋模态。共轭负根所对应的是一种振荡运动模态,称为荷兰滚模态。下面详细分析各个典型模态的物理本质。

一、滚转模态

一般来说,在扰动运动的初期,大负实根起主要作用,飞机滚转角速度和滚转角在非常短的时间内达到稳定状态,而其他参数,如侧滑角、偏航角速度则变化很小。这主要是由于滚转转动惯量 I_x 比偏航转动惯量 I_z 小得多(航模无人机的 $I_x = 1.71\text{kg}\cdot\text{m}^2, I_z = 5.13\text{kg}\cdot\text{m}^2$),因此在外部干扰的作用下无人机容易产生滚转运动而不易产生偏航运动。另外无人机的滚转阻尼通常较强(模型飞行器 $C_{lp} = -0.5257, C_{nr} = -0.1584$),滚转运动过程能够很快衰减。在外界扰动作用下容易产生滚转运动而不易产生偏航运动。另外,飞机的滚转阻尼较强,运动过程能很快衰减。因此，飞机在扰动运动初期表现为迅速衰减的滚转运动。

二、荷兰滚模态

滚转阻尼运动基本结束后，共轭复根的作用变得明显起来，滚转角、偏航角和侧滑角随时间作周期性变化。如果$|C_{l\beta}|$远大于$|C_{n\beta}|$，无人机就会比较突出地表现出荷兰滚运动。若无人机受到侧向扰动而向右滚转，则升力的分量$L\sin\phi$指向无人机的右侧，成为无人机转弯的向心力，使得飞行速度向量转向无人机右侧，从而形成右侧滑（$\beta>0$）。侧滑角将产生滚转稳定力矩和偏航稳定力矩两个力矩。由第3章的分析可知$C_{l\beta}<0, C_{n\beta}>0$，当$\beta>0$时会引起负的滚转稳定力矩，使得无人机向左滚转，以减小扰动引起的滚转角。与此同时，$\beta>0$引起正的偏航力矩，使得无人机向右偏转以减小侧滑角。由于$|C_{l\beta}|>|C_{n\beta}|$并且$I_x<I_z$，因此滚转角的调节过程要比侧滑角快，当滚转角$\phi=0$时，仍然存在正的侧滑角。由此形成的负的滚转力矩会使无人机继续向左滚转，并开始向左倾斜$\phi<0$。这时向心力$L\sin\phi$指向无人机的左侧，速度向量又转向左侧，形成左侧滑。另外，在调节过程的初期无人机开始右侧滑时，机头向右偏转$r>0$，因为存在交叉力矩且$C_{lr}>0$，将产生使无人机向右滚转的力矩，与侧滑角产生的稳定力矩方向相反，但是该力矩比较小，无人机仍向右滚转。

综上所述，无人机右倾斜引起右侧滑，形成左滚转和右偏航；进而引起左侧滑，又形成右滚转和左偏航，进而又形成右倾斜引起右侧滑，周而复始。这使得无人机的飞行轨迹呈S形，很像荷兰人滑冰的动作，故称荷兰滚模态，如图6-1所示。

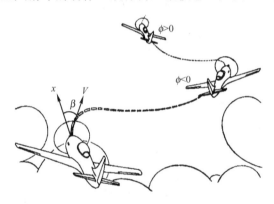

图6-1 荷兰滚模态

航模无人机的$C_{l\beta}=0.00968, C_{n\beta}=0.00990$，差别不大，因此两个共轭复根对应的阻尼较大，荷兰滚运动体现得不是很明显。但是对于$|C_{l\beta}|$远大于$|C_{n\beta}|$的无人机，例如无尾翼的无人机，将表现出比较明显的荷兰滚运动。

三、螺旋模态

小实根的作用在扰动运动的后期才会明显地表现出来，且往往首先表现为偏航角，其次是滚转角单调而缓慢的变化，若小实根为正，在不加控制的情况下无人机最终将进入尾旋。螺旋模态的物理成因如下：当$|C_{l\beta}|$较小，而$|C_{n\beta}|$较大时，容易产生不稳定的螺旋模态。其物理成因是：若无人机受到侧向扰动而向右滚转，则升力的分量$L\sin\phi$指向

无人机的右侧，成为无人机转弯的向心力，使得飞行速度向量转向无人机右侧，从而形成右侧滑（$\beta>0$）。由此形成的偏航稳定力矩较大，无人机向右偏转以减小侧滑，产生正的偏航角速率 r，由于 $C_{lr}>0$，正的偏航角速率将产生正的滚转力矩，由于 $|C_{l\beta}|$ 较小，产生的滚转恢复力矩较小，因此无人机将继续向右滚转。此时，升力在垂直方向上的分量 $L\cos\phi$ 小于无人机的重力，飞行高度也将缓慢下降，无人机最终沿着螺旋下降的轨迹运动，这种运动称为螺旋模态。

若 $|C_{n\beta}|$ 很大，则上述过程会继续发展，无人机滚转角越来越大，使 ϕ 减小的负滚转力矩较小，而 $C_{n\beta}$ 较大使得偏航角速度 r 的值较大，交叉力矩导数 C_{lr} 为正，产生较大的正滚转力矩。当负滚转力矩小于正滚转力矩时，无人机继续向右滚转，升力的垂直分量 $L\cos\phi$ 逐渐减小，轨迹向心力 $L\sin\phi$ 则逐渐增大，致使形成盘旋半径越来越小，高度不断下降，无人机最终将进入尾旋，如图 6-2 所示。

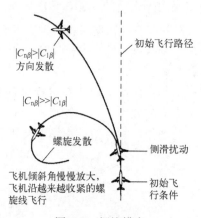

图 6-2 螺旋模态

螺旋模态不稳定对应小实根为正值。若小实根为负值，则螺旋模态是稳定的，此时不形成发散的螺旋飞行轨迹，但仍称它为螺旋模态。

综上所述，当 $|C_{l\beta}|$ 较大、$|C_{n\beta}|$ 较小的时候，荷兰滚模态体现得较为明显；而当 $|C_{l\beta}|$ 较小、$|C_{n\beta}|$ 较大时，螺旋模态的体现较为明显。根据第 3 章的分析可知，$|C_{l\beta}|$ 主要与机翼和垂尾的几何参数有关，$|C_{n\beta}|$ 主要与垂尾和机身的几何参数有关。总的来说，垂尾尺寸越大，$|C_{l\beta}|$ 越小，$|C_{n\beta}|$ 越大，螺旋模态越容易不稳定；因而现有的飞行器，特别是隐身飞机的垂尾越小（当然也是出于隐身性能的考虑）。反之，则荷兰滚模态越明显。因此在进行无人机的气动设计的初期就可以对其运动模态进行分析，从而改进设计，这就是所谓的随控布局。

总的来说，当横侧向受到干扰时，在扰动运动的初期，大的负实根起主要作用，表现为滚转角速度和滚转角的迅速变化；而其他参数，如侧滑角、偏航角速度则变化很小。这主要是由于无人机的滚转转动惯量较小造成的。无人机受到横侧向干扰后，横侧向运动变量的变化是由滚转、荷兰滚和螺旋三种典型模态叠加而成。对于不同的横侧向状态变量，各运动模态的比重是不同的。

6.1.2 横侧向运动的传递函数

航模无人机以副翼为输入的横侧向传递函数为：

$$\begin{cases} \dfrac{\Delta\beta}{\Delta\delta_a} = \dfrac{0.021(s-177.6)(s+6.531)(s+1.223)}{(s+10.98)(s+0.1932)(s^2+1.767s+22.36)} \\ \dfrac{\Delta\phi}{\Delta\delta_a} = \dfrac{78.1786(s^2+1.766s+18.28)}{(s+10.98)(s+0.1932)(s^2+1.767s+22.36)} \\ \dfrac{\Delta r}{\Delta\delta_a} = \dfrac{1.3497(s-8.26)(s^2+8.888s+43.7)}{(s+10.98)(s+0.1932)(s^2+1.767s+22.36)} \end{cases} \quad (6.7)$$

上述传递函数的幅频特性曲线和相频特性曲线如图 6-3 所示。

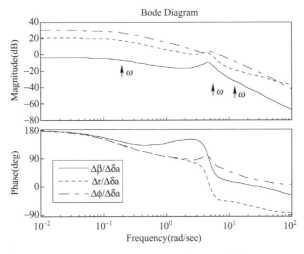

图 6-3 以副翼为输入的横侧向频率特性

通过对传递函数的频率特性进行分析，可以大致地了解各种模态在横侧向变量的调节过程中所起的作用。考虑荷兰滚模态，除了 ϕ/δ_a 外，其余传递函数的频率特性均出现比较明显的荷兰滚峰值。说明除了在副翼做脉冲偏转引起的响应中，$\Delta\beta$ 和 Δr 将表现出明显的荷兰滚模态，而滚转角的频率特性曲线与一阶系统非常类似，故其中主要体现滚转模态。另外，从式（6.7）中的第二式可以看出，在滚转角的传递函数中，分子的二次式基本上可与分母中的荷兰滚二次式抵消，即复数的零点和极点非常接近，这种偶极子效应，也使得荷兰滚模态在副翼脉冲偏转所引起的滚转角的响应中的比重很小。这也是许多文献书籍中均采用一阶惯性环节对 ϕ/δ_a 进行近似的原因。

航模无人机以方向舵为输入的横侧向传递函数为：

$$\begin{cases} \dfrac{\Delta\beta}{\Delta\delta_r} = \dfrac{0.188(s+43.19)(s+11.04)(s-0.009)}{(s+10.98)(s+0.1846)(s^2+1.776s+22.37)} \\ \dfrac{\Delta\phi}{\Delta\delta_r} = \dfrac{4.007(s-19.2)(s+12.63)}{(s+10.98)(s+0.1846)(s^2+1.776s+22.37)} \\ \dfrac{\Delta r}{\Delta\delta_r} = \dfrac{-7.99(s+11.02)(s^2+0.2812s+3.822)}{(s+10.98)(s+0.1846)(s^2+1.776s+22.37)} \end{cases} \quad (6.8)$$

式（6.8）中传递函数的幅频特性曲线和相频特性曲线如图 6-4 所示。

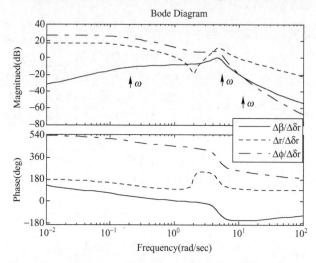

图 6-4　以方向舵为输入的横侧向频率特性

由图 6-4 可以看出，方向舵做脉冲偏转时，将导致横侧向状态量出现荷兰滚峰值。图 6-5 给出了航模无人机的一组脉冲响应。

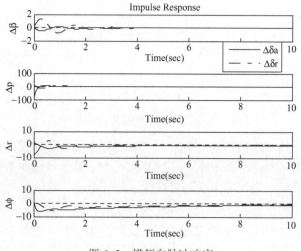

图 6-5　横侧向脉冲响应

综上所述，一般来说方向舵偏转主要引起荷兰滚模态，对滚转模态的影响不是很明显；副翼偏转主要引起滚转模态，但对荷兰滚有较大影响。从图 6-5 中可形象地看出上述结论。

6.2　滚转角的稳定与控制

6.2.1　滚转角的控制原理

当无人机作直线飞行时，要求滚转角 $\phi=0$。滚转稳定回路在外界干扰力矩作用下，力图保持无人机的滚转角为零。当需要改变无人机的航向角或做盘旋转弯时，一般借助于滚转角控制系统，输入给定的控制信号ϕ_c使无人机发生滚转，由滚转导致的升力在水平面内的分量$L\sin\phi$可以作为圆周运动的向心力，从而改变航迹偏转角，达到改变无人机航向角的目的。

滚转角的控制原理与俯仰角的控制原理非常类似，但也存在一定的区别，这主要是由无人机的纵向运动和横侧向运动的区别引起的。当副翼发生正偏转$\delta_a>0$（即左副翼向上，右副翼向下）时，无人机因左右两翼压力差形成滚转力矩而向左加速滚转，滚转角速度产生滚转阻尼力矩，其大小随滚转角速度的增大而增大。在加速滚转过程中，只要没有侧滑角$\beta=0$，就不会有滚转稳定力矩和偏航稳定力矩产生，于是滚转角加速度$\dot{q}$仅取决于控制力矩和阻尼力矩之差，直到二者平衡时，角加速度消失$\dot{p}=0$，此时如果副翼不回到中立位置，无人机将继续做等速滚转。即当无人机处于横侧向的平衡位置时，必然有：$\dot{p}=0$，$\delta_a=0$，无人机保持一定的滚转角飞行。而当无人机的纵向运动满足力和力矩的平衡条件时，升降舵一般要保持一定的角度，以抵消迎角产生的低头力矩。

6.2.2 滚转角控制律设计

由6.1.2节的分析可以看出，相比方向舵，副翼对滚转角的操纵作用较强，因此通常采用副翼来控制滚转角。常用的控制规律如式（6.9）所示。

$$\Delta\delta_a = K_a^p \Delta p + K_a^\phi(\Delta\phi - \Delta\phi_c) \tag{6.9}$$

根据小扰动原理，$\phi=\phi_0+\Delta\phi$，$\delta_a=\delta_{a0}+\Delta\delta_a$，$q=q_0+\Delta q$，而以"定常水平无侧滑直线飞行"为小扰动运动的基准运动时，有$\phi_0=0$，$\delta_{a0}=0$，$q_0=0$。因此在横侧向控制系统中$\phi=\Delta\phi$，$\delta_a=\Delta\delta_a$，$q=\Delta q$，即偏差量和全量没有区别。但是为了同纵向运动的控制保持一致，本书不省略增量符号"Δ"。

由第3章的内容可知，左副翼向上右副翼向下偏转时的舵偏量δ_a为正，正的舵偏将产生负的控制力矩，形成负的滚转角$\phi<0$。同样，正的干扰力矩会引起正的滚转角，相当于负δ_a的作用结果。所以干扰力矩可以折算为副翼的偏转角加到飞机上，这些干扰力矩可能来自于建模误差、无人机气动外形的不对称或者是载荷的影响。为了平衡干扰力矩的作用，无人机的副翼必须偏转一定的角度。由式可以看出，补偿干扰力矩所需的副翼偏转角必须由无人机的常值滚转角提供。因此，控制律中不包含滚转角误差的积分信号，则必然会产生滚转角控制的稳态误差。与纵向控制类似，在进行横侧向控制参数的设计时，仍然采用由内到外的原则。

6.2.3 滚转角控制律增益设计

一、滚转角速率反馈增益的设计

式（6.9）对应的控制结构如图6-6所示。

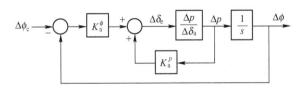

图6-6 滚转角控制回路结构图

按照图 6-6 中控制结构,航模无人机以副翼为输入,以滚转角速率为输出的开环传递函数如式(6.10)所示。

$$\frac{\Delta p}{\Delta \delta_a} = \frac{-1172.4\, s(s^2 + 1.766s + 18.28)K_a^p}{(s+10.98)(s+15)(s+0.1932)(s^2 + 1.767s + 22.36)} \quad (6.10)$$

下面从根轨迹的角度观察滚转角速率反馈作用。将副翼回路的传递函数看作惯性环节,其时间常数设置为 $\tau = 1/15 \approx 0.067$。首先令 $K_a^p = 0$,画出式(6.10)对应的闭环传递函数的根轨迹,如图 6-7(a)所示;然后取 $K_a^p = 0.4$,式(6.10)对应的闭环传递函数的根轨迹如图 6-7(b)所示。

从图 6-7 中可以看出,若 $K_a^p = 0$,$K_a^\phi = 3.71$ 时系统将变得临界稳定;而取 $K_a^p = 0.4$,$K_a^\phi = 14.2$ 时系统才变得临界稳定,较大的滚转角反馈系数可以提高滚转角响应的快速性,有利于减小稳态误差。因此,引入滚转角速率反馈提高了系统的振荡阻尼,从而允许较大的滚转角反馈增益改变滚转角响应的动态特性,这与俯仰角速率反馈的作用类似。

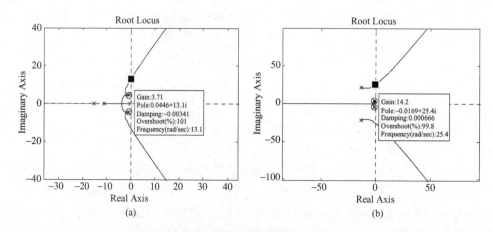

图 6-7 K_a^p 对滚转角控制回路根轨迹的影响

(a)$K_a^p = 0$;(b)$K_a^p = 0.4$。

通过根轨迹的设计,取滚转角速率的反馈系数 $K_a^p = 0.4$。

二、滚转角反馈增益的设计

从图 6-6 可知,设计完 K_a^p 后,在设计滚转角信号的反馈系数时,新的开环传递函数应为接入滚转角速率反馈后所得的闭环传递函数,俯仰角控制回路可以简化成如图 6-8 所示结构图。

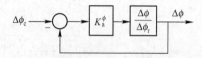

图 6-8 引入角速率反馈后滚转角控制回路简化结构图

根据图 6-8 中的控制结构,以 $\Delta\phi_c$ 为输入、以 $\Delta\phi$ 为输出的开环传递函数可以由式(6.10)中的开环传递函数,并结合 $K_a^p = 0.4$ 的反馈系数,根据自动控制原理中结构图的等效变换方法求得，其结果为：

$$\frac{\Delta\phi}{\Delta\phi_\mathrm{r}} = \frac{1172.4(s^2+1.767s+18.31)K_\mathrm{a}^\phi}{(s+0.048)(s^2+1.895s+19.36)(s^2+26s+637.5)} \quad (6.11)$$

绘制式（6.11）对应的闭环传递函数的根轨迹如图6-9所示。

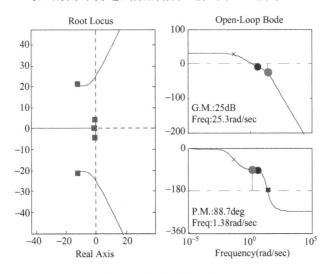

图6-9 滚转角控制回路根轨迹图（$K_\mathrm{a}^p=0.4$）

没有接入滚转角反馈之前开环系统的特征根为：

$$\begin{cases} \lambda_1 = -13\pm 21.6\mathrm{j}, & \omega=25.2, \ \xi=0.515 \\ \lambda_2 = -0.048, & \omega=0.048, \ \xi=1 \\ \lambda_{1,2} = -0.947\pm 4.3\mathrm{j}, & \omega=4.4, \ \xi=0.214 \end{cases} \quad (6.12)$$

图6-9中的方块部分是$K_\mathrm{a}^\phi=0.8$时系统的特征根，具体如下：

$$\begin{cases} \lambda_1 = -12.2\pm 21.2\mathrm{j}, & \omega=24.5, \ \xi=0.499 \\ \lambda_2 = -1.54, & \omega=1.54, \ \xi=1 \\ \lambda_{1,2} = -0.99\pm 4.27\mathrm{j}, & \omega=4.39, \ \xi=0.226 \end{cases} \quad (6.13)$$

可以看出，引入俯仰角反馈会减小滚转运动的阻尼。虽然当K_a^ϕ取值较大时可以增加系统响应的快速性并减小稳态误差，但会使系统的稳定裕度下降。考察此时的滚转角响应，图6-10给出了$K_\mathrm{a}^p=0$，$K_\mathrm{a}^\phi=0.8$和$K_\mathrm{a}^p=0.4$，$K_\mathrm{a}^\phi=0.8$两组参数对应的滚转角阶跃响应曲线。可以看出，在$K_\mathrm{a}^p=0$时，虽然系统的响应比较迅速，但是调节过程中存在明显的振荡。在接入滚转角反馈回路之后，滚转角的调节过程几乎没有了明显的振荡，这体现了滚转角速率的增稳作用。

图6-10中还可以看出，航模无人机的滚转角阶跃响应存在一定的稳态误差。为了消除稳态误差，可以引入滚转角的积分，其控制规律变为：

$$\Delta\delta_\mathrm{a} = K_\mathrm{a}^q\Delta q + K_\mathrm{a}^\phi(\Delta\phi-\Delta\phi_\mathrm{c}) + K_\mathrm{a}^{I\phi}\int(\Delta\phi-\Delta\phi_\mathrm{c})\mathrm{d}t \quad (6.14)$$

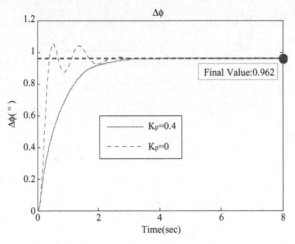

图 6-10 滚转角阶跃响应

设计反馈系数 $K_a^{I\phi}$ 时，可以不改变已经设计好的 K_a^{ϕ}，通过根轨迹进行增益选择，最终取 $K_a^{I\phi}=0.08$，$K_a^{\phi}=0.8$，系统的幅值裕度为 25dB，相位裕度为 84.5°。滚转角的阶跃响应如图 6-11 所示。

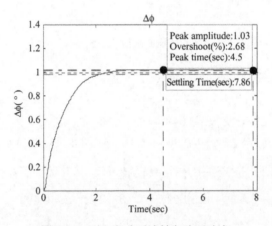

图 6-11 引入积分后滚转角阶跃响应

无人机的滚转角控制回路是横侧向控制的基础，由于升力的分量 $L\sin\phi$ 的存在，可以形成圆周运动的向心力，从而完成无人机的航向角以及与航线的侧向偏差的调整。

6.3 航向角的稳定与控制

6.3.1 航向角控制原理

航向角是指无人机纵轴在水平面上的投影与正北方向的夹角。航向角稳定与控制回路的目的是保持或改变无人机的航向角。无人机航向角可以由航向陀螺仪或陀螺磁罗盘进行测量，当无人机停放在地面时 ψ 为固定值。无人机飞行速度与正北方向的夹角为航迹方位角 ψ_a。ψ_a 可由惯性导航系统或 GPS 传感器得到，当无人机停放在地面时，由于没有运动速度，ψ_a 的值将在 0～360°之间不停地变化。无人机的滚转角为零时，ψ_a 和 ψ 之间的关系为：$\psi_a = \psi - \beta$，当侧滑角为零时，改变无人机纵轴的方向就意味着改变无人机飞行速度的方向。为了让无人机纵轴在水平面内的转动能够尽快地跟上飞行速度在水平面内的转动，使航向角的调节过程尽量平滑，要求转弯的过程中尽量减小侧滑角，实现协调转弯。可以看出，无人机在改变航向角时，飞行速度和无人机的纵轴都要发生转动。飞行速度的变化可由升力的分量引起；而纵轴在水平面内的转动只能由偏航力矩引起。根据在转弯过程中产生侧力的方法不同，无人机航向角的控制方法大致可以分为平转弯和协调转弯两种。下面将分别就这两种方法的控制原理进行介绍。

一、基于平转弯的航向角控制原理

早期的自动驾驶仪主要采用这种方式完成飞行器的航向角控制。具体来说，由垂直陀螺感受飞行器的滚转角，将此信号加入副翼通道，构成滚转稳定回路，其作用是保持飞行器的机翼在水平位置。采用航向角陀螺感受飞机纵轴相对于给定航向角 ψ_c 的偏离，并将此信号加入方向舵通道，构成飞行器航向角稳定与控制回路。为了增加横侧向运动的阻尼，在各自的回路里加入角速率信号，其控制规律为：

$$\begin{cases} \Delta \delta_a = K_a^q \Delta q + K_a^\phi \Delta \phi \\ \Delta \delta_r = K_r^r \Delta r + K_r^\varphi (\Delta \psi - \Delta \psi_c) \end{cases} \quad (6.15)$$

在这种控制方式下，由于机翼保持水平，因此转弯所需的侧力和偏航力矩均由侧偏角提供，所以这种方法在航向角的调节过程中必然存在较大的侧滑角，因而现在较少使用，只有在自动着陆段的机翼改平时，采用这种方法完成航向角控制，保证无人机的机头对准跑道。

二、基于协调转弯的航向角控制原理

协调转弯的描述通常有以下三种描述形式。第一种：速度向量与纵轴的夹角为零（$\beta=0$），两者以相同的偏航角速率在水平面内转动；第二种，由于无人机重心处的侧向加速度正比于侧滑角，所以当协调转弯飞行时，侧向加速度（$a_y=0$）；第三种，做协调转弯飞行时，在垂直方向上的升力分量与重力分量平衡，水平方向上升力的分量与离心力平衡。

基于上述分析不难推导出协调转弯飞行时无人机的平衡方程。首先，为了便于推导，假设无人机的俯仰角（$\theta=0$）。这样，协调转弯时无人机的受力情况如图 6-12 所示。

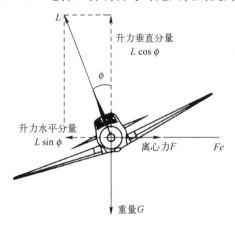

图 6-12 协调转弯时无人机的受力情况

由图 6-12 可以得出，无人机在水平和垂直方向上的力平衡方程为：

$$\begin{cases} mg = L\cos\phi \\ mV\dot{\phi} = L\sin\phi \end{cases} \quad (6.16)$$

式（6.16）表明，在协调转弯时，升力在垂直方向上的分力与重力平衡，以保持无人机在水面内飞行，即不掉高；升力在水平方向上的分力与无人机转弯时的离心力平衡。这样，无人机将以恒定的转弯角速度 $\dot{\phi}$ 在水平面内做圆周运动。将式（6.16）中的上下两式相除，可得：

$$\dot{\phi} = \frac{g}{V}\tan\phi \quad (6.17)$$

可以看出，若保持在转弯过程中无人机的飞行速度不变，基于协调转弯的航向角控制方法采用副翼控制无人机发生滚转，滚转导致的升力分量提供转弯过程中所需的侧向力。

总的来说，第一种控制方法是采用方向舵完成无人机航向角的稳定和控制，第二种方法采用副翼完成无人机航向角的稳定和控制。后者在航向角调节的过程中存在的侧滑角较小（或为零），因而整个调节过程更为快速、平稳。

6.3.2 航向角控制律设计

上节指出，基于协调转弯的航向角控制方法中副翼用于提供转弯所需的侧向力；无人机纵轴转动所需的侧向力矩可以侧滑角产生的偏航稳定力矩产生，也可以将无人机相对于给定航向角的偏离信号反馈到方向舵，由方向舵提供所需的偏航力矩。后者假设转弯过程中的侧滑角为零，控制侧滑角最有效的方法是直接将其反馈到方向舵，如式（6.18）所示。

$$\Delta\delta_r = K_r^\beta \Delta\beta \quad (6.18)$$

式中：$K_r^\beta < 0$，当 $\beta > 0$ 时将产生正的偏航力矩以加速无人机纵轴在水平面内的旋转。但是用于测量飞行迎角和侧滑角的传感器通常比较昂贵，而且精度不高，这种控制律很少在无人机上使用。因而无人机通常利用侧滑角产生的偏航稳定力矩提供转弯所需的偏航力矩，此时方向舵可以用来提高荷兰滚振荡的阻尼，此时，航向角控制的控制规律如式（6.19）中所示。

$$\begin{cases} \Delta\delta_a = K_a^q \Delta q + K_a^\phi(\Delta\phi - \Delta\phi_c) + K_a^{I\phi}\int(\Delta\phi - \Delta\phi_c)dt \\ \Delta\phi_c = K_\phi^\varphi(\Delta\psi - \Delta\psi_c) \\ \Delta\delta_r = K_r^r \Delta r \end{cases} \quad (6.19)$$

可以看出，由于将航向角的偏差作为滚转角指令，只要存在航向角偏差，无人机就进行滚转，产生的侧力使得无人机的飞行速度在水平面内转动，从而改变其航迹方位角，在此过程中，方向舵仅起阻尼与协调作用。另一种常见的控制方法是将航向角误差直接反馈到副翼，其控制律的表达式为：

$$\begin{cases} \Delta\delta_a = K_a^q \Delta q + + K_a^\phi(\Delta\phi - \Delta\phi_c) + K_a^\psi(\Delta\psi - \Delta\psi_c) + K_a^{I\psi}\int(\Delta\psi - \Delta\psi_c)dt \\ \Delta\delta_r = K_r^r \Delta r \end{cases} \quad (6.20)$$

两种控制方式的效果类似，但式（6.19）中的航向角误差直接反馈到内回路，因此对传感器精度、滚转角的控制精度要求相对较高；而式（6.20）中所示的控制律对反馈系数的取值相对较为敏感。本书主要对式（6.19）中所示的控制规律的设计进行介绍。

在进行等高度协调转弯飞行时，偏航角速率是垂直于地面的。为了平衡重力，无人机必须存在一定的飞行迎角；若要保持平飞，无人机必须存在一定的俯仰角。在协调转弯的初期，刚发生滚转时，升力大小来不及变化，但是在垂直方向上的分量变为 $L\cos\phi$，不足以平衡无人机的重力，因此会出现飞行高度下降的情况，这也体现了无人机横侧向运动和纵向运动的耦合。为了使无人机在转弯的过程中保持高度不掉，需要改变纵向控制律，加入滚转角反馈环节，无人机纵向控制律变为：

$$\Delta\delta_e = K_e^q \Delta q + K_e^\vartheta(\Delta\theta - \Delta\theta_c) + K_e^h(\Delta h - \Delta h_c) + K_e^{Ih}\int(\Delta h - \Delta h_c)dt + K_e^\phi|\phi| \tag{6.21}$$

无人机一旦出现滚转角时必然会引起飞行高度的下降，因此 $K_e^\phi < 0$，以便在滚转时使升降舵产生负舵，由此形成抬头力矩使无人机的飞行迎角增加，从而弥补滚转角造成的升力损失。K_e^ϕ 很难通过根轨迹来进行选择，通常先设计一个较小的反馈值，并通过仿真或飞行实验最终确定一个合适的值。

综上所示，采用基于协调转弯的航向角控制方法时，需要同时对无人机的升降舵、副翼和方向舵进行控制。

6.3.3 航向角控制律增益设计

式（6.19）中控制律对应的控制结构如图 6-13 所示。

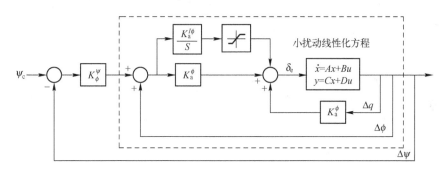

图 6-13 航向角控制回路结构图

接入滚转角控制内回路后，根据图 6-13 中的控制系统结构图，首先将虚线框内的系统结合现代控制理论的知识简化为一个新的系统，然后可以得到航向角控制系统的开环传递函数，以进行反馈增益的设计。滚转角控制回路作为航向角控制的内回路。按照设计原则，不改变内回路的反馈系数，仍取 $K_a^p = 0.4$，$K_a^\phi = 0.8$，$K_a^{I\phi} = 0.08$。根据图 6-13 中控制结构，可以测出，以 $\Delta\psi_c$ 滚转角指令为输入，以 $\Delta\psi$ 为输出的开环传递函数如下所示：

$$\frac{\Delta\psi}{\Delta\psi_c} = \frac{16.204(s-8.26)(s+0.1)(s^2+8.88s+4.37)K_\phi^\psi}{s(s+1.429)(s+0.1042)(s^2+1.981s+19.25)(s^2+24.43s+599.2)} \tag{6.22}$$

首先确定反馈系数 K_ϕ^ψ 的符号。假设航向角的误差 $\Delta\psi-\Delta\psi_c>0$，即无人机重心的运动速度在给定航向角的右侧，若 $K_\phi^\psi<0$，则 $K_\phi^\psi(\Delta\psi-\Delta\psi_c)$ 得到的滚转角指令小于零，无人机将向左滚转，升力在平面内的分量 $L\sin\phi<0$，无人机的飞行速度向量先于纵轴向左转动，以减小与给定航向角的误差。当 $\Delta\phi-\Delta\phi_c=0$ 时，滚转角指令为零，副翼为零，无人机沿着给定航向角飞行。故反馈系数 K_ϕ^ψ 应小于零。绘制式（6.22）对应的闭环系统的根轨迹如图 6-14 所示。

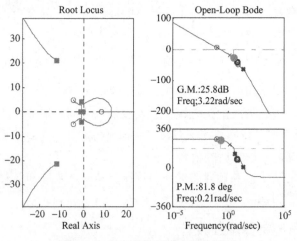

图 6-14　航向角控制回路根轨迹图

从根轨迹上可以看出，当 $K_\phi^\psi=-12.4$ 时系统将变得不稳定。选择 $K_\phi^\psi=-0.6$，系统的幅值裕度为 25.8dB，相位裕度为 81.8°，满足幅值稳定裕度和相位稳定裕度的要求。航向角的阶跃响应如图 6-15 所示。

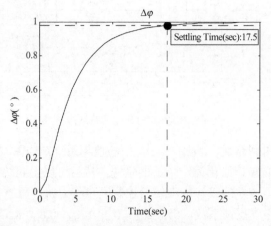

图 6-15　航向角的阶跃响应

K_ϕ^ψ 取得较大时，虽然响应速度变快，但从根轨迹可以看出，系统的稳定性变差。一般来说，为了防止出现失速，无人机通常都有最大滚转角的限制，航模无人机的滚转角工作范围为 $\phi_{max}=\pm20°$，若 K_ϕ^ψ 取得太大，则很容易使得滚转角指令饱和，起不到实际的调节作用。

6.3.4 荷兰滚阻尼器

荷兰滚阻尼器（也称偏航阻尼器）用来提高荷兰滚运动的阻尼，使无人机的航向角调节过程尽可能的平滑。实践表明，通过修改无人机的气动外形来提高荷兰滚阻尼是非常困难的。例如，将垂直尾翼的面积增大一倍，可以有效地增加航向静稳定力矩系数 C_n^β，从而提高荷兰滚运动的阻尼。但是无人机的飞行阻力和机构重量会大大增加，并且对侧风的反应也大为加剧，反而降低了无人机的飞行性能。

无人机上常将偏航角速率反馈到方向舵的方法，以达到提高荷兰滚阻尼的目的，相应的控制律如式（6.23）所示。

$$\Delta \delta_r = K_r^r \Delta r \qquad (6.23)$$

式中：K_r^r 表示 Δr 到 $\Delta \delta_r$ 之间的传递系数。假设无人机受到正的偏航力矩，则 $\Delta r > 0$，若 $K_r^r > 0$ 则产生正的方向舵，由此产生的负的偏航力矩即为阻尼力矩。由于方向舵偏转角与 Δr 成比例，因此产生的附加力矩与无人机的运动方向相反，它阻止无人机的偏航运动，因而属于偏航阻尼力矩。式（6.23）对应的控制结构图如图6-16所示。

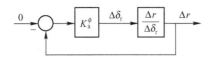

图6-16 荷兰滚阻尼器结构图

为了说明偏航角速率的荷兰滚阻尼作用，考虑航模无人机横侧向在开环情况下，以方向舵为输入、以偏航角速率为输出的开环传递函数如下：

$$\frac{\Delta r}{\Delta \delta_r} = \frac{-7.99(s+11.02)(s^2+0.2812s+3.822)K_r^r}{(s+10.98)(s+0.1846)(s^2+1.776s+22.37)} \qquad (6.24)$$

画出式（6.24）对应的闭环传递函数的根轨迹，如图6-17中所示。

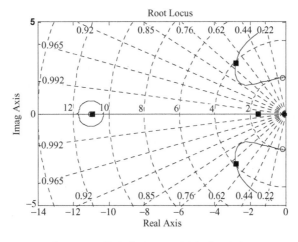

图6-17 荷兰滚阻尼器回路根轨迹图

在没有接入偏航角速率反馈之前，开环系统的特征根为：

$$\begin{cases} \lambda_1 = -10.98, & \omega = 10.9, \ \xi = 1 \\ \lambda_2 = -0.19, & \omega = 1.56, \ \xi = 1 \\ \lambda_{1,2} = -0.884 \pm 4.656\mathrm{j}, & \omega = 4.72, \ \xi = 0.19 \end{cases} \quad (6.25)$$

取 $K_\mathrm{r}^r = 0.65$ 时，从图 6-17 中的根轨迹图上可以得出，系统的特征根变为：

$$\begin{cases} \lambda_1 = -10.9, & \omega = 10.9, \ \xi = 1 \\ \lambda_2 = -1.56, & \omega = 1.56, \ \xi = 1 \\ \lambda_{1,2} = -2.81 \pm 2.74\mathrm{j}, & \omega = 3.93, \ \xi = 0.72 \end{cases} \quad (6.26)$$

可以看出，增加 K_r^r 对滚转模态（大实根）和螺旋模态（小实根）的影响不大，但是对荷兰滚模态的阻尼比有较大的影响，即：引入偏航角速率反馈可以有效地增加系统的阻尼。但是，上述控制规律中采用反馈信号来自角速率陀螺，其测量的信号为无人机绕着各机体轴旋转的角速率。而在稳态转弯时，无人机的转弯角速率 $\dot{\varphi}$ 在无人机的 Oz_b 轴上必然存在一个稳定的分量 $r_\mathrm{b} = \dot{\varphi}\cos\theta\cos\phi$，于是荷兰滚阻尼器将产生一个恒定的方向舵偏转角，见式（6.27）。

$$\Delta\delta_\mathrm{r} = K_\mathrm{r}^r \dot{\varphi}\cos\theta\cos\phi \quad (6.27)$$

在稳态转弯时，这个附加的方向舵会产生稳定的偏航力矩，阻止无人机的机头偏转，导致在协调转弯的过程中会引起很大的侧滑角，从而降低了无人机的机动性，这是所不希望的。为了减小荷兰滚阻尼器对协调转弯造成的影响，提高无人机的机动性，通常需要引入清洗网络，此时，荷兰滚阻尼器的控制律具有如下形式：

$$\Delta\delta_\mathrm{r} = K_\mathrm{r}^r \frac{\tau s}{\tau s + 1} \Delta r \quad (6.28)$$

式中的清洗网路的实质是一个高通滤波器，它可以滤除偏航角速率的稳态值，其时间常数可以由系统的频率特性来确定，对于航模无人机可取 $\tau = 0.5$。最后，对引入荷兰滚阻尼器的航向角控制阶跃响应进行考察，令 $\Delta\phi_\mathrm{c} = 10°$，航向角的阶跃响应以及在航向角调节过程中的侧滑角变化情况如图 6-18 所示。

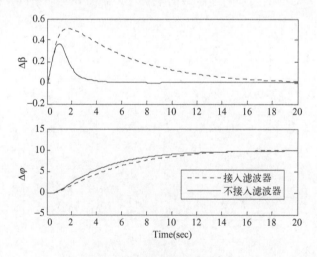

图 6-18 航向角阶跃响应

从图 6-18 可以看出，接入清洗网络之后，无人机在转弯过程中的侧滑角峰值明显减小，并且能够在较短的时间内收敛到零，能够实现协调转弯。

6.4 侧向偏离的稳定与控制

飞行控制的最终目的是使飞行器以足够的准确度保持在预定的轨迹上。这一控制目的可以分解为沿垂直方向（高度）与航迹切线方向（速度）的自动控制以及侧向偏离的自动控制。实际上，侧向偏离控制与高度控制在原理上有许多相似之处。高度控制以俯仰角控制为内回路，侧向偏离的自动控制以偏航角以及滚转角的控制为内回路，即无人机采用倾斜转弯的方式来达到修正和控制侧向偏离的目的。

6.4.1 侧向偏离控制原理

与航向角控制类似，根据转弯方式的不同，可以将侧向偏离控制律的方案分为两大类：

（1）利用协调转弯的方式，主要以副翼完成侧向偏离的控制，起阻尼与协调作用。
（2）通过水平转弯的方式，主要以方向舵完成侧向偏离的控制。

水平转弯的方式通常应用在具有轴对称布局的导弹中，而大多数具有面对称布局的无人机和巡航导弹都采用协调转弯的形式来进行侧向偏离控制。本节采用第一类侧向偏离控制方案。

与其他状态量不同，测向偏离信号无法直接测量，只能通过解算获得。假设在某一时刻，无人机和预定航线之间的几何关系如图 6-19 所示。

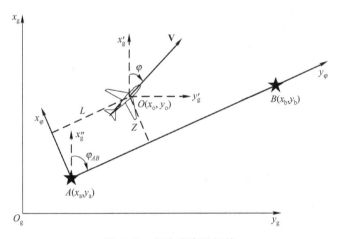

图 6-19 侧向偏离的解算

其中 (x_o, y_o) 表示无人机在水平面的位置，(x_a, y_a) 表示上一航路点（A）的位置，φ_{AB} 为 A 和 B 之间的航路的航向角。则侧向偏离的计算方法为：

$$y = -(x_o - x_a)\sin\varphi_{AB} + (y_o - y_a)\cos\varphi_{AB} \tag{6.29}$$

侧向偏离的符号规定为：无人机重心在航线 AB 之下（右偏离）的实时侧向偏离 y 为正。因此，图 6-19 中的侧向偏离为负。

为了使侧向偏离的调节过程尽量的平滑，增加侧向偏离振荡阻尼，需要引入侧向偏离的微分信号。同侧向偏离信号一样，其微分信号也不能直接测量。但航向角信号与侧向偏离微分信号成近似的比例关系，所以侧向偏离控制必须以航向角控制为内回路。下面对这一近似的比例关系进行推导。

首先，给出无人机的导航方程组：

$$\begin{cases} \dot{x}_g = u\cos\theta\cos\psi + v(\sin\phi\sin\theta\cos\psi - \cos\phi\sin\psi) + w(\sin\phi\sin\psi + \cos\phi\sin\theta\cos\psi) \\ \dot{y}_g = u\cos\theta\sin\psi + v(\sin\phi\sin\theta\sin\psi + \cos\phi\cos\psi) + w(-\sin\phi\cos\psi + \cos\phi\sin\theta\sin\psi) \\ \dot{h} = u\sin\theta - v\sin\phi\cos\theta - w\cos\phi\cos\theta \end{cases} \quad (6.30)$$

若将上述方程在地面坐标系内投影，并且考虑在无风的情况下，则有：

$$\begin{cases} \dot{x}_g = V\cos\theta_a\cos\psi_a \\ \dot{y}_g = V\cos\theta_a\sin\psi_a \\ \dot{h}_g = V\sin\theta_a \end{cases} \quad (6.31)$$

其次，考虑无人机在基准状态下飞行时，$\theta_{a0}=0$，仿照3.6.2节小扰动线性化的过程，忽略两阶以上的小量，得：

$$\Delta\dot{y}_g = V\cos\psi_a\Delta\psi_{a0} + \Delta V\sin\psi_a \quad (6.32)$$

在引入速度控制之后，可认为 $\Delta V \approx 0$，所以 $\Delta\dot{y}_g \approx V\cos\psi_a\Delta\psi_{a0}$。其中 $\Delta\psi_{a0}$ 的单位应为弧度。注意，Δy_g 为无人机相对于正北方向的侧向偏差。若假设 $\psi_{a0}=0$，即在初始时刻，UAV 沿着预定的航线飞行，则有：

$$\Delta\dot{y}_g \approx \frac{V}{57.3}\Delta\psi_{a0} \quad (6.33)$$

可以看出，侧向偏离的微分与航迹方位角信号成近似的线性关系，而在侧滑角为零时，航迹方位角等于无人机的偏航角。因此，以航向角控制作为侧向偏离控制的内回路可以增加侧向偏离振荡的阻尼。

注意，在进行航路点切换时，侧向偏离信号会发生跳跃，此时，需要切断侧向偏离的控制回路，采用航向角控制尽快地调整无人机的航向角瞄准到下一段航线确定的航向，当航向误差满足一定范围之后再接入侧向偏离的控制。

6.4.2 侧向偏离控制律设计

由式（6.29）知，若已知无人机的当前位置 (x_o, y_o)（导航定位系统给出）和当前航段信息 (x_a, y_a)、(x_b, y_b)（预装的航路给出），在航向角控制律的基础上，增加侧向偏离的反馈信息，即可得到无人机的侧向偏离控制律，如式（6.34）中所示：

$$\begin{cases} \Delta\delta_a = K_a^q\Delta q + K_a^\phi(\Delta\phi - \Delta\phi_c) + K_a^{I\phi}\int(\Delta\phi - \Delta\phi_c)\mathrm{d}t \\ \Delta\phi_c = K_\phi^\psi(\Delta\psi - \Delta\psi_c) + K_\phi^y(\Delta y - \Delta y_c) \\ \Delta\delta_r = K_r^r\dfrac{\tau s}{\tau s + 1}\Delta r \end{cases} \quad (6.34)$$

若要求无人机沿着预定的航线飞行,则侧向偏离给定值 $y_c = 0$。当无人机的侧向偏离为正,即 $y - y_c > 0$ 时,无人机要向左滚转进行修正,因此,$K_\phi^y < 0$。

假定图 6-20 给出了无人机同时存在航向角误差和侧向偏离时的航迹稳定过程。假设在图(a)时刻接通侧向偏离控制,此时,$\Delta y_c = 0$,由于无人机在航线的右侧,因而 $\Delta y > 0$,由于 $K_\phi^y < 0$,因此侧向偏差将产生负的滚转角指令;由于 $\Delta \psi_c = 0$,$\Delta \psi > 0$,且 $K_\phi^\psi < 0$,故航向角偏差也将产生负的滚转角指令,无人机将向左侧滚转。

在图(b)时刻,左侧滚转角将导致无人机的 ψ 变小,而侧向偏离的调节过程较慢,当 $\psi < 0$ 时,仍然存在正的侧向偏离,此时,航向角偏差将产生正的滚转角指令,无人机的滚转角有所减小,这体现了偏航角控制对侧向偏离控制的阻尼作用。

在图(d)时刻,无人机侧偏为零,航向角偏差也为零,此时的滚转角指令为零,无人机将沿着新的航线做直线飞行。

随着侧向偏离的继续减小,偏航角产生的滚转角指令将大于侧向偏离产生的滚转角指令,无人机开始左侧滚转,如图(c)时刻所示。

可以看出,在整个调节的过程中,侧向偏离产生的滚转角全部为负,而在调节的初期,当侧向偏离较大时,航向角也产生负的滚转角,加速无人机的转弯;当侧向偏离较小时,航向角产生正的滚转角,体现出较强的阻尼作用。

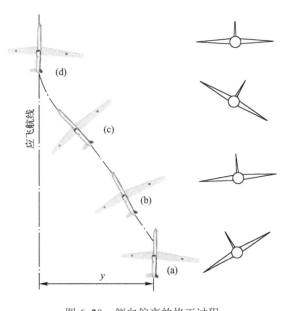

图 6-20 侧向偏离的修正过程

6.4.3 侧向偏离控制律增益设计

进行侧向偏离控制时通常不改变航向角控制和滚转角控制回路的反馈增益。即有:$K_a^p = 0.4$,$K_a^\phi = 0.8$,$K_a^{I\phi} = 0.08$,$K_\phi^\varphi = 0.6$,$K_r^r = 0.65$,$\tau = 0.5$。式(6.34)对应控制系统的结构图如图 6-21 所示。

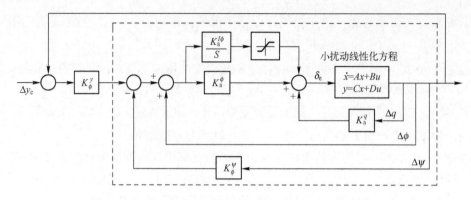

图 6-21　侧向偏离控制结构

根据图 6-21 中控制结构，可以得到以滚转角为输入，以侧向偏离为输出的开环传递函数为：

$$\frac{\Delta y}{\Delta y_c} = \frac{-0.1253(s+41.57)(s-29.67)(s+5.762)(s+0.1)(s^2+2.545s+6.495)K_\phi^y}{(s+6.07)(s+0.91)(s+0.29)(s+0.09)(s^2+3.22s+7.31)(s^2+24.53s+600.3)} \quad (6.35)$$

画出式（6.35）对应的闭的根轨迹，如图 6-22 所示。

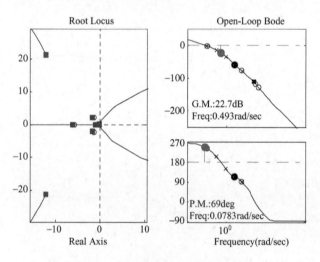

图 6-22　侧偏控制回路的根轨迹

从根轨迹上可以看出，当 $K_\phi^y = -1.2$ 时系统将变得不稳定。选择 $K_\phi^y = -0.1$，系统的幅值裕度为 22.7dB，相位裕度为 69°。侧向偏离的阶跃响应如图 6-23 所示，可以看出，取上述控制参数时，侧向偏离的过渡过程较为平滑，控制效果良好。

由于 $K_\phi^y = -0.1$，$K_a^\phi = 0.8$，所以从侧向偏离到副翼的增益为 $K = -0.08$，这意味着 1° 的副翼对应 12.5m 的侧向偏离。

虽然增大 K_ϕ^y 会使得侧向偏离阶跃响应的快速性增加，但是可能会导致系统的发散。由于航向角是侧向偏离控制的内回路，所以适当地增加航向角控制回路的反馈增益可以增加系统的阻尼，从而允许较大的 K_ϕ^y。

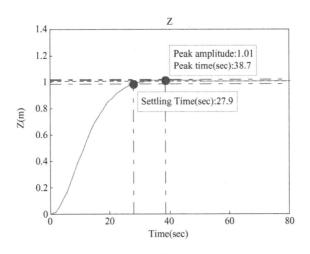

图 6-23 侧向偏离阶跃响应

6.4.4 自动着陆段的横侧向控制

上面的章节介绍了横侧向姿态控制和侧向偏离控制原理及相应的反馈增益设计方法，无人机在不同的飞行阶段需要控制的横侧向变量也不同。有时需要按照预设的航线飞行，有时又滚转角保持为零等。而无人机在自动着陆段的横侧向控制最为复杂，需要在不同的控制回路间进行切换，因此本节以自动着陆段的横侧向控制为例，介绍横侧向姿态控制以及侧向偏离控制的应用时机。

自动着陆段横侧向控制机构主要有副翼和方向舵，在地面滑跑段还有主轮的点刹等。航迹控制主要通过副翼来完成；方向舵用于增加荷兰滚运动的阻尼；点刹用于减小滑跑过程中无人机与跑道中心线的侧向偏差。通常情况下，无人机自动着陆横侧向控制方案如图 6-24 所示。

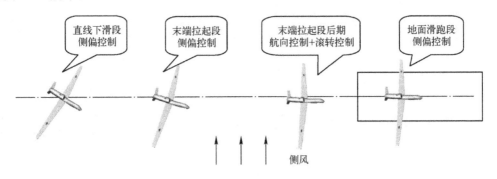

图 6-24 自动着陆横侧向控制方案

进场平飞段、轨迹获取段和直线下滑段这三个阶段横侧向均采用航迹控制，目的是将无人机引导至跑道上空，减小无人机与跑道之间的侧向偏差，保正地速的方向对准跑道。

进入末端拉起段后，横侧向仍采用航迹控制。当下降至一定高度时（通常为 15m），切断航迹控制，通过方向舵控制无人机的航向，进行反偏航机动以纠正侧风等干扰引起的机头相对于跑道中心线的偏航角，防止无人机在触地后滑出跑道。同时，使用副翼控制滚转角保持为零，防止接地时无人机的翼尖触地。

当无人机触地后，副翼仍采用滚转控制，保持机翼处于水平状态；方向舵控制航向角，当滑行速度减至一定值后，使用主轮差动刹车减小无人机与跑道中心线的侧向偏差。

由此可知，横侧向的侧向偏离控制几乎贯穿了无人机自动着陆的整个过程，由于跑道的宽度有限，若不能将侧向偏离控制在合理的范围内，无人机将落在跑道外面，这是很危险的。因此，侧向偏离的控制对无人机来说非常重要。

第 7 章 制导控制系统的实现

无人机的机载制导控制系统是无人机制导控制功能的实现设备,由于无人机"机上无人",所以,机载的制导控制系统就担负着引导和控制无人机飞行的关键任务,是无人机的核心组成部分,通常也称为无人机的导航与飞行控制系统,或称为飞行控制系统。本章从制导控制系统的结构原理、飞行控制计算机、敏感装置和执行机构等实际设备的角度阐述无人机机载制导控制系统的实现方法。

7.1 制导控制系统结构原理

制导控制系统自动驾驶飞机的过程与飞行员人工驾驶飞机的过程是相似的,其作为无人机系统的核心子系统,具有自主制导、自主飞行控制、任务管理等综合功能。典型的无人机飞行控制系统组成结构如图 7-1 所示。主要由飞行控制计算机、各类传感器(敏感装置)、执行机构等部分组成。当无人机接收到新的控制指令时,敏感元件感受到当前无人机的姿态和速度信号,经放大、计算处理,操纵执行机构(舵机),使相应控制面偏转。因为整个系统是按照负反馈原理构建的,控制的结果必然使得无人机趋向新的指令状态。当无人机的姿态和速度达到新的控制指令状态时,舵机以及与其相连的舵面也恢复到原位,无人机按照新的姿态和速度飞行。

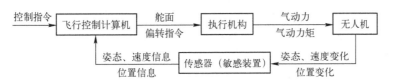

图 7-1 无人机飞行控制系统结构示意图

无人机制导控制系统实现时,通常是按照控制通道或模块的形式进行设计。一般来说,自动驾驶仪是无人机制导控制系统的简单实现形式,通常包括了基本的航线制导功能和俯仰、倾斜、偏航、速度等通道的控制功能。高级的自动驾驶仪也可以集成更为复杂的功能模块。图 7-2 是某小型无人机自动驾驶仪的控制通道结构原理图。该自动驾驶仪就是小型无人机的制导控制系统,它的控制通道包括有俯仰控制通道、倾斜控制通道、航向控制通道、油门控制通道、载荷控制通道和导航定位通道。俯仰控制通道通过升降舵控制无人机的俯仰运动,倾斜控制通道通过副翼控制无人机的横滚运动,航向控制通道通过方向舵控制无人机的偏航运动。油门控制通道通过油门舵机控制无人机的飞行速度。载荷控制通道负责对无人机载荷工作状态的控制,包括云台的姿态、载荷的工作状态、武器的投放等。导航定位通道通过与导航组件的信息交联,获得无人机的经度、纬度及高度信息，实现对无人机空间位置的控制。飞控计算机通过测控链路与地面控制站进行信息交互，获得地面人员对无人机的操控指令，同时，给地面控制站发送无人机的状态信息，使地面人员能够及时了解无人机的空中飞行状态。

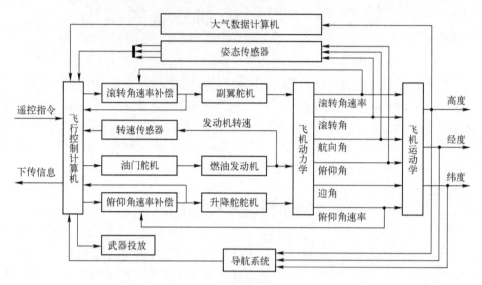

图 7-2 某小型无人机自动驾驶仪的控制通道结构原理图

根据无人机飞行控制的需要，自动驾驶仪的配置主要由飞控计算机、数据采集、GPS、数据链路、舵机驱动、电源、飞行模式切换等功能模块组成。其基本设计要求一般包括：

（1）飞行控制计算机应该具有较快的处理速度和丰富的内部资源。

（2）能够对倾斜传感器输出的两个倾角信号、气压高度计输出的高度信号、空速传感器输出的速度信号进行高精度采集及处理。

（3）对舵机和发动机油门等执行机构，能够进行脉宽调制（PWM）。

（4）具有多个通信接口，以便能与GPS导航系统、数据存储系统、无线传输系统、地面检测系统等进行通信。

（5）应该具有开关量控制接口，满足操作任务设备的要求。

（6）具有定时器以及电源监测能力。

（7）能够通过数传设备与地面控制台进行双向通信。

（8）能够进行遥控飞行与自主飞行模式的自动切换。

（9）能够进行数据存储，记录无人飞行器的飞行状态。

图 7-3 是某小型无人机制导控制系统的硬件构成图。为了提高制导控制系统的工作可靠性，也考虑到作为控制器核心的嵌入式处理器的实时数据处理能力，该型无人机的制导控制系统采用两个 ARM7 的嵌入式处理器，分别构建无人机的姿态控制模块和制导控制模块，形成分离的飞行控制计算机和任务制导计算机。飞行控制模块内部集成三轴 MEMS 陀螺仪、三轴 MEMS 加速度计和电子罗盘，通过作为执行机构的副翼舵机、升降舵机、方向舵舵机、云台稳定舵机等实现对无人机姿态的控制。任务制导模块内部集成 GPS 接收机、气压高度计、空速传感器和温度传感器等，通过油门舵机、开伞舵机和任务舵机实现对无人机飞行速度、位置和任务状态的控制。

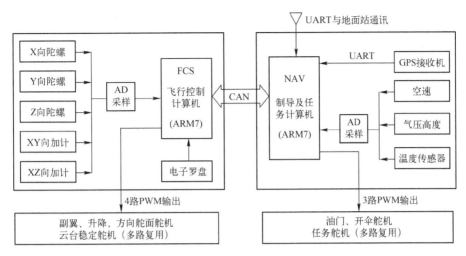

图 7-3 某小型无人机制导控制系统的硬件构成图

7.2 制导控制计算机

制导控制计算机是飞行控制系统的核心，它担负着飞行参数采集、余度管理、制导律、控制律解算等重要任务，经常也被称为飞行控制计算机。制导控制计算机采集对无人机的操控指令、大气参数和飞机的运动参数，按确定的制导规律和控制律生成相应的逻辑控制指令，通过执行机构控制无人机的飞行运动。

制导控制计算机主要分为模拟式制导控制计算机和数字式制导控制计算机。随着小型数字计算机技术的飞速发展，目前包括商用的无人机自动驾驶仪在内的、几乎所用的无人机飞控系统采用的都是数字式制导控制计算机。数字式制导控制计算机是指能够由数字计算机完成全部的模拟、数字与离散信号的处理与计算，包括制导控制律解算、机内自检测、余度管理、系统功能调度、故障处理和告警等功能的计算机。

7.2.1 硬件结构

通常，无人机制导控制计算机在硬件结构上主要包括以下功能模块：

（1）CPU 模块。是制导控制计算机的核心部分，包括微处理器、RAM、ROM、中断控制器、时钟电路、数据接口、译码器及内部总线接口电路等。

（2）余度监控管理模块。包括余度通道之间的信息交换电路、同步支持电路、通道故障监控电路和切换电路。

（3）机载总线接口模块。提供制导控制计算机与其他交联的机载系统的信息通信接口。

（4）模拟量输入接口。用于对传感器输出的模拟信号进行处理，并通过 A/D 转换器形成制导控制计算机可处理的数字信号。

（5）模拟量输出接口。用于将计算机解算出的数字量输出信号转化为模拟形式输出。

（6）离散量输入/输出接口。用于无人机制导控制所需要的离散量或生成的开关指令与数字计算机之间的转换接口，将需要的离散量转变成数字量送给计算机，并将输出的开关指令转换为离散量形式输出。

（7）机内自检测激励模块。提供系统自检测所需的电路和相应的激励信号发生器。

（8）二次电源。用于将机上电源转换为制导控制计算机可用的电源。

（9）其他模块。包括测试接口、应急控制电路等。

图 7-4 是一种无人机制导控制计算机的简要硬件组成结构图。其制导控制系统采用三余度计算机配置，即有三个同样结构和功能的 CPU（CPU1，CPU2，CPU3）。接口模块则采用双余度配置。对于制导控制系统来说，采用多余度配置是为了提高制导控制系统的安全性和可靠性。采用余度结构，三个计算通道分别独立运行传感器数据处理、控制律解算、故障监控等关键功能，并通过同步的数据交换和比较实现对通道有效性的监控。对于失效的计算通道，则及时剔除，保证整个系统的输出不受局部故障的影响，从而提高系统的可靠性和安全性。对于三余度的系统来说，通过余度管理，能有效保证一次故障—工作的飞控系统安全容限要求。

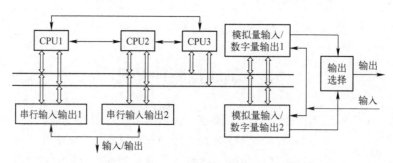

图 7-4 多余度制导控制计算机原理框图

7.2.2 软件组成

制导控制系统软件承担着制导控制律计算、余度管理、机内自检测等任务，同时指挥调度系统的各组成模块有序地工作，管理系统硬件资源，是系统实现制导控制和保证飞行安全的关键。制导控制软件可分为操作系统软件、应用软件和支持软件。操作系统软件用于管理和协调飞控计算机的硬件资源、进行任务调度，为应用软件提供运行平台。应用软件用于实现制导控制系统的各控制功能、机内自检测功能和余度管理功能等。支持软件是服务于操作系统软件和应用软件的软件系统，提供系统中各硬件模块的底层驱动程序。图 7-5 是无人机机载制导控制软件系统的一般结构原理。

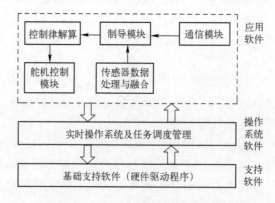

图 7-5 制导控制系统软件结构图

7.3 敏 感 装 置

敏感装置用于测量飞行控制律解算所需要的各种参数和信息,包括飞行环境的参数、飞行运动参数和目标特性参数,这些参数可以描述无人机所处飞行环境、自身运动状态、在空间的位置以及所关注的目标信息。控制系统的敏感装置主要包括大气参数测量装置、角速度测量装置、航向姿态角测量装置和导航定位装置。

7.3.1 大气参数测量装置

通常把飞机所在位置的气压高度、指示空速、真空速、马赫数、升降速度和大气温度等称为大气数据。测量这些数据的装置主要有大气数据计算机、压力传感器、总温传感器和迎角侧滑角传感器。

一、大气数据计算机

大气数据计算机是根据静压、动压、温度、迎角等基本参数,通过计算机运算后得到所需的大气参数,供用户设备和显示系统使用的大气数据计算装置。图7-6是大气数据计算机的原理示意图。大气数据计算机工作时,依次完成静压、全压、总温、迎角和各种开关量信号等的采集,经过接口转换模块转换成数字信号后送到CPU中,根据相应的公式计算出各种大气参数。计算结果通过数字量输出、D/A转换、开关量输出等模块进行输出。大气数据计算机输入参数的测量装置包括压力传感器、总温传感器及迎角、侧滑角测量传感器等。

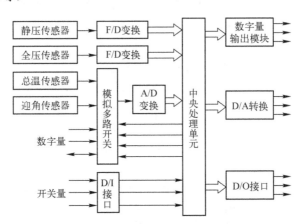

图7-6 某型无人机大气数据计算机原理图

二、压力传感器

压力传感器是测量动压和静压的装置,包括测压管和压力敏感元件。如图7-7所示,测压管置于流场中收集总压和静压,由压力敏感元件测出总压和静压值。测压管由一个正对迎面气流开口的内管和一个侧面有若干个圆形小孔的外管组成。内管称为总压管,相应的开口称为总压孔,是一端开口、一端接压力敏感元件的封闭长管,一般安装在机身头部或翼尖前缘不受紊流扰动的位置。并使孔口轴线正对气流,气流受到阻滞,压力敏感元件就能测出阻滞压力。外管称为静压管,侧面孔称为静压孔,其结构形式与总压管类似，但其开口位置不在测压管的前端，而是在与气流平行的平面上，即测压管表面。

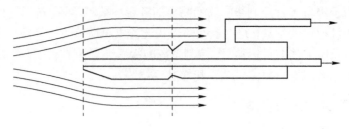

图 7-7　测压管示意图

三、总温传感器

总温传感器用于测量高速气流受阻时产生的阻滞温度，向大气数据计算机输出大气总温信号，以便进行真空速计算。如图 7-8 所示，总温传感器是一个横截面沿轴向收敛的管子。在靠近管子最小横截面处有一凸台，当气流过管子最小截面处时，由于空气黏性会使管子内壁形成附面层，使气流受阻迅速减速，动能就会转化为气流的热能。由于管子的封闭作用，使受阻气流来不及与外界大气进行热交换，从而可将其视作一个绝热阻滞过程，气流动能几乎全部转换成热能，使管内的空气温度和管内壁温度升高。实际上，由于管子并不封闭，进入管子的气流一部分将从管子出气口流出，另一部分则在管内凸台作用下转弯 90°，进入感温元件所在的空腔，并从 D 处流出。通过这个过程，感温元件就可以测出气流温度，即气流在凸台处受阻滞时的阻滞温度，近似等于气流总温。

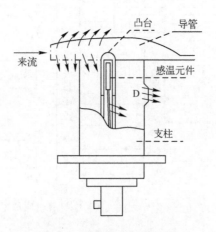

图 7-8　总温传感器原理图

四、迎角和侧滑角传感器

迎角是飞机机翼弦与迎面气流的夹角，也称攻角。侧滑角是飞机速度向量与其对称面的夹角。顾名思义，迎角和侧滑角传感器是用来测量迎角与侧滑角的，其一般形式是图 7-9 所示的旋转风标式结构。旋转风标式传感器是用风标感受空气动力的作用来测量迎角和侧滑角的变化，并通过电位器将这种变化转换为电信号输出。

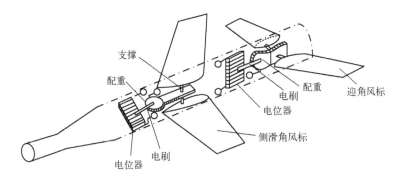

图 7-9 旋转风标式迎角传感器结构原理

7.3.2 角速度传感器

角速度传感器用来测量飞机的角速度，包括常规的速度陀螺仪、动力协调挠性陀螺和光学陀螺等精密陀螺仪，光学陀螺又分激光陀螺、光纤陀螺和压电陀螺等。常规的速度陀螺仪由单自由度陀螺、阻尼器、定位弹簧、输出电位计等部件组成。工作原理如图 7-10 所示，利用单自由度陀螺在外力矩作用下转子轴绕内环轴进动的特性实现对飞机绕 OY 轴的转动角速度 ω_y 的测量。

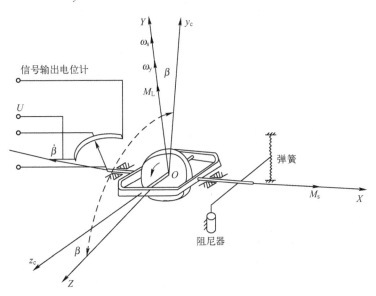

图 7-10 角速度陀螺原理图

设 OX 轴为内环轴，也是输出轴，OY 轴为输入轴或测量轴，OZ 为转子轴。当飞机沿 OY 轴有转速 ω_y 时，沿 OY 轴出现支架力矩 M_L。在支架力矩作用下，陀螺转子轴绕 OX 轴进动，进动角速度为 $\dot{\beta}$。侧滑角 β 出现后，弹簧产生力矩 $M_s = k\beta$，k 为弹簧刚度系数。力矩 M_s 方向沿 OX 轴方向。在 M_s 作用下，陀螺将绕 OY 轴做正方向进动，进动角速度 ω_s，其方向与 ω_y 同向。当 $\omega_s = \omega_y$ 时，陀螺达到平衡状态，$\dot{\beta} = 0$，则：

$$\beta = \frac{H}{k}\omega_y \tag{7.1}$$

式中：H 为角动量，k 为常数，所以 β 正比于 ω_y。

设传动比为 k_β，则输出信号电压值为：

$$U_{\text{out}} = \frac{k_\beta H}{k}\omega_y \tag{7.2}$$

上式说明转角 β 与输入角速度成比例。陀螺仪在相对基座出现转动时，同时带动信号输出电位计的电刷运动，输出与转角 β 成比例的电信号。该电压信号即反映了飞机绕某一机体轴转动的角速度。

7.3.3 航向姿态角测量装置

对于俯仰角和倾斜角的测量，是利用垂直陀螺中的双自由度陀螺的定轴性——陀螺转子轴方位相对惯性空间保持不变的特性来工作的，原理如图 7-11 所示。陀螺启动后，将转子轴调整到地垂线的方位上，并稳定在地垂线上，并作为测量飞机姿态角的基准。当飞机俯仰时，带动表壳和外环跟随集体一起转动，而内环绕内环轴保持稳定。外环随机体绕内环轴转过的角度就是飞机的俯仰角 θ。当飞机倾斜时，带动仪表壳体跟随飞机一起绕外环轴转动，表壳绕外环轴转过的角度就是飞机的倾斜角 γ。

航向角是飞机纵轴在水平面的投影与地理子午线的夹角，与磁子午线夹角称为磁航向角，两者之差成为磁差角。取地理子午线作为飞机航向角的基准。航向陀螺仪测量飞机航向角是利用双自由度陀螺转子轴相对于惯性空间方位稳定不变的原理。航向陀螺仪由双自由度陀螺、水平修正装置、方位修正装置和信号传感器等部分组成，其原理结构如图 7-12 所示。二自由度陀螺仪的外环轴垂直安装，自转轴调整到指北线方向。当飞机改变航向时，自转轴仍然稳定在指北线方向，即外环绕外环轴仍然保持稳定。根据仪表壳体与外环之间的相对位置，便可测量出飞机的航向角。

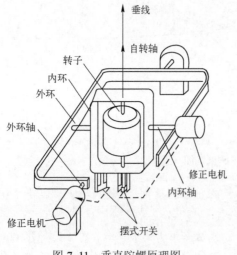

图 7-11 垂直陀螺原理图

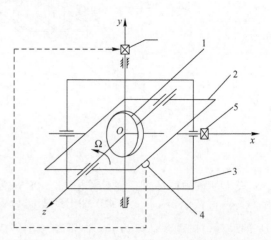

图 7-12 航向陀螺仪的原理示意图

1—陀螺转子；2—内环；3—外环；4—水平修正液体开关；
5—方位修正力矩电机；6—水平修正力矩电机。

7.3.4 导航定位装置

无人机的导航定位装置是用来确定无人机的实时位置、速度等参数的。早期的无人机主要采用无线电极坐标设备测量斜距、方位角和高低角来定位,由无线电遥测设备测量无人机绕三个轴的姿态来定姿。考虑到无人机长期在可控空域外飞行,且可能处于高对抗的复杂电磁环境中,目前广泛采用的是卫星导航、惯性导航、组合导航等。

一、机载 GPS 信号接收机

GPS 全球定位系统是由美国发展起来的军、民合用卫星导航系统,具有全球覆盖、全天候、高精度、准实时、容量大等优点。主要包括三大部分:GPS 卫星星座、地面监控系统和 GPS 信号接收机。GPS 接收机的主要任务是捕捉待测卫星,并跟踪这些卫星的运行。对所接收到的 GPS 信号进行变换、放大和处理,解译出 GPS 卫星发送的导航电文,实时计算出无人机的三维位置、速度和时间。

无人机的机载 GPS 信号接收机主要由天线单元、主机单元和电源三部分组成,如图 7-13 所示。天线由接收机天线和前置放大器两部分组成,作用是将极微弱的 GPS 卫星信号转化为电流信号,前置放大器则是将该信号电流放大。主机单元由变频器、信号通道、微处理器、存储器及显示器组成。变频器是使接收机得到稳定的高增益,并使 L 频段的射频信号变成低频信号。信号通道用于搜索、索引并跟踪卫星,解调出广播电文,进行伪距测量和载波相位测量。存储器用来存储卫星星历、接收机采集到的伪距观测值、载波相位观测值等。微处理器是 GPS 接收机的灵魂,GPS 接收机工作都是在微处理器指令统一协调下进行的。GPS 接收机电源主要有两种,一种为内电源,一种为外电源。主要功能是保证设备的正常供电及稳压功能。

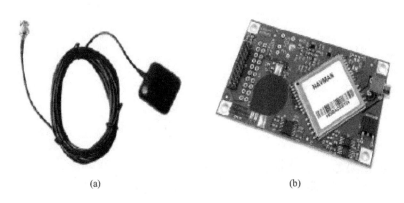

图 7-13 GPS 信号接收机
(a) 天线单元;(b) 主机单元和电源。

二、惯性导航系统

惯性导航是利用惯性测量元件测量载体相对于惯性空间的运动参数,并经过推算进行导航定位的。按惯性测量装置在无人机平台上的安装方式可将惯性导航系统分为平台式惯性导航系统和捷联式惯性导航系统。

平台式惯性导航系统是将惯性测量装置安装在惯性平台的台体上,其基本原理如图 7-14 所示。该系统主要包括加速度计、稳定平台、制导任务计算机和控制显示器。

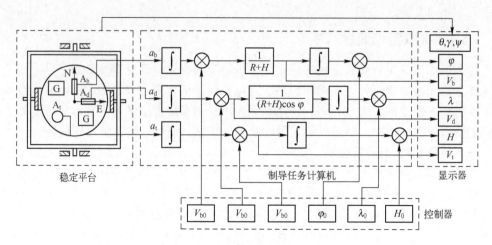

图 7-14 平台式惯性导航系统基本原理

从图 7-14 可知，加速度计测量载体的加速度，并结合给定的运动初始条件，由制导任务计算机算出载体的速度、距离和位置（经、纬度）。由陀螺仪测量载体的角运动，并经转换、处理，输出载体的姿态和航向。具体解算过程如下：

$$\begin{cases} V_d = V_{d0} + \int_0^t a_d dt \\ V_b = V_{b0} + \int_0^t a_b dt \\ V_t = V_{t0} + \int_0^t a_t dt \end{cases} \quad (7.3)$$

式中：V_{d0}、V_{b0}、V_{t0} 分别表示飞机沿东、北、天方向的初始速度。

飞机相对起始点的东向距离 L_d、北向距离 L_b 和高度 H 由式（7.4）求得

$$\begin{cases} L_d = L_{d0} + \int_0^t V_d dt \\ L_b = L_{b0} + \int_0^t V_b dt \\ L_t = H = H_0 + \int_0^t V_t dt \end{cases} \quad (7.4)$$

式中：L_{d0}、L_{b0}、H_0 分别表示飞机沿东、北、天方向的初始距离。

忽略地球半径差异，将其看成不旋转的圆球体，则可求出飞机所在点的经度和纬度。

$$\begin{cases} \lambda = \lambda_0 + \dfrac{1}{(R+H)\cos\varphi} \int_0^t V_d dt \\ \varphi = \varphi_0 + \dfrac{1}{(R+H)} \int_0^t V_b dt \end{cases} \quad (7.5)$$

式中：λ_0、φ_0 分别表示起始飞行的经度、纬度；R 表示地球半径。

捷联式惯性导航系统的陀螺仪和加速度计直接装在载体上。由于省去了机械结构的平台，所以结构简单、体积小、质量轻，成本大大降低，可靠性高，维护方便。捷联式惯导与平台式惯导在结构上虽有较大区别，但其基本工作原理没有本质的不同，故其误

差特性基本上是相同的，不同的只是误差的大小。

三、组合导航系统

组合导航是指把两种或两种以上的导航系统以适当的方式组合在一起，利用其性能上的互补以获得比单独使用任一系统时更高的导航性能。主要的组合导航系统有 GPS/惯性导航组合导航系统、多普勒/惯性导航组合导航系统等，应用最广泛的是 GPS/惯性导航组合导航系统。

惯性导航系统和 GPS 导航系统各有其显著的优缺点。惯性导航系统的导航误差随时间增长而发散，在需要长时间导航服务时，惯性导航系统就不能满足需要。而 GPS 系统接收机的工作受飞行器机动的影响，当飞行器机动超过 GPS 的动态范围时，接收机会死锁，或者误差增大，不能使用。而且 GPS 的信号更新频率一般在 1Hz~2Hz，如果飞行器需要快速更新导航信息，单独搭载 GPS 系统就不能满足飞行器更新信息的需要。

所以，一种更好的方式就是综合两种导航系统以构成 GPS/惯性组合导航系统。组合的优点表现在：对惯导系统可以实现惯性传感器的校准、惯导系统的空中对接、惯导系统高度通道的稳定等，从而可以有效地提高惯导系统的性能和精度；对 GPS 系统来说，惯导系统的辅助可以实现 GPS 完整性的检测，提高可靠性。另外，把 GPS 接收机放入惯导部件中，可进一步减少系统的体积、质量和成本，便于实现惯导和 GPS 同步，减小非同步误差。

7.4 执行机构

7.4.1 舵机的基本类型

舵机是舵回路的执行机构，其作用是输出力矩和角速度，驱动舵面偏转。其工作过程包括两方面：一方面是通过主传动部分的减速器带动鼓轮转动，操控舵面偏转；另一方面是通过测速传动部分的减速器带动测速发电机旋转，输出与舵面偏转角速度成正比的电信号，作为舵回路的负反馈信号，实现对舵回路的闭环控制。对于飞行控制系统来说，常用的舵机有三类，即电动舵机、液压舵机和电液复合舵机。

电动舵机以电力为能源，通常由直流电动机或交流电动机、测速传感器、齿轮传动装置和安全保护装置等组成。测速传感器是舵回路的反馈元件，用于测量舵面偏转角速度。电动舵机可分为间接式和直接式两种。间接式控制方式是在电动机恒速转动时，通过离合器的吸合，间接控制舵机输出轴的转速与转向。直接式控制方式是改变电动机的电枢电压或激磁电压，直接控制舵机输出轴的转速与转向。

液压舵机是以高压液体作为能源直接驱动舵面偏转的舵机。根据对液压的控制方式可将其分为液压助力器和电液伺服控制舵机两大类。液压助力器根据驾驶杆的位移信号控制高压油液流量，驱动作动筒中的活塞运动。电液伺服控制舵机根据电流输入信号控制油液流量。系统工作时，舵面偏转指令以电流信号的形式输入到舵机，经伺服放大器控制伺服阀，使其向作动筒输出与输入电流信号成比例的高压油液流量，驱动作动筒中的活塞运动。如果负载连接在这个活塞上，就可以使负载产生与输入信号成比例的位移。

位移传感器用于检测负载的实际位移量，并反馈到输入端与输入指令信号进行比较，通过负反馈控制使负载位移与输入指令一致。

电液复合舵机是电液副舵机和液压助力器（电液主舵机）的组合体，在操纵系统中既可作舵机，又可作助力器。复合舵机通常具有三种工作状态，即助力操纵状态、舵机工作状态和复合工作状态。在助力操纵状态时，它是作为液压助力器，根据飞行员的驾驶杆操纵指令，通过液压系统直接控制舵面偏转。在舵机工作状态时，它接受驾驶仪输出的舵面控制信号，通过电信号控制液压流量来操纵舵面偏转。在复合工作状态下，可实现对舵面的机械、电气复合操纵的要求。

7.4.2 舵机的开环特性

舵机是飞行控制系统的执行机构，是系统中极为重要的部件之一。飞行控制系统的性能在很大程度上取决于舵机的性能。因此在分析研究飞行控制系统时，通常需要确定地描述舵机的开环特性。本节以电动舵机为例分析其开环特性。

我们知道，电动机的机械特性通常表现为非线性特征，需要用一簇非线性曲线描述。因此，要描述具有非线性机械特性的电动舵机动特性是十分困难的。在工程实践中则采用小偏差线性化的方法研究平衡状态附近的增量运动，即把非线性机械特性近似为线性机械特性曲线，如图 7-15 所示，其斜率 B 等于：$\tan\beta = -\frac{\partial M}{\partial \omega} = -B$。式中 β 为机械特性曲线与横坐标的夹角。同样，电动机的力矩特性 A 也可做线性近似，如图 7-16 所示，即 $\tan\alpha = -\frac{\partial M}{\partial I} = -A$。式中，$\alpha$ 为电动机的力矩特性曲线与横坐标的夹角。

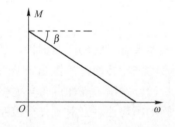

图 7-15 电动机线性机械特性曲线

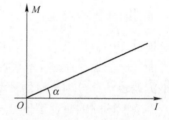

图 7-16 电动机的线性力矩特性

经过拉普拉斯变换，可做出电动舵机方块图如图 7-17 所示。

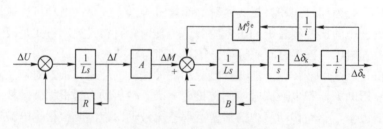

图 7-17 电动舵机方框图

当离合器机械特性曲线的斜率 $B \approx 0$，舵面负载为零时，可导出电动机空载时输入电压 $\Delta U(s)$ 与鼓轮 $\Delta\delta_k(s)$ 的传递函数 $W_M(s)$ 为：

$$W_{\mathrm{M}}(s) = \frac{\Delta\delta_{\mathrm{k}}(s)}{\Delta U(s)} = \frac{k_{\mathrm{M}}}{s^2(T_{\mathrm{M}}+1)} \tag{7.6}$$

式中：T_{M} 为舵机的电气时间常数；k_{M} 为电动舵机的静态增益。由于电动舵机的时间常数较小，在近似分析时可以忽略，有：

$$W_{\mathrm{M}}(s) = \frac{k_{\mathrm{M}}}{s^2} \tag{7.7}$$

当舵面负载不为零时，则有：

$$W_{\mathrm{M}}(s) = \frac{\Delta\delta_{\mathrm{k}}(s)}{\Delta U(s)} = \frac{Ai^2/M_j^{\delta_e} R}{(sT_{\mathrm{M}}+1)[(Ji^2/M_j^{\delta_e})s^2 - 1]} \tag{7.8}$$

忽略电动机的时间常数后，有：

$$W_{\mathrm{M}}(s) = \frac{Ai^2/M_j^{\delta_e} R}{(Ji^2/M_j^{\delta_e})s^2 - 1} \tag{7.9}$$

可见，电动舵机空载时的开环特性可用两个积分环节与一个一阶惯性环节的串联来描述。而舵机在铰链力矩作用下的动特性可用一个二阶无阻尼振荡环节与一个惯性环节的串联来描述。

当 $B \neq 0$，电动舵机的负载也不为零时，舵机的传递函数则为：

$$W_{\mathrm{M}}(s) = \frac{\Delta\delta_{\mathrm{k}}(s)}{\Delta U(s)} = \frac{A}{(sL+R)\left(Js^2 + Bs - \frac{M_j^{\delta_e}}{i^2}\right)} \tag{7.10}$$

从式中可以看出，由于 $M_j^{\delta_e}$ 是随飞机飞行状态而变化的量，若使 $M_j^{\delta_e} > 0$，那么，电动舵机的传递函数中将包含一个不稳定的二阶振荡环节，会导致电动舵机工作不稳定。进而可以得到当电动舵机有载，且 $M_j^{\delta_e} < 0$ 时，电动舵机在常值激励下的输出稳态表达式为：

$$\Delta\delta_{\mathrm{k}\infty} = -\frac{Ai^2}{RM_j^{\delta_e}} \cdot \Delta U \tag{7.11}$$

此式表明，舵机的稳态转角与输入电压成正比，但比例系数与铰链力矩成反比，说明铰链力矩影响着舵机的开环特性。

7.4.3 舵回路特性

通过对舵机开环特性的分析可以看出，铰链力矩对舵机的性能会造成较大的影响。为削弱铰链力矩对舵机工作的影响，改善舵机性能，通常引入测速反馈形成对舵机的伺服控制回路，称为舵回路。

舵回路是改善飞行控制性能不可缺少的设计，对于保证舵机的控制精度、拥有足够的带宽、实现控制器与舵机运动物理量之间的匹配具有重要作用。舵回路主要由舵机、放大器和反馈测量元件构成，如图 7-18 所示。图中，舵机的传递函数为 $W_{\mathrm{M}}(s) = k_{\mathrm{M}}/s$，舵机放大器的增益为 k_A，传动装置的传动比为 $-1/i$，反馈装置的传递函数为 $W_f(s)$。

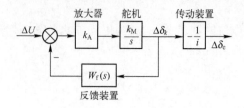

图 7-18 电动舵机的舵回路原理方框图

舵回路有三种基本类型，即硬反馈式（位置反馈式）、软反馈式（速度反馈式）和弹性反馈式（均衡反馈式）。

以速度反馈式为例。在图 7-18 中，使用舵偏角的偏转角速度作为反馈信号，则可令反馈环节的传递函数为 $W_f(s) = ks$，则舵回路的传递函数为：

$$\Phi_\delta(s) = \frac{\Delta\delta_e(s)}{\Delta U(s)} = \frac{\dfrac{k_A k_M}{s}}{1 + \dfrac{k_A k_M}{s} \cdot ks} \cdot \frac{-1}{i} = \frac{-k_A k_M / i}{1 + k_A k_M k} \cdot \frac{1}{s} \tag{7.12}$$

令 $k_\delta = (k_A k_M / i)/(1 + k_A k_M k)$，为速度反馈式舵回路的静态增益，则：

$$\Phi_\delta(s) = \frac{-k_\delta}{s} \tag{7.13}$$

所以，对于速度反馈式舵回路，在常值激励时的舵偏角的稳态角速度输出正比于输入电压，即 $\Delta\dot\delta_e = -k_\delta \Delta U$。

第 8 章　无人机编队飞行的制导控制

多无人机编队飞行是指多架无人机编排成一定的队形一起飞行的形式。编队是无人机完成任务，或实现特殊飞行要求的一种重要方式。在编队飞行中，为了克服干扰对队形的影响，也为了编队的飞行安全，需要进行编队保持。同时，根据任务、环境和飞行要求的不同，往往需要调整队形结构。所有这些要求的实现，都需要依赖于编队控制技术。编队控制贯穿于无人机编队飞行的整个过程中，对于任务的顺利开展和完成具有重要的意义。

8.1　无人机编队控制结构

编队控制结构是使无人机之间能够更好地进行信息交互、实现安全编队飞行的基础，其目标是使无人机编队的整体效能达到最大。根据无人机之间的信息交互方式，通常有三种编队控制架构，即集中式体系结构、分布式体系结构和分层式体系结构。

8.1.1　集中式体系结构

集中式体系结构需要设置一个控制中心，该中心掌握全局态势信息及各无人机的任务状态信息，负责运行全局的规划算法和分配算法，完成任务分解与指令生成，向成员无人机发布命令，组织编队成员协调配合完成任务，如图 8-1 所示。

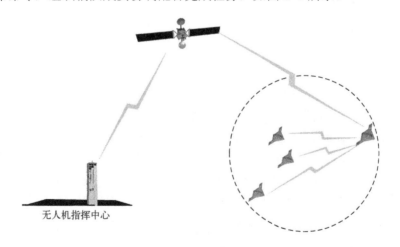

图 8-1　集中式体系结构示意图

主控中心掌握全部环境信息及各无人机信息，运用规划算法和优化算法，主控单元对任务进行分解和分配，向各受控无人机发布命令，并组织多个受控无人机共同完成任务。集中式组织结构能够从全局上对编队控制问题进行处理，其概念相对简单，实现也最为直接，但是在实际应用中存在诸多不足，主要表现在以下几个方面：

（1）由于所有的计算均集中在中央控制节点，导致其计算量大，求解大规模协同控制问题往往耗费大量计算时间，无法满足实时性要求。

（2）由于中央节点是系统的瓶颈，若该节点出现故障或遭到损毁，将导致整个系统崩溃，因此该组织结构的鲁棒性差。

（3）由于编队所有无人机的状态信息和观测信息均将传送到中央处理节点，因此增大的网络数据传输量和数据处理量，对系统通信带宽提出了更高的要求。

8.1.2 分布式体系结构

相对于集中式体系结构来说，分布式体系结构具有较好的可扩展性、灵活性、容错性和适应性。分布式结构中没有主控中心，各成员无人机之间的地位平等，且具有一定的智能性和自主能力，能够相互进行信息交流，自主地完成决策。图 8-2 所示的是这种体系结构的组织方式。

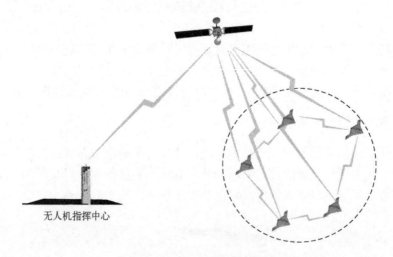

图 8-2　分布式体系结构示意图

在分布式组织结构中，控制中心仅在编队任务开始前和结束后具有控制权限，编队任务执行过程均由无人机进行自主控制。分布式组织结构能够充分发挥各无人机的自主性，通过快速获取环境信息和自身状态信息从而达到对协同态势的快速反应。由于该结构下不存在中心节点，所以任何一架无人机出现故障或功能丧失都不会对系统整体性能产生太大的影响，从而具有更强的鲁棒性和可靠性。但由于该结构下各无人机通过相互协商实现协同，因而无法保证控制方案的最优性。同时因为对无人机自主控制能力要求较高，导致系统结构复杂，协同控制难度增大，实现更加困难。

8.1.3 分层式体系结构

通过综合上述两种结构的优势和特点，可以构建一种分层式结构，如图 8-3 所示。可将其视为对集中式组织结构与分布式组织结构的一种平衡。在这一结构中，无人机具备一定的自主性,能够基于编队内部通信进行协同决策,达到对态势变化的快速反应。同时,该结构中存在中央控制节点对编队状态进行实时监测,并保留随时干预的权利。

中央控制节点负责编队更高层次的规划和调度,只在较粗的时间粒度上对编队任务执行过程进行全局调整,而将底层的智能或自主功能下放给编队无人机。该结构还可实现可变权限控制,即当环境复杂、通信不可靠时,可以将中心节点的控制权限降低,交由编队无人机自主控制。而当任务紧急,中心节点通过接收外部数据而比无人机更加了解环境状态时,可收回控制权限,转而由中心节点负责编队协同控制。该体系结构的特点是无人机编队成员在接受集中式管理的同时,成员之间能够相互进行信息交流,各无人机也具有一定的自主能力,能够自主完成有限的任务决策。

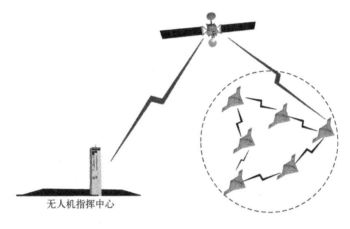

图 8-3 分层式体系结构示意图

基于分层式组织结构的无人机编队协同控制是在系统复杂性、实时性与系统性能之间实现平衡和折中。它能够更好地发挥无人机个体自主控制与集中指挥的互补优势,既可以获得较好的控制灵活性,又能够避免由大量集中计算所造成的系统瓶颈。在无人机的智能水平无法满足完全自主控制时,该种结构是实现无人机编队协同控制的非常有效的组织体系。

8.2 无人机编队保持控制

8.2.1 编队保持问题建模

无人机编队保持控制是指编队在飞行过程中各无人机之间的相对位置可控,整个编队的几何形态保持不变。整个编队保持控制的鲁棒性在很大程度上取决于各无人机的空间分布位置以及相互通信关系。下面将从这两个方面对无人机编队保持控制问题进行描述。

一、编队通信关系

编队无人机之间的通信和测量关系可以使用通信网络图表示。编队各无人机是网络图中的一个节点,各无人机之间的信息传递和共享关系是网络图中的边。不失一般性,

无人机编队所构成的通信网络可用固定有向图 $G=\{V_c,E_c\}$ 表示，节点集合为 $V_c=\{v_i\,|\,i=1,2,\cdots,n\}$，$v_i$ 表示编队第 i 架无人机，边集合 $E_c\subset V_c\times V_c$ 表示无人机间的通信连接关系，若存在无人机 v_i 指向 v_j 的通信连接，则有 $e_{ij}\in E_c$。编队"相邻"无人机可定义为：对于编队中任意无人机 v_i，对于 $\forall v_j\in V_c$，若 $e_{ji}\in E_c$，则称无人机 v_j 为无人机 v_i 的相邻无人机，记为：$v_j\in N_i$。

上述定义表明若两无人机相邻则必然存在二者之间的直接通信连接，由于通信的有向性，$v_j\in N_i$ 并不能等价于 $v_i\in N_j$。如图 8-4 所示无人机编队，无人机 v_4 的"相邻无人机"集合为：$N_4=\{v_2,v_5\}$。

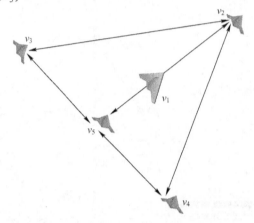

图 8-4 无人机编队通信网络示意图

在讨论相邻无人机的基础上，构造邻接矩阵 $\boldsymbol{G}_n=\{g_{ij}\}_{n\times n}$ 描述整个无人机编队的通信网络关系，其中矩阵元素 g_{ij} 定义为：

$$g_{ij}=\begin{cases}1 & j\in N_i\\ 0 & j\notin N_i\end{cases},\quad i=1,2,\cdots,n \tag{8.1}$$

例如，图 8-4 对应通信网络的邻接矩阵为：

$$\boldsymbol{G}_5=\begin{bmatrix}0 & 1 & 0 & 0 & 1\\ 0 & 0 & 1 & 1 & 0\\ 0 & 1 & 0 & 0 & 1\\ 0 & 1 & 0 & 0 & 1\\ 0 & 0 & 1 & 1 & 0\end{bmatrix}$$

对于无人机 v_i，若有 $\sum_{j=1}^{n}g_{ij}=0$，则称无人机 v_i 为编队长机（v_i 为虚拟长机）。每一无人机编队有且仅有一架编队长机（虚拟长机）。在无人机编队通信网络中，若存在编队长机至任意编队成员间的可达通信链路，则称编队通信网络是强连通的。

二、编队位置关系

无人机编队的位置关系可采用一个虚拟的刚性结构表示，每一个无人机均镶嵌在这一虚拟结构中，并且通过控制无人机的相对运动时刻保持这一虚拟结构的稳定。在集中式控制模式下,定义各无人机与虚拟结构中心(或虚拟长机)的相对位置即可刻画整个编队的位置关系。然而,对于分布式条件下的无人机编队问题,由于各无人机仅能实时获取与之相邻的无人机的位置和状态信息,为了保持与编队其他无人机的相对空间位置和运动方向,它仅能参照相邻无人机的位置和速度来决策自身的控制输入。图 8-5 为集中式和分布式编队相对位置关系示意图。

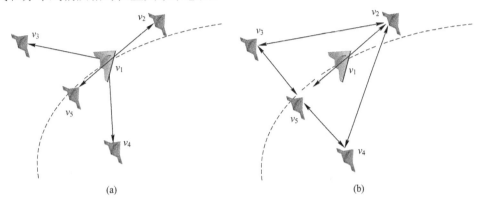

图 8-5 集中式和分布式编队相对位置关系示意图

(a) 集中式;(b) 分布式。

定义无人机 v_i 与其相邻无人机 v_j 间的期望位置关系为 $d_{ij}=[d_{ij}^x \ d_{ij}^y \ d_{ij}^h]^\mathrm{T}$,$d_{ij}^x, d_{ij}^y, d_{ij}^h$ 分别代表前向、侧向以及垂直距离,如图 8-6 所示。图中,$OXYZ$ 坐标系的原点定义在无人机 v_j 的质心处,OX 方向与无人机 v_j 的航迹方位角方向相同,OZ 指向地心方向。

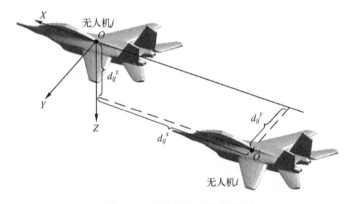

图 8-6 无人机相对位置关系

假定在时刻 t,无人机 v_i 与无人机 v_j 在地面惯性坐标系中的位置分别为 $[x_i \ y_i \ h_i]^\mathrm{T}$ 和 $[x_j \ y_j \ h_j]^\mathrm{T}$,无人机 v_j 的航迹方位角为 χ_j,那么此时可计算两机与期望相对位置的距离偏差 $e_{ij}=[e_{ij}^x \ e_{ij}^y \ e_{ij}^z]^\mathrm{T}$ 为:

$$e_{ij}=\begin{bmatrix} \cos\chi_j & \sin\chi_j & 0 \\ -\sin\chi_j & \cos\chi_j & 0 \\ 0 & 0 & 1 \end{bmatrix}\begin{bmatrix} x_j-x_i \\ y_j-y_i \\ h_j-h_i \end{bmatrix}-\begin{bmatrix} d_{ij}^x \\ d_{ij}^y \\ d_{ij}^h \end{bmatrix} \tag{8.2}$$

通过计算各相邻无人机之间的距离偏差，控制无人机舵面偏转，调整无人机的运动方向和速度，从而消除编队位置误差，或使误差尽量小，达到无人机编队整体运动的目的。

若保持任意时刻 t 时 $e_{ij}(t)=0$，由上式可得无人机 v_i 相对于无人机 v_j 的期望轨迹 $z_{ij}^r(t)=[x_{ij}^r(t) \quad y_{ij}^r(t) \quad h_{ij}^r(t)]^T$ 为：

$$z_{ij}^r(t)=\begin{bmatrix} x_j(t) \\ y_j(t) \\ h_j(t) \end{bmatrix} - \begin{bmatrix} \cos\chi_j(t) & -\sin\chi_j(t) & 0 \\ \sin\chi_j(t) & \cos\chi_j(t) & 0 \\ 0 & 0 & 1 \end{bmatrix}\begin{bmatrix} d_{ij}^x \\ d_{ij}^y \\ d_{ij}^h \end{bmatrix} \quad (8.3)$$

无人机编队保持的飞行控制过程可划分为编队初始化和编队保持两个阶段。为满足这两个阶段编队分布式控制的时效性、鲁棒性要求，可建立基于非线性模型预测控制的无人机编队控制方法。

8.2.2 分布式编队控制总体结构

采用分布式结构的编队控制体系，需要为每架无人机设计分布式编队控制器，结构原理如图 8-7 所示。该控制器将无人机编队控制过程分解为两个子过程：首先是无人机通过与其相邻无人机交互，获取局部编队信息，从而规划自身参考航迹，产生控制系统可接受的最优机动指令的分布式决策过程。之后，是无人机飞行控制系统产生舵面偏转指令控制飞行速度和无人机姿态，精确跟踪编队机动指令的过程，称为指令跟踪过程。

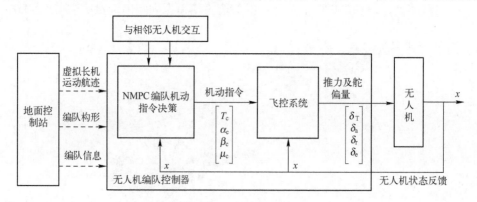

图 8-7 分布式编队飞行控制器结构

编队机动指令决策过程的实质是为满足编队飞行要求而寻求无人机最优机动动作的过程，采用非线性模型预测控制方法（NMPC）进行无人机机动指令优化决策。编队指令跟踪过程可视为无人机飞行控制系统执行机动指令的过程。该过程既可以依赖无人机现有的飞行控制系统实现，也可以通过设计新的编队指令跟踪器来实现。本部分主要阐述编队机动指令的生成方法。

8.2.3 基于 NMPC 的编队机动指令决策

简单起见，假设在编队机动指令决策过程中各无人机侧力为零，因为侧力很小，这种假设一般情况下是成立的。无人机在机动过程中总是尽量使侧滑角 $\beta = 0$，所以无人机关于 $\dot{V}, \dot{\chi}, \dot{\gamma}$ 的动态方程可以进一步简写。因为编队机动指令决策过程仅关注无人机的空间位置，而姿态控制由指令跟踪器完成，所以结合无人机导航方程组，给出无人机三自由度动态方程为：

$$\begin{cases} \dot{x} = V\cos\gamma\cos\chi \\ \dot{y} = V\cos\gamma\sin\chi \\ \dot{h} = -V\sin\gamma \\ \dot{V} = \dfrac{1}{M}(-D - Mg\sin\gamma + T\cos\alpha) \\ \dot{\chi} = \dfrac{1}{MV\cos\gamma}(L\sin\mu + T\sin\mu\sin\alpha) \\ \dot{\gamma} = \dfrac{1}{MV}(L\cos\mu - Mg\cos\gamma + T\cos\mu\sin\alpha) \end{cases} \tag{8.4}$$

其中，升力 L 和阻力 D 均可简化为速度和迎角的函数，定义状态变量 $\boldsymbol{x} = [x\ y\ h\ V\ \chi\ \gamma]^{\mathrm{T}}$，控制变量为 $\boldsymbol{u} = [T\ \alpha\ \mu]^{\mathrm{T}}$，输出变量 $\boldsymbol{z} = [x\ y\ h]^{\mathrm{T}}$。为便于后续研究，将上述方程表示成如下的非线性状态方程：

$$\begin{cases} \dot{\boldsymbol{x}} = f(x(t), u(t)) \\ z = cx \end{cases} \tag{8.5}$$

指令决策中需考虑的无人机实际约束包括状态约束和输入约束，其中状态约束包括：
（1）速度约束：$V_{\min} \leqslant V \leqslant V_{\max}$。
（2）航迹倾斜角约束：$\gamma_{\min} \leqslant \gamma \leqslant \gamma_{\max}$。
输入约束不仅包含其本身的值域约束，同时也包含其变化率的约束，具体包括以下三类：
（1）推力约束：$T_{\min} \leqslant T \leqslant T_{\max}$。
（2）迎角及其变化率约束：$\alpha_{\min} \leqslant \alpha \leqslant \alpha_{\max}$，$\Delta\alpha_{\min} \leqslant \Delta\alpha \leqslant \Delta\alpha_{\max}$。
（3）滚转角及其变化率约束：$\mu_{\min} \leqslant \mu \leqslant \mu_{\max}$，$\Delta\mu_{\min} \leqslant \Delta\mu \leqslant \Delta\mu_{\max}$。
同样将上述约束简单表述为以下形式：

$$x(t) \in \Xi, u(t) \in \Theta$$

下面考虑基于非线性预测控制的分布式编队机动指令决策模型及其实现算法。

考虑一个由 N 架无人机组成的编队，令 $\boldsymbol{z}_i = [x_i\ y_i\ h_i]^{\mathrm{T}}$ 为无人机 v_i 的输出状态量，$z_{-i} = \{z_j | j \in N_i\}$ 为与 v_i 相邻的无人机输出状态集，$\boldsymbol{u}_i = [T_i\ \alpha_i\ \mu_i]^{\mathrm{T}}$ 为无人机 v_i 的输入控制量，$u_{-i} = \{u_j | j \in N_i\}$ 为与 v_i 相邻的无人机输入控制集，定义全局编队代价函数 $L(z, u)$ 为：

$$L(z, u) = \sum_{i=1}^{N} L_i(z_i, z_{-i}, \boldsymbol{u}_i) \tag{8.6}$$

$L_i(\boldsymbol{z}_i, z_{-i}, \boldsymbol{u}_i)$ 为无人机 v_i 的局部编队代价函数，其表达式为：

$$L_i(\boldsymbol{z}_i, z_{-i}, \boldsymbol{u}_i) = \int_{t_0}^{t_f} \sum_{j \in N_i} \omega_{ij} \left\| z_i - z_{ij}^r \right\|_{Q_i}^2 + \left\| u_i \right\|_{R_i}^2 \mathrm{d}t \tag{8.7}$$

式中：$[t_0, t_f]$ 为编队飞行起止时间；ω_{ij} 为"相邻权重系数"，用于衡量相邻无人机 v_j 对 v_i 轨迹的影响程度，且 $\sum_{j=1}^{|N_i|} \omega_{ij} = 1$，$\|z_i - z_{ij}^r\|_Q^2 = (z_i - z_{ij}^r)^T Q(z_i - z_{ij}^r)$，$\|u_i\|_R^2 = u_i^T R u_i$，$Q = Q^T \geqslant 0, R = R^T > 0$，$z_{ij}^r$ 按式（8.3）求得。

无人机编队指令决策可以转换为最优控制问题，即在编队飞行时间 $[t_0, t_f]$ 内寻找最优控制轨迹 $u_i(t), t \in [t_0, t_f], i = 1, 2, \cdots, N$，使得全局编队代价函数 $L(z,u)$ 最小，即：

$$J_\Sigma = \min L(z,u) = \sum_{i=1}^N \min_{u_i(t)} L_i(z_i, z_{-i}, u_i) \tag{8.8}$$

同时，由上式可以看出，编队全局代价函数最小等价于编队各无人机的最小局部代价函数之和，这为编队控制指令的分布式决策提供了理论基础。然而，由于模型的非线性，无法对局部代价函数求得 $u_i(t)$ 的解析表达式。另外，由于非线性优化问题规模过大，难以一次性求解时域 $[t_0, t_f]$ 内 $u_i(t)$ 的所有数值解。为此，按照滚动优化思想，建立基于非线性预测控制的时域 T 内的分布式编队指令决策滚动优化模型。

首先令预测时域 $T \in (0, t_f - t_0)$，优化周期 $\delta \in (0, T]$，那么在编队飞行时域内的任意预测时刻可表述为 $t_k = t_0 + \delta k$，$k = \{0, 1, 2 \cdots\}$。定义无人机 v_i 在预测时域 $[t_k, t_k + T]$ 内的预测控制轨迹和设定控制轨迹：$u_i^*(\tau | t_k)$ 为 t_k 时刻的预测控制轨迹，$\hat{u}_i(\tau | t_k)$ 为 t_k 时刻的设定控制轨迹。其中 $\tau \in [t_k, t_k + T]$。

基于上述表述，t_k 时刻的编队决策指令 $u_i(t_k)$ 即可通过求解 NMPC 问题得出：寻求使无人机 v_i 在时域 $[t_k, t_k+T]$ 内最优化编队代价函数 $J_i(z_i^*(t_k), \hat{z}_i(t_k), \hat{z}_{-i}(t_k))$ 最小的预测控制轨迹 $u_i^*(\tau | t_k)$。从而，编队控制代价函数 $J_i(z_i^*(t_k), \hat{z}_i(t_k), \hat{z}_{-i}(t_k))$ 的优化问题数学描述为：

$$J_i(z_i^*(t_k), \hat{z}_i(t_k), \hat{z}_{-i}(t_k)) = \min_{u_i^*(\tau|t_k)} \int_{t_k}^{t_k+T} \sum_{j \in N_i} \omega_{ij} \|z_i^*(\tau | t_k) - \hat{z}_{ij}^r(s | t_k)\|_{Q_i}^2 + \|u_i^*(\tau | t_k)\|_{R_i}^2 d\tau$$

$$\text{s.t.} \begin{cases} \dot{x}_i^*(\tau | t_k) = f(x_i^*(\tau | t_k), u_i^*(\tau | t_k)) \\ z_i^*(\tau | t_k) = c x_i^*(\tau | t_k) \\ x_i^*(\tau | t_k) \subset \Xi, u_i^*(\tau | t_k) \subset \Theta \\ x_i^*(t_k | t_k) = x_i(t_k) \\ \|\hat{z}_i(\tau | t_k) - z_i^*(\tau | t_k)\| \leqslant \xi^2 \\ \hat{z}_{ij}^r(\tau | t_k) = \hat{z}_j(\tau | t_k) - \begin{bmatrix} \cos \hat{\chi}_j(\tau | t_k) & -\sin \hat{\chi}_j(\tau | t_k) & 0 \\ \sin \hat{\chi}_j(\tau | t_k) & \cos \hat{\chi}_j(\tau | t_k) & 0 \\ 0 & 0 & 1 \end{bmatrix} d_{ij} \end{cases} \tag{8.9}$$

通过上述优化问题，即可得到无人机 v_i 的预测控制轨迹为：

$$u_i^*(\tau | t_k) = [u_i^*(t_k | t_k), u_i^*(t_k + \delta | t_k), u_i^*(t_k + 2\delta | t_k), \cdots, u_i^*(t_k + T | t_k)]$$

取 $u_i(t_k) = u_i^*(t_k|t_k)$ 即得到 t_k 时刻的编队决策指令 $[T_i(t_k) \ \alpha_i(t_k) \ \mu_i(t_k)]^\mathrm{T}$。将决策指令施加于编队指令跟踪模块，得到无人机 v_i 的状态反馈，并将其作为下一预测时域的状态初值 $x_i(t_{k+1})$，同时计算下一预测时域的设定输入轨迹为：

$$\hat{u}_i(\tau|t_{k+1}) = \begin{cases} u_i^*(\tau|t_k), & \tau \in [t_{k+1}, t_k + T) \\ u_i^*(t_k + T|t_k) + \zeta \Delta u_i^*(t_k + T|t_k), & \tau \in [t_k + T, t_{k+1} + T] \end{cases} \quad (8.10)$$

进而设定输出状态轨迹可按下式求得：

$$\begin{cases} \dot{\hat{x}}_i(\tau|t_{k+1}) = f(\hat{x}_i(\tau|t_{k+1}), \hat{u}_i(\tau|t_{k+1})) \\ \hat{z}(\tau|t_{k+1}) = c\hat{x}_i(\tau|t_{k+1}) \\ \hat{x}(t_{k+1}|t_{k+1}) = x_i(t_{k+1}) \end{cases} \quad (8.11)$$

将预测时域后移一个周期，即针对 $\tau \in [t_{k+1}, t_{k+1} + T]$ 继续求解，可得到下一时刻的编队决策指令 $u_i(t_{k+1}) = u_i^*(t_{k+1}|t_{k+1})$。如此继续，便可完成整个编队飞行过程中的编队机动指令决策。t_k 时刻预测控制各变量关系如图 8-8 所示。

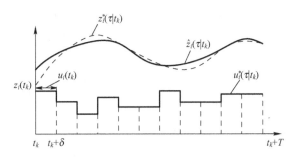

图 8-8 t_k 时刻的预测控制变量关系示意图

8.3 无人机编队重构控制

对于无人机编队，不同的编队几何构形具有不同的任务优势。任务的变更或者飞行环境的变化都要求无人机编队能够变换相对几何构形，从而实现编队重构飞行。建立适合于无人机编队重构的制导控制方法对于保证无人机编队安全顺利完成作战任务具有重要意义。

8.3.1 编队重构制导控制框架

基于模型预测控制的思想，建立如图 8-9 所示的编队重构制导控制框架。设 $T = 0$ 时刻为编队重构初始时刻，无人机编队重构控制过程分为三个步骤进行：一是编队中每架无人机状态的预测，通过无人机编队的当前状态 $X(k)$ 预测下一时刻的无人机编队状态 $X(k+1)$；二是编队无人机根据约束条件进行实时编队重构任务的优化决策，通过优化决策得到无人机编队的安全重构指令 $U(k)$；三是通过无人机飞行控制系统在保证不发生碰撞的前提下控制无人机编队实现有效的编队重构,并更新无人机编队的状态。

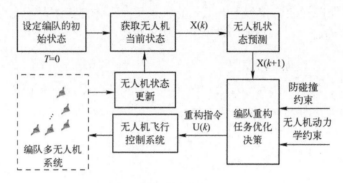

图 8-9 编队重构制导控制框架

8.3.2 无人机编队重构机动指令决策模型

考虑由 N_v 架同构无人机组成编队的重构问题,令无人机编队集合为 $V_c = \{v_i \mid i = 1, 2, \cdots, N_v\}$,无人机满足运动方程(8.4)。设采样周期为 τ,将无人机运动方程采用欧拉积分方法近似离散化,得到如下离散时不变状态方程为:

$$\begin{cases} x(k+1) = x(k) + V(k)\cos\gamma(k)\cos\chi(k)\tau \\ y(k+1) = y(k) + V(k)\cos\gamma(k)\sin\chi(k)\tau \\ h(k+1) = h(k) - V(k)\sin\gamma(k)\tau \\ V(k+1) = V(k) + \dfrac{\tau}{M}(-D(k) - Mg\sin\gamma(k) + T(k)\cos\alpha(k)) \\ \chi(k+1) = \chi(k) + \dfrac{\tau(L(k)\sin\mu(k) + T(k)\sin\mu(k)\sin\alpha(k))}{MV(k)\cos\gamma(k)} \\ \gamma(k+1) = \gamma(k) + \dfrac{\tau(L(k)\cos\mu(k) - Mg\cos\gamma(k) + T\cos\mu(k)\sin\alpha(k))}{MV(k)} \end{cases} \quad (8.12)$$

其中升力 $L(k)$ 和阻力 $D(k)$ 均为速度和迎角的函数。定义编队中无人机 v_i 的状态变量为 $\boldsymbol{x}_i(k) = [x_i(k)\ y_i(k)\ h_i(k)\ V_i(k)\ \chi_i(k)\ \gamma_i(k)]^T$,控制变量为 $\boldsymbol{u}_i(k) = [T_i(k)\ \alpha_i(k)\ \mu_i(k)]^T$,为方便表述,将无人机 v_i 对应的运动方程简写为:

$$\boldsymbol{x}_i(k+1) = f_i(\boldsymbol{x}_i(k), \boldsymbol{u}_i(k)) \quad (8.13)$$

令 Ξ 和 Θ 分别表示无人机的可行状态集和容许输入集,即有:

$$\boldsymbol{x}_i(k) \in \Xi, \boldsymbol{u}_i(k) \in \Theta, k \geqslant 0$$

那么整个无人机编队在 k 时刻的状态向量和控制向量分别为 $\tilde{\boldsymbol{x}}(k) = [x_1^T(k), x_2^T(k), \ldots, x_{N_v}^T(k)]^T \in R^{6N_v}$ 和 $\tilde{\boldsymbol{u}}(k) = [u_1^T(k), u_2^T(k), \cdots, u_{N_v}^T(k)]^T \in R^{3N_v}$。无人机编队系统的运动方程可表述为:

$$\tilde{\boldsymbol{x}}(k+1) = f(\tilde{\boldsymbol{x}}(k), \tilde{\boldsymbol{u}}(k)) \quad (8.14)$$

式中: $f(\tilde{\boldsymbol{x}}(k), \tilde{\boldsymbol{u}}(k)) = [f_1(x_1(k), u_1(k))^T, f_2(x_2(k), u_2(k))^T, \ldots, f_{N_v}(x_{N_v}(k), u_{N_v}(k))^T]^T$。在

给定各无人机控制输入 $\tilde{u}(1),\tilde{u}(2),\cdots,\tilde{u}(n)$ 及初始状态 $\tilde{x}(0)=\tilde{x}_0$ 的前提下，$k=n\tau$ 时刻的编队状态即可根据式（8.13）递阶求得。

设无人机编队系统的重构起始时间和初始状态分别为 t_0 和 $\tilde{x}_0$，重构目标状态为 $\tilde{x}_f=[x_{1f}^T,x_{2f}^T,\cdots,x_{N_vf}^T]^T$，且各无人机在 $\tilde{x}_f$ 处于平衡状态。给定足够小的正常数 $\varepsilon\in(0,\infty)$，权值矩阵 $P=P^T>0$，定义终端约束集为：

$$\Xi_f(\varepsilon)=\{\tilde{x}\in R^{6N_v}\mid \|\tilde{x}-\tilde{x}_f\|_P^2\leqslant\varepsilon\}$$

无人机编队重构机动指令决策的任务是寻求控制输入序列 $\tilde{u}(1),\tilde{u}(2),\cdots,\tilde{u}(n-1)$，使得无人机编队系统在各种约束条件的限定下，在尽可能短的时间内（设重构完成时间为 t_f），系统状态由 $\tilde{x}_0$ 转移至终端约束集 Ξ_f 内部，并保证规定代价函数最小。

选取如下形式的编队重构机动决策代价函数：

$$\min_{\tilde{u}}\tilde{J}=\|\tilde{x}(n)-\tilde{x}_f\|_P^2+\sum_{k=1}^{k=n-1}(\|\tilde{x}(k)-\tilde{x}_f\|_Q^2+\|\tilde{u}(k)\|_R^2) \tag{8.15}$$

式中：$t_f-t_0=n\tau$，τ 为采样周期，$P=P^T>0,Q=Q^T\geqslant 0,R=R^T>0$。约束条件除包括状态约束 $\tilde{x}(k)\in\Xi$、容许输入约束 $\tilde{u}(k)\in\Theta$ 以及终端约束 $\tilde{x}(n)\in\Xi_f$ 外，还包含如下三类约束：

1. 无人机最小间距约束

无人机在重构过程中发生碰撞将带来不可估量的损失，所以无人机避免碰撞是重构过程中必须首先满足的条件。为此，设定无人机编队重构的最小安全间距为 d_{safe}，以欧氏距离度量编队任意两无人机之间的间距，约束可表述为：

$$\sqrt{(x_i(k)-x_j(k))^2+(y_i(k)-y_j(k))^2+(h_i(k)-h_j(k))^2}\geqslant d_{\text{safe}} \tag{8.16}$$

2. 相邻无人机最大通信距离约束

为保持无人机编队重构过程中通信拓扑的联通性和不变性，相邻无人机间的距离不能大于编队的最大有效通信距离，否则可能导致通信中断的情况发生。为此，定义相邻无人机间的最大通信距离约束为 d_{comm}，将该约束表述为：

$$\sqrt{(x_i(k)-x_j(k))^2+(y_i(k)-y_j(k))^2+(h_i(k)-h_j(k))^2}\leqslant d_{\text{comm}},j\in N_i \tag{8.17}$$

3. 无人机与障碍物（禁飞区）之间距离约束

若无人机在复杂的空域中进行编队重构，为提高无人机生存能力，必须考虑无人机重构飞行的避障问题。定义障碍物（禁飞区）j 为无限高的圆柱体，其中心点坐标为 (o_{xj},o_{yj})，半径为 o_{rj}，障碍物集合为 $O_a=\{1,2,\cdots,N_o\}$，为此，编队重构的蔽障约束可表述为：

$$\sqrt{(x_i(k)-o_{xj})^2+(y_i(k)-o_{yj})^2}\geqslant o_{rj},j\in O_a \tag{8.18}$$

综上所述，无人机编队重构机动指令决策的整体优化模型可描述为如下形式：

$$\tilde{J}=\min_{\tilde{u}}[\|\tilde{x}(n)-\tilde{x}_f\|_P^2+\sum_{k=1}^{k=n-1}(\|\tilde{x}(k)-\tilde{x}_f\|_Q^2+\|\tilde{u}(k)\|_R^2)] \tag{8.19}$$

$$\text{s.t.} \begin{cases} \tilde{x}(k+1) = f(\tilde{x}(k),\tilde{u}(k)) \\ \tilde{x}(k) \in \Xi, \tilde{u}(k) \in \Theta \\ \tilde{x}(n) \in \Xi_f \\ \sqrt{(x_i(k)-x_j(k))^2+(y_i(k)-y_j(k))^2+(h_i(k)-h_j(k))^2} \geqslant d_{\text{safe}} \\ \sqrt{(x_i(k)-x_j(k))^2+(y_i(k)-y_j(k))^2+(h_i(k)-h_j(k))^2} \leqslant d_{\text{comm}}, j \in N_i \\ \sqrt{(x_i(k)-o_{xj})^2+(y_i(k)-o_{yj})^2} \geqslant o_{rj}, j \in O_a \end{cases}$$

8.3.3 基于 DMPC 的编队重构机动指令求解

考虑到无人机编队重构飞行中各架无人机之间的特性是解耦的，不同无人机在系统的动态特性上并没有关联，只是通过状态和控制约束发生相互作用，同时由于无人机重构过程中可以通过机间通信连接相互交换信息和进行协调。因此，建立一种基于分布式预测控制的无人机编队重构机动指令求解方法，如图 8-10 所示。

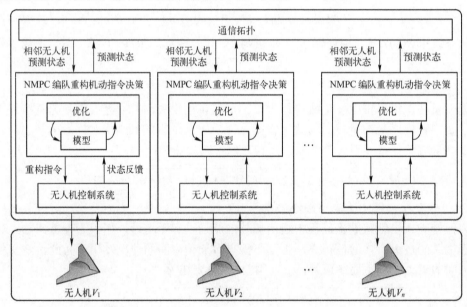

图 8-10 分布式编队重构机动指令求解原理

在 DMPC 结构中，各无人机的状态方程是独立的，其状态方程用式（8.14）描述。令模型预测时域为 T，按采样周期 τ 采样后得到预测步长为 N，编队重构机动指令求解的整体代价函数可分解为：

$$J(\tilde{x}(k),\tilde{u}(k)) = \sum_{i=1}^{i=N_v} \gamma_i J_i(X_i(k), X_{-i}(k)|U_i(k)) \tag{8.20}$$

其中，$\gamma_i > 0$ 为加权系数，$X_i(k) = \{x_i(k|k), x_i(k+1|k), \cdots, x_i(k+N-1|k)\}$ 为 k 时刻的 N 步预测状态集合，$U_i(k) = \{u_i(k|k), u_i(k+1|k), \cdots, u_i(k+N-1|k)\}$ 为 N 步预测输入集合，$X_{-i}(k) = \{X_j(k) | j \in N_i\}$ 代表与 v_i 相邻的无人机的 N 步预测状态集合。此时，无人机编队的整体重构优化控制问题可以分解为 N_v 个局部有限时域优化问题，如无人机 v_i 的局

部预测控制模型为：

$$u_i(k) = \arg\min_{U_i(k)} J_i(X_i(k), X_{-i}(k), U_i(k))$$

$$\text{s.t.} \begin{cases} x_i(k+q+1|k) = f_i(x(k+q|k), u(k+q|k)) \\ x_i(k+q|k) \in \Xi, u_i(k+q|k) \in \Theta \\ x_i(k+N|k) \in \Xi_{if} \\ x_i(k|k) = x_i^0(k) \\ G(X_i(k), X_{-i}(k)) \leqslant 0 \end{cases} \tag{8.21}$$

式（8.21）中，$q = 0,1,\cdots,N-1$，Ξ_{if} 表示无人机 v_i 的终端状态约束集，$x_i^0(k)$ 为 k 时刻无人机的状态反馈，将其作为此次预测的初始状态，$G(X_i(k), X_{-i}(k))$ 代表 v_i 与其他无人机间的最小、最大间距以及避障约束。

8.4 无人机编队控制仿真

本节搭建基于 Matlab R2008 的仿真环境，所有计算在一台 CPU 为 Intel 酷睿 i5，主频为 2.8GHz，Windows XP 操作系统的计算机上执行。

8.4.1 编队保持控制仿真

仿真无人机采用 IAI Pioneer 无人机模型，该型无人机是以色列航空工业公司研制的小型侦察无人机，其约束条件如表 8-1 所示。

表 8-1　IAI Pioneer 无人机约束条件

约束名称	min	max	变化率下限	变化率上限
空速	20	80		
航迹倾斜角 $\gamma/(°)$	-5	15		
推力 T/N	400	200		
迎角 $\alpha/(°)$	-5	15	-3	3
绕速度轴滚转角 $\mu/(°)$	-60	60	-30	30

在仿真实验中，考虑一个由四架无人机组成的编队，与编队虚拟长机按照如图 8-11 所示的编队通信与位置关系进行飞行，其中无人机 v_l 为虚拟长机，v_0 直接跟踪虚拟长机，v_1 与 v_2 与 v_0 通信连接，v_3 与 v_1 和 v_2 通信连接。图中坐标表示目标队形的相对位置关系，参数 d 为编队距离。在 Matlab/Simulink 环境中搭建仿真程序。考察编队直线飞行和编队协同机动的仿真试验。

一、编队直线运动仿真

对虚拟长机平飞的编队控制过程进行仿

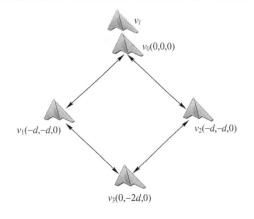

图 8-11　仿真编队飞行位置和通信关系

真。虚拟长机初始位置为$[0,300,60]^T$，航迹偏航角度$\chi=45°$，并以60m/s的速度匀速向前飞行。取编队距离参数$d=200$m，各编队无人机从不同的初始位置出发，在图 8-11 所示通信拓扑下实现对虚拟长机的编队跟踪飞行。采用NMPC算法求解编队机动指令，取参数$Q=\mathrm{diag}([10\ 10\ 10]^T)$，$R=\mathrm{diag}([0.1\ 10\ 30]^T)$，无人机$v_3$相对$v_1$与$v_2$的权重系数均为 0.5，一致性约束系数$\xi$为$[200\ 1\ 1]^T$。为兼顾指令决策的实时性与仿真有效性，取离散采样周期为 0.05s，预测控制时域为 0.5s，编队仿真飞行时间为 40s，其飞行过程如图 8-12 所示。

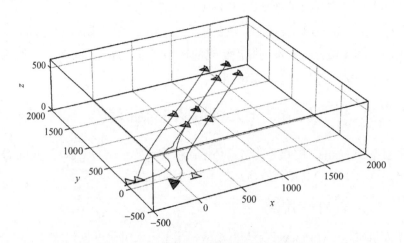

图 8-12　虚拟长机平飞中的编队飞行过程

图 8-13 给出了各无人机的速度变化曲线，从图中可以看出，为弥补初始编队误差，各无人机均进行适当速度调整，约 30s 后编队无人机速度趋于 60m/s。图 8-14 给出了编队飞行过程中的队形误差，当编队趋于稳定时最大误差为 6.3m，队形趋于稳定。由于无人机v_3仅能以v_1与v_2的位置输出作为编队飞行参考，因此其编队调整时间较其他无人机长。

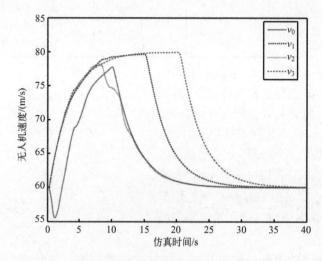

图 8-13　编队无人机速度变化曲线

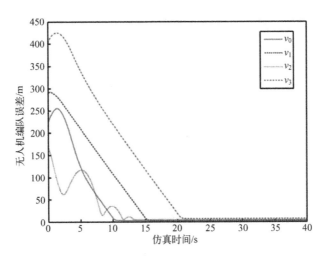

图 8-14 编队位置误差曲线

二、编队协同机动仿真

对虚拟长机在空间机动中的编队飞行过程进行仿真。首先虚拟长机从位置 $[100,100,0]^T$ 以航迹偏航角 $\chi=0$ 沿 x 轴运动，30s 时以偏航角速率 0.157 rad/s 左转，40s 时停止转向，以 1m/s 向上爬升并在 60s 时以 0.157 rad/s 向左转向。在机动过程中虚拟长机速度恒定为 50 m/s。编队距离参数 $d=100$m，为增强无人机编队飞行跟踪能力，取预测控制时域为 15δ，其他参数与直线运动时相同。编队飞行过程如图 8-15 所示，从图中可以看出，虚拟长机机动过程中，控制算法能够实现较好的编队飞行控制。

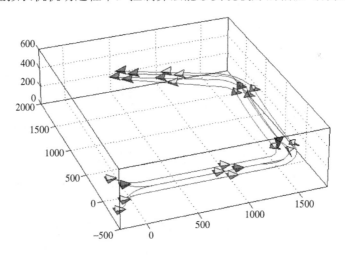

图 8-15 虚拟长机空间机动中的编队飞行过程

8.4.2 编队重构控制仿真

在仿真场景中，五架无人机以 60m/s 的速度沿 x 轴方向按巡航编队队形进行飞行，在 $t=20$s 时地面站同时向各架无人机发送编队重构指令，变换无人机编队为"一"字形，同时编队无人机的速度降为50m/s。设重构过程中的机间防碰撞距离为$2R=80$m，机间通信距离为350m，在重构空域中有两个半径为50m的空间障碍。无人机编队的初始位置的坐标、障碍中心位置的坐标和目标队形位置的坐标均在如图8-16所示的仿真场景中给出，无人机必须在重构过程中实现对禁飞区域的有效规避。

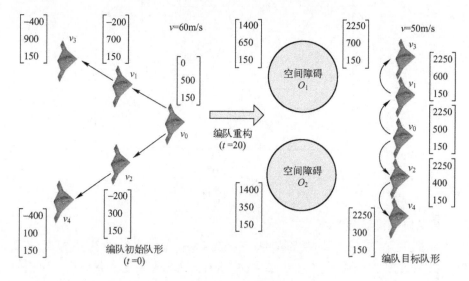

图8-16 编队重构仿真场景

取采样周期$\tau=0.05$，预测步长$N=10$，仿真时间为50s，时间代价函数的权重系数$w_{01}=w_{02}=100, w_{13}=w_{24}=50$。图8-17为编队重构轨迹，在第20s编队无人机接收到重构指令后，在输入控制集$U_i(k)$的作用下各无人机能够迅速调整自身状态，按给定的速度到达目标区域，同时能够有效地避免碰撞。

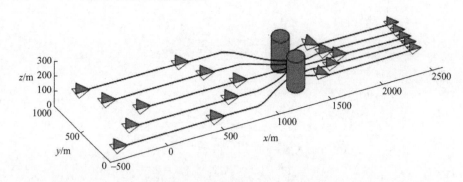

图8-17 无人机编队三维重构轨迹

图8-18表示编队中无人机之间的距离在重构过程中的变化曲线，可以看出无人机之间的距离一直保持在80m到350m之间，能保证各无人机之间不发生碰撞，且保持有效的通信距离。在第35s后各架无人机之间的距离基本保持在设定的距离（100m）。图8-19中（a）、（b）分别表示编队中每架无人机与空间障碍中心O_1、O_2之间距离的变化，每架无人机与障碍中心O_1、O_2都保持90m以上的安全距离。

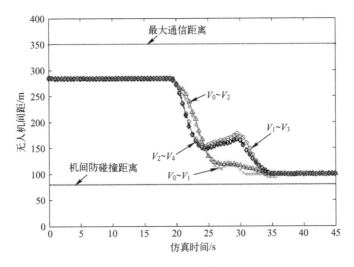

图 8-18 编队无人机机间距离的变化曲线

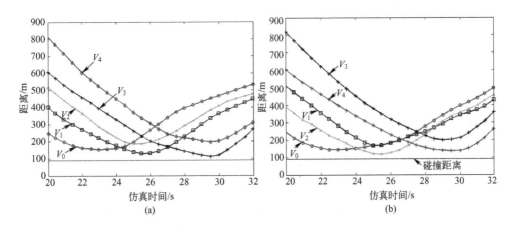

图 8-19 编队无人机与障碍间距变化

(a) 无人机质心与障碍 O_1 的距离变化；(b) 无人机质心与障碍 O_2 的距离变化。

第9章 无人机协同跟踪的制导控制

利用多架无人机协同跟踪目标,是复杂环境下快速跟踪定位目标的重要手段。在传统的无人机运用方式中,对目标的跟踪通常是由单架无人机完成的,而且是按照预先规划好的航线和模式进行的。这种方式对于复杂广域任务区域下的目标跟踪任务有一定的局限性。主要表现在单机的任务效率低,不能很好地满足广域跟踪任务的需要;另外,预规划策略的鲁棒性较差,对突发事件和躲避目标适应性差,而且单机的任务抗毁能力差。为此,将多架无人机组成任务群组,通过无人机间的相互配合和协作,提高完成复杂任务的群组能力和效率,成为一种必然的选择。其中最典型的任务模式就是协同目标跟踪。本节将简要阐述多无人机协同目标跟踪的制导控制原理。

9.1 协同跟踪控制问题描述

9.1.1 协同保距跟踪的基本内涵

协同目标跟踪是指多架分布在不同位置的无人机依靠各自的机载传感器对目标进行观测,并通过机间通信进行信息交互,确保在任意时刻总有无人机处于最佳的位置,以最大限度降低目标丢失的可能性。协同保距跟踪(Coordinated Standoff Tracking)是一种重要的多无人机协同目标跟踪组织方式,它要求多架无人机与目标始终保持一定的安全距离,并且各无人机之间还应保持一定的观测角度。这样的配置能够保证对机动目标传感器的覆盖,同时降低无人机暴露或者被击落的危险。另外,相比于单架无人机进行目标跟踪,多无人机协同保距跟踪的优势还体现在:① 更高的可靠性。多架无人机可以形成一定的余度,从而防止某架无人机被击落而导致目标丢失。② 更高的目标状态估计精度。多架无人机就意味着更多的信息源,通过对其观测数据进行融合处理可以有效地提高对目标状态的估计精度。

9.1.2 双机协同跟踪的制导要求

协同保距跟踪要求多架无人机与目标保持固定观测距离的同时,无人机之间还需要保持一定的观测角度,图9-1为上述控制要求的示意图。图9-1中,将某一时刻无人机和目标的位置分别记为(x,y)和(x_t,y_t);记r_d和θ_d分别为期望的距离和期望的观测角间隔,r_d即为目标圆的半径;r为无人机和目标之间的相对距离,ψ为无人机地速V的方向,ψ_t为目标速度T的方向。将无人机i和目标连线的方向角记为θ_i,该角度即为无人机i的观测角。

本节中,方向角度的定义均以正北方向为参考,以顺时针为正。相对距离的制导控制模块负责给出ϕ_c,使得$r \to r_d$,观测角制导控制模块通过给出V_c使得$\Delta\theta_{i,i-1} = \theta_i - \theta_{i-1} \to \theta_d$。$\theta_d$的最优值为90°。

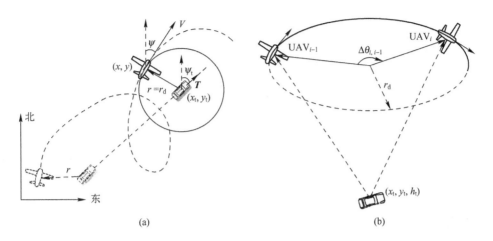

图 9-1 无人机协同保距跟踪的制导控制要求

(a) 无人机与目标的相对距离应收敛到 r_d; (b) 观测角间隔应收敛到 θ_d。

9.2 协同保距跟踪的制导原理

9.2.1 相对距离的制导控制

对于静止目标的保距跟踪可以看作是圆形航路的跟踪问题,能够直接采用参考点制导法(RPG)进行相对距离的控制。但对于运动目标的跟踪问题,无人机瞬时位置应随目标的运动而变化,使得航路发生变化,为此,可对原有的 RPG 算法进行改进。假设目标做匀速直线运动,在以目标为原点的运动坐标系中,无人机每一瞬时都围绕目标做半径为 r_d 的圆周运动,则无人机相对目标的转弯角速率 $\dot{\psi}_r$ 应具有式(9.1)的变化规律:

$$\dot{\psi}_r = \frac{2V_r}{L}\sin\eta \tag{9.1}$$

式中: η 为无人机与目标的相对速度矢量 V_r 与 L 的夹角,ψ_r 为 V_r 的方向,见图 9-2。$\dot{\psi}_r$ 需要通过滚转角进行控制,由此可以推导出无人机的滚转角制导律。

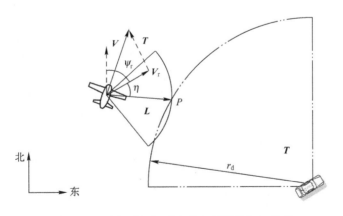

图 9-2 跟踪运动目标时参考点制导的几何关系

由图 9-2 可知：

$$\psi_r = \arctan\left(\frac{V\sin\psi - T\sin\psi_t}{V\cos\psi - T\cos\psi_t}\right) \tag{9.2}$$

对式（9.2）两边分别求导，假设目标做匀速直线运动，即 $\boldsymbol{T} = \boldsymbol{C}$，$\boldsymbol{C}$ 为常矢量，可得：

$$\dot{\psi}_r = \frac{V(V - T\cos(\psi - \psi_t))\dot{\psi} - T\dot{V}\sin(\psi - \psi_t)}{V_r^2} \\ + \frac{\dot{T}V\sin(\psi - \psi_t) + T(T - V\cos(\psi - \psi_t))\dot{\psi}_t}{V_r^2} \tag{9.3}$$

式中：$\dot{\psi}$ 为无人机在惯性坐标系内的角速率，可以看出，$\dot{\psi}_r$ 可通过 $\dot{\psi}$ 进行控制。$\dot{V}$ 为无人机的速度变化率。若单架无人机执行保距跟踪任务，则不需要控制无人机之间的间隔，即不需要对无人机的飞行速度进行调节，故有 $\dot{V} = 0$。而在进行协同保距跟踪时，需要对速度进行调节。根据飞行器运动特性，$\dot{V}$ 可采用如下方法进行近似：

$$\dot{V} \approx a_V(V_c - V) \tag{9.4}$$

联立式（9.1）和式（9.3），可得：

$$\dot{\psi} = \frac{2V_r^3}{LV(V - T\cdot\cos(\psi - \psi_t))}\sin\eta + \frac{a_V(V_c - V)T\sin(\psi - \psi_t)}{V(V - T\cdot\cos(\psi - \psi_t))} \tag{9.5}$$

根据飞行器协调转弯的要求，并且忽略滚转角控制回路的惯性，可得出无人机在跟踪运动目标时的滚转角指令应为：

$$\phi_c = \phi = \arctan\left(\frac{V\dot{\psi}}{g}\right) \\ = \arctan\left[\left(\frac{2V_r^3}{Lg(V - T\cdot\cos(\psi - \psi_t))}\sin\eta\right) + \left(\frac{a_V(V_c - V)T\sin(\psi - \psi_t)}{g(V - T\cdot\cos(\psi - \psi_t))}\right)\right] \tag{9.6}$$

式中：g 为重力加速度。式（9.6）即为保距跟踪过程中无人机与目标相对距离的制导控制律。

9.2.2 观测角的制导控制

对观测角的控制可以通过改变无人机的转弯角速率来完成。改变无人机转弯角速率大小的方法通常有两种：改变飞行速度的大小或改变转弯半径（r_d）。在进行保距跟踪时，无人机期望的转弯半径是固定的，因此，通常通过改变飞行速度的方式来完成观测角间隔的控制。

假设在某一时刻，两架无人机之间的几何关系如图 9-3 所示。

建立如下 Lyapunov 函数：

$$\Gamma_2 = \frac{1}{2}(\theta_2 - \theta_1 - \theta_d)^2 \tag{9.7}$$

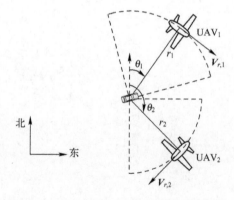

图 9-3 双机协同保距跟踪时无人机之间的几何关系

对 $\varGamma_2$ 进行求导，可得：

$$\frac{\mathrm{d}\varGamma_2}{\mathrm{d}t} = (\theta_2 - \theta_1 - \theta_\mathrm{d})(\dot\theta_2 - \dot\theta_1) \tag{9.8}$$

假设目标做匀速直线运动，即观测角的变化仅由无人机在空间内的运动造成，则有：

$$\dot\theta_2 - \dot\theta_1 = \frac{V_{\mathrm{r},2}}{r_2} - \frac{V_{\mathrm{r},1}}{r_1} \tag{9.9}$$

选取无人机和目标之间的相对速度为：

$$V_{\mathrm{r},i} = V_0\left(\frac{r_i}{r_\mathrm{d}}\right) + (-1)^{i-1} K_v \left(\frac{r_\mathrm{d}^2}{r_i}\right)(\theta_2 - \theta_1 - \theta_\mathrm{d}),\quad i=1,2 \tag{9.10}$$

式中，$V_0 = 27\,\mathrm{m/s}$ 为无人机的巡航速度；K_v 为正的比例系数。

然后，将式（9.9）、式（9.10）代入式（9.8），可得：

$$\dot\varGamma_2 = -K_v\left[\left(\frac{r_\mathrm{d}}{r_i}\right)^2 + \left(\frac{r_\mathrm{d}}{r_{i-1}}\right)^2\right](\theta_2 - \theta_1 - \theta_\mathrm{d})^2 \tag{9.11}$$

由此可知，$\dot\varGamma_2 < 0$，因此，当无人机之间的相对速度满足式（9.12）时，$\varGamma_2$ 将逐渐收敛到零，两架无人机之间的观测角也将逐渐收敛到 θ_d，此时必然有：$V_{\mathrm{r},1} = V_{\mathrm{r},2} = V_0$，即两架无人机以相同的相对速度运动。将无人机与目标的相对速度转化为无人机自驾仪的飞行速度指令如下：

$$V_{\mathrm{c},i} = \sqrt{V_{\mathrm{r},i}^2 + T^2 - 2V_{\mathrm{r},i} T \sin(\theta_i - \psi_\mathrm{t})},\quad i=1,2 \tag{9.12}$$

式（9.12）即为保距跟踪过程中无人机间观测角控制的制导律。

9.3 无人机协同跟踪仿真实验

基于 Matlab 2012a 环境，构建无人机对两种运动形式的目标进行协同保距跟踪的任务场景。计算机配置为：Intel 酷睿 i3 处理器，主频 3.1GHz，内存 2GB。无人机模型采用非线性六自由度方程进行描述。两架无人机协同保距跟踪的制导周期为 1s，无人机的动态特性约束条件为：$-20° \leqslant \phi_\mathrm{c} \leqslant 20°$，$20\,\mathrm{m/s} \leqslant V_\mathrm{c} \leqslant 30\,\mathrm{m/s}$；取 $V_0 = 27\,\mathrm{m/s}$，$r_\mathrm{d} = 500\,\mathrm{m}$，$K_l = 20$，$K_v = 0.05$，$\Delta\theta_\mathrm{d} = 90°$。

9.3.1 对匀速直线运动目标的协同跟踪

取 $T = 8\,\mathrm{m/s}$，$\psi_\mathrm{t} = 70°$。在 9.2 节制导规律的作用下，考察其中一架无人机在定高平面内的飞行轨迹和相对于目标的运动轨迹，如图 9-4 所示。图 9-4（a）中的实直线为目标的运动轨迹，可以看出，无人机围绕做直线运动的目标做圆周飞行。从图 9-4（b）可以看出，通过制导控制，可使得无人机的运动轨迹收敛到目标圆。

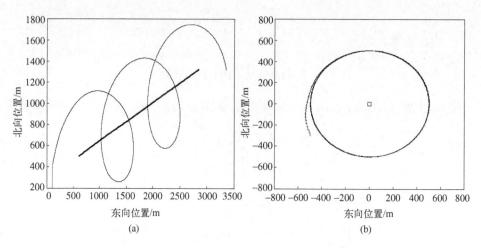

图 9-4 无人机跟踪直线运动目标时的飞行运动轨迹

(a) 跟踪无人机的运动轨迹；(b) 无人机相对目标的运动轨迹。

9.3.2 对 S 形机动目标的协同跟踪

考察两架无人机对做 S 形机动的目标进行协同保距跟踪的情况。取 $T=8$ m/s，$\psi_0 = 70°$，$\dot{\psi}_t = 3\times\sin(0.06t)$ °/s，其中一架无人机在平面内的飞行轨迹和相对目标的运动轨迹如图 9-5 所示。图 9-5（a）中的波浪式实线为目标的运动轨迹，可以看出，在跟踪过程中，无人机跟随运动目标做圆周飞行。图 9-5（b）则显示无人机相对于目标的运动轨迹将收敛到目标圆上。

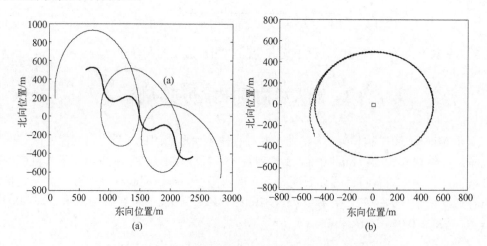

图 9-5 无人机跟踪 S 形机动目标时的飞行运动轨迹

(a) 无人机在平面内的飞行轨迹；(b) 无人机相对目标的运动轨迹。

参 考 文 献

[1] 李惠峰. 高超声速飞行器制导与控制技术[M]. 北京:中国宇航出版社, 2012.

[2] 赵汉元. 飞行器再入动力学和制导[M]. 长沙：国防科技大学出版社, 1997.

[3] 张明廉. 飞行控制系统[M]. 北京：国防工业出版社, 1984.

[4] 郭锁凤，申功璋，吴成富. 先进飞行控制系统[M]. 北京：国防工业出版社, 2003.

[5] 杨军. 现代导弹制导控制系统设计[M]. 北京：航空工业出版社, 2005.

[6] 魏瑞轩，李学仁. 先进无人机系统与作战运用[M]. 北京：国防工业出版社, 2014.

[7] 孙春贞. 重复使用运载器末端区域能量管理与自动着陆技术研究[D]. 南京：南京航空航天大学, 2008.

[8] 连葆华, 崔平远, 崔祜涛. 高速再入飞行器的制导与控制系统设计[J]. 航空学报, 2002, 23(2):115-119.

[9] 王树磊, 魏瑞轩, 郭庆,等. 面向协同 standoff 跟踪问题的无人机制导律[J]. 航空学报, 2014, 35(6):1684-1693.

[10] 魏瑞轩, 周凯, 王树磊,等. 面向未知环境的无人机障碍规避制导律设计[J]. 系统工程与电子技术, 2015, 37(9):2096-2101.

[11] 王树磊, 魏瑞轩, 郭庆,等. 面向机动目标跟踪的无人机横侧向制导规律[J]. 北京航空航天大学学报, 2014, 40(6):803-809.

[12] 关旭宁, 魏瑞轩, 吴楠,等. 无人机跟踪地面目标制导控制方法[J]. 电光与控制, 2013(10):51-55.

[13] 季晓光, 李屹东. 美国高空长航时无人机: RQ-4"全球鹰"[M]. 北京：航空工业出版社, 2011.

[14] 魏瑞轩, 茹常剑, 祁晓明. 通信延迟条件下无人机编队重构的自主安全控制[J]. 控制理论与应用, 2013, 30(9):1099-1108.

[15] 刘星, 吴森堂, 穆晓敏,等. 多无人机自主编队协同制导技术的概念、设计和仿真[J]. 系统仿真学报, 2008(19):5075-5080.

[16] 魏扬, 张登成, 张艳华,等. 无人机自主编队制导律设计[J]. 飞行力学, 2016, 34(2):37-41.

[17] 宋敏, 魏瑞轩, 沈东,等. 基于非线性动态逆的无人机编队协同控制[J]. 控制与决策, 2011, 26(3):448-452.

[18] 朱旭. 基于信息一致性的多无人机编队控制方法研究[D]. 西安：西北工业大学, 2014.

[19] 王树磊. 无人机自动起降控制律设计技术研究[D]. 南京：南京航空航天大学, 2011.

[20] Justh E W, Krishnaprasad P S. A simple control law for UAV formation flying[J]. A Simple Control Law for Uav Formation Flying, 2002.

[21] Choi J, Kim Y, Moon G. UAV Formation Flight Control Law Utilizing Energy Maneuverability[J]. International Journal of Aeronautical & Space Sciences, 2008, 9(9):31-41.

[22] Liu X, Wu S T, Mu X M, et al. Autonomous formation and cooperative guidance of multi-UAV: Concept, design and simulation[J]. Journal of System Simulation, 2008.

[23] Gorecki T, Piet-Lahanier H, Marzat J, et al. Cooperative guidance of UAVs for area exploration with final target allocation[C]// Ifac Symposium on Automatic Control for Aerospace. 2013:260-265.

[24] Ji X, Wu S, Xiang L, et al. Research and Design on Physical Multi-UAV System for Verification of Autonomous Formation and Cooperative Guidance[C]// International Conference on Electrical and Control Engineering. IEEE Computer Society, 2010:1570-1576.

[25] Ahmed M, Subbarao K. Estimation based cooperative guidance controller for 3D target tracking with multiple UAVs[C]// American Control Conference. IEEE, 2012:6035-6040.

[26] Lee W, Bang H. Analysis of a new cooperative guidance law for improved target tracking by multiple UAVs[C]// International Conference on Control, Automation and Systems. IEEE, 2011:126-130.

[27] Ryoo C K. Optimal UAV formation guidance laws with timing constraint[J]. International Journal of Systems Science, 2006, 37(6):415-427.